JN492687

Principles of Fire Behavior

화재공학원론

James G. Quintiere 저
오규형 · 김운형 · 김유식 · 이성은 공역

이 책은 저자인 James G. Quintiere교수와 도서출판 동화기술간 한국어판에 대해 독점적으로 계약이 되어 있으므로 무단 복제 및 전재를 금합니다.

도서출판 동화기술

저자서문

이 책은 소방관, 법규를 다루는 공무원, 화재 조사관 등 화재 분야에 종사하는 모든 사람을 위하여 저술하였다. 수록된 공식을 효과적으로 이용하기 위해서는 대수학의 이해가 필요하며, 기술적 지식이 있거나 과학을 기초로 하는 여러 과정을 이수하면 이 책을 이해하는데 도움이 될 것이다. 이 책에는 소방엔지니어를 위한 자료가 수록되어 있으나, 공학과목에서와 같은 이론적 깊이나 구체성을 포함한 것은 아니다. 그렇지만, 개념적 설명이 수록되어 있어 유익할 것이라 생각된다.
이 책은 BATF (Bureau of Alcohol, Tobacco, Firearms) 교육에 사용하기 위하여 준비한 자료를 바탕으로 저술하였다. 부분적으로는 아직도 FLETC (Federal Law Enforcement Training Center)의 후원을 받아 연방 정부 또는 주 정부의 BATF 과정에서 사용되고 있다. 나는 이 책을 집필하면서 실제 화재 사고에 관한 경험을 쌓는데 큰 도움이 되었다. 과학적 응용에 도움을 준 모든 사람들에게 감사드린다. BATF의 Rick Miller와 Jackie Herndon은 이 프로그램을 교육적으로 활용하는데 있어 용기와 격려를 주었으며, 또한 Bill Petraitis는 화재조사 분석에 대한 조언을 아끼지 않았다.
이 책에서는 우선 화재 문제에 대한 전망과 연구의 배경 및 화재 연구를 위한 접근방법을 소개하였다. 시각화는 개념을 전개하는데 중요하며, 수학적 기호와 과학단위를 이해할 수 있어야 한다.
확산화염, 예혼합화염, 훈소, 자연발화 등 화재 전반에 대하여 다루었으며, 촛불화재 실험은 개념의 정의에 도움이 될 것이다. 열전달, 발화, 화염확산, 연소속도 등에 관하여 기술하였고, 이해도의 측정과 화재의 정량적 측면에서의 평가를 위하여 수식을 수록하였다. kW로 표현되는 에너지 방출속도 ($\dot{Q}$)는 중요한 화재 변수가 될 것이다.

후반부에서는 화재 연기 플룸, 연소 생성물, 실내에서의 화재 현상을 설명하였으며, 정량적 수식을 포함하였다. 마지막 장에는 화재 분석과 토론에 관한 내용을 수록하여 화재안전 설계와 화재조사에 도움이 되도록 하였다. 여기에는 Texas주 Waco 근처의 Branch Davidian 화재(1993. 4. 19)에 대한 해설 등, 몇 가지 화재 사례가 포함되어 있다. 본 내용은 각자 문제 해결에 직접 적용할 수 있기를 희망한다.

경험이 없는 독자에게는 주의가 필요할 것이다. 화재는 예상치 못한 피해를 일으킬 수 있다. 작은 화염이 수 초 만에 화상을 일으킬 수 있으며, 가정의 화재는 수 분 동안에 치명적이거나 피난할 수 없는 상황에 이를 수 있다. 교육적 목적을 위하여 실험을 수행하는 경우, 적절한 환기와 가연물을 제어할 수 있는 여건이 조성되어야 한다. 특히, 액체 연료의 사용과 취급 절차에 주의하여야 할 것이다.

James G. Quintiere

역자서문

본 교재는 미국 메릴랜드 대학교 소방학과 교수인 James G. Quintiere 교수가 서문에서 밝힌 것처럼 ATF 교육을 위하여 만든 자료들로부터 시작되었다.

이 교재의 저자는 미국 NIST(National Institute of Standards and Technology: 미국표준기술연구소)의 건물 화재 연구부의 화재분야 연구팀장을 역임하였으며 국제 화재학회 회장을 역임하는 등 화재분야 연구를 위해 많은 공헌을 하였고 교육과 연구에 많은 경험을 갖고 있으며 화재공학의 기초부분에 관한 교재들을 다수 출판하였고 지금도 저술활동을 계속하고 있다.

역자는 대학 등에서 강의하면서 국내에서 더 많은 사람들이 화재관련 연구에 쉽게 접근할 수 있고 화재공학의 기초개념을 쉽게 이해할 수 있기를 희망하던 중 본 교재를 접하고 화재공학의 기초로 강의하기에 적합하다는 생각을 하였으며 같은 생각을 갖는 분들과 함께 본 교재를 번역할 수 있게 되었다.

본 교재의 내용은 공학적으로 약간의 기초지식을 갖고 있으면 쉽게 이해할 수 있는 내용이며 화재공학에 흥미를 가질 수 있도록 편집되어졌다.

본 교재의 내용은 목차에서 알 수 있는 것처럼 화재의 역사로부터 시작하여 화재현상에서 일어나는 연소현상의 해석방법 그리고 화재현상 해석에 필요한 열전달 현상의 기초를 전반부에서 다루고 있으며 중반부에는 실제 화재에서 착화로부터 시작하여 확산전파와 연소속도 및 화염의 거동 등 기본적 이론과 현상들을 서술하였고 뒷부분에는 실내 화재현상과 최근에 이루어지는 화재분석의 연구분야까지를 다루면서 화재공학의 원론적인 분야를 설명하였다.

따라서 본 교재는 소방공학을 공부하는 대학생과 화재관련 연구원, 소방공무원 뿐 아니라 소방관련 업체에서 종사하는 기술자들에게도 매우 유익한 지식을 전달할 수 있을 것으로 확신한다.

본 교재를 번역할 수 있도록 협조해준 저자와 도서출판 동화기술에 감사를 드리고 이것을 시작으로 국내에 더 많은 화재관련 교재들이 개발되고 연구자들이 쉽게 필요한 자료를 참고하여 우리나라에서도 화재공학의 연구가 활발하게 이루어질 수 있기를 바란다.

태화산 아래서 역자대표

목 차

CHAPTER 1

화재과학의 발전

학습목표

1. 화재의 정의
2. 화재에 대한 인식의 역사적 발전
3. 화재연구의 동기에 대한 이해
4. 화재연구에서의 가시화와 축소모델의 역할에 대한 이해
5. S.I. 단위와 학술적 기호의 설명

1 개요

화재를 이해하기 위해서는 우리의 인식과 일치된 화재에 관한 과학적 정의가 있어야 하며 역사 속에서의 불의 역할 즉, 불로 인한 유익함과, 인명 및 재산상의 손실에 의한 사회적 비용 등을 이해할 필요가 있다. 유용한 동력을 위한 소위 제어되는 불 또는 연소는 경제발전을 위한 시장성 측면에서 연구되고 있다. 제어되지 않는 불 즉 화재에 대한 연구는 사회에 대한 분명한 위험성과, 사회는 그러한 연구에 대하여 투자방법이 있어야 한다는 것이 동기부여됨으로써 현실화되었다. 화재 과학의 발달은 지난 150여년 전부터 가속되어 왔으나 다양한 영역을 포함하는 복잡한 분야로써 다른 많은 기술분야와 비교할 때 상대적으로 발전이 늦은 실정이다.

2 화재란 무엇인가?

생명이 존재하기 이전부터 화재는 있었으며, 대부분 기록되지는 않았지만 역사적으로 여러 측면에서 많은 흔적을 남겼다. 과학적인 용어로써 화재 또는 연소는 연료와 산화제를 포함하는 화학반응이며, 이 때 산화제는 보통 공기 중의 산소를 말한다. 녹이 스는 것이나 신문의 황색화 현상도 이 정의에 부합되며 두 과정 모두 에너지의 방출은 있지만, 연소나 화재는 아니다. 그러면, 연소와 화재는 어떻게 구분할 수 있을까? 과학적으로 연소와 화재는 동의어이지만 관례적으로 이들을 구분하고 있다. 즉, 화재는 인간이 의도하거나 제어되지 않은 연소를 말한다. 소방대는 물 또는 그 밖의 소화약제를 이용하여 이 불을 제어하고자 하지만 화재 과정은 연소로나 엔진과 같이 “설계된” 연소가 아니다. 연소로나 엔진 같은 시스템에서 연소를 연구하는 연소 전문가는 화재에 대하여 잘 모르는 한편 화재를 다루는 사람은 연소에 관하여 많이 알지 못하는 실정이다.

화재는 우리가 느낄 수 있을 만큼의 빛과 에너지를 수반하는 화학반응이다. 그러면 화재는 언제나 빛과 불꽃을 내는 것일까? 아니다. 예를 들면 수소와 공기(또는 산소)의 연소 생성물은 단지 수증기일 뿐이다. 충분한 에너지가 생성된다 해도 가열된 증기를 통하여 빛이 굴절되는 현상만이 관측될 뿐 불꽃은 보이지 않는다. 그러나 대부분 다른 부류의 화재에서는 연소과정을 볼 수 있으며 화재 혹은 화염은 우리가 지각할 수 있는 충분한 에너지가 발생되고 특히 에너지가 충분할 경우 피부에 손상을 줄 수 있다.

노트
한 사람의 일생동안 대략 700명 가운데 1명이 사망한다.

아주 크지는 않다고 해도, 화학반응 구역의 단위 체적 당 에너지 방출속도가 국부적인 화상을 입히기에 충분하다면 이것은 화재이다. 성냥을 켜거나 숯불이 타는 것, 삼림화재 또는 건초더미의 자연발화 등이 그 결과이다.

이와 같은 화학반응을 한마디로 화재라고 한다. 지구상에는 일반적으로 탄화수소를 기본으로 한 연료가 대부분이며 이것들은 탄소원자(C)와 수소(H) 및 약간의 산소(O)와 질소(N)로 구성되어 있다. 인공적인 물질은 이러한 분자 배열에 염소(Cl), 브롬(Br), 불소(F) 및 기타 원자들이 첨가된다. 예를 들면 목재 분자는 H, C, O 원자로 구성되며, PVC에는 H, C, O, Cl 원자가 함유되어 있고, 폴리우레탄은 H, C, O, N 원자로 구성되어 있다. 이와 같은 H-C-O를 기본으로 한 것에 첨가되는 원소들로 인해 연소 생성물의 성질이 복잡해지고 환경에 대한 위험성도 높아지게 된다.

일부 원자가 새로운 원자로 변환되면서 일부 물질이 에너지로 전환되는 핵반응과는 대조적으로 다른 모든 화학반응에서는 질량이 보존된다. 즉, 모든 원자는 원형을 유지한다는 뜻이다. 그렇지만 화학반응에서 분자는 원형이 보존되지 않는다. 한 분자가 파괴되어 새로운 분자로 변하는 것은 화학반응의 본질이다. 연소 또는 화재에서, 연료나 산소 분자로부터 새로운 분자가 생성되면 에너지를 방출한다. 이 에너지는 분자간 결합력이 방출에서 비롯된다.

이것은 분자물리학에 가까우며. 이제부터 우리가 논의하는 화재는 우리가 보고 느낄 수 있는 것에 주로 관련된 것이다. 물론 어떤 측정값을 의미하지만 이는 미시적 혹은 분자 수준과는 대조적으로 거시적 수준이라 할 수 있을 것이다.

3 화재의 자연적인 원인

높은 온도로 인한 화재의 원인이 될 수 있는 자연현상은 낙뢰와 화산활동에 의한 용암 등이 있다. 이러한 현상은 지구의 생성시대로 거슬러 올라간다. 유기물질의 점진적 발전에 따라 화재가 발생할 것으로 예상되고 있지만, 오늘날에 있어서 이러한 현상은 우연한 화재의 일반적인 원인일 뿐이다. 낙뢰에 의한 화재는 삼림을 감시하던 작업자들에 의해 기록되었다. 이 낙뢰는 숲 속 덤불의 훈소를 일으키고 하루 이틀 폭풍이 지난 후 강한 화염으로 바뀔 수 있다. 산림 감시자들은 낙뢰를 추적하여 필요한 소화활동을 해야 했다. 근대사회에서 직접적인 화산활동보다 더욱 큰 관심이 되고 있는 것은 지진

그림 1-1a 1923년 관동 대지진시 화염 회오리의 상황을 그린 그림(Y. Hasemi 제공)

그림 1-1b 관동 대지진시 화염 회오리에 의한 시신 사진(K. Saito 제공)

의 영향이다. 지진은 난방, 요리 등에 사용되는 연료 등과 작은 점화원에 의해 화재를 일으켜 더 큰 피해를 일으킬 수 있다. 1906년 샌프란시스코와 1923년 일본 관동지방에서 발생한 대 지진은 지진 자체에 의한 피해보다 대규모 화재에 의한 피해가 더욱 컸다. 관동 대지진에 이어 발생한 화재로 불기둥 주위에서 발생한 화염 회오리로 38,000여명이 사망하였다. 이들은 동경 히토구소 아토지역 수미다 강 주변에 대피했던 사람들이었다. 그림 1-1a는 공포의 화염회오리의 상황을 그린 그림이며 1-1b 사진은 화염회오리에 의한 시신의 사진이다.

지진 시에 지진에 의한 피해보다도 화재에 의한 피해가 큰데도 지진에 따른 건물의 충격에 대한 연구에 비하여 화재 영향을 더 연구하지 않는 것은 이상한 일이다.

인류는 경험하지 않았으나 불행하게도 공룡들이 경험하였던 자연적 화재의 원인이 한 가지 더 있는데 이는 BC. 약 6,500만 년 전에 운석이 지구를 강타하였다. 이 운석이 대기를 통과할 때 마찰열을 일으켜 수 개의 원자폭탄과 같은 충격으로 파편과 화재생성물을 일으켰다. 그로 인하여 그을음이 온 지구를 뒤덮었고 1년 이상 대기에 영향을 주었다. 이로 인한 장기간의 빙하기 도래 등 격변하는 사건은 사실상 먹이 공급의 중단을 초래하여 공룡이 소멸되는 원인이 되었다. 이러한 화재 사건은 세계 여러 지점에서 발견된 같은 연대 지질인 백악기와 제3기 사이 암석 지층의 운석(이리듐)을 통하여 알려진 것이다. 비슷한 과정으로서, 소위 핵겨울은 마치 공룡을 멸종시킨 빙하기에서처럼 지구상의 생명을 파괴할 가능성이 있다. 핵전쟁 잔해와 연기가 핵겨울을 유발할 수도 있다는 연구결과가 발표된 1980년도에 이러한 대 화재에 의한 핵겨울 영향이 발표되었다. 이와 같이 세상은 빛과 온도의 지속적인 감소에 따른 위험에 처할 수도 있다. 비록 핵전쟁에서 생존하였을지라도 이러한 "낙진"에 대한 구체적인 연구가 수행되었다. 그것을 경고한 과학자는 핵겨울의 영향에 대한 연구의 최고 권위자 가운데 하나인 Carl Sagan이었다. 냉전이 끝나기 전까지만 해도 모든 핵 동맹국들은 이러한 가능성에 대하여 냉담했었다.

공룡이 사라진지 오래 뒤 인류는 결국 불을 다스릴 수 있게 되었다. 아리스토텔레스는 불이 물질의 4대 원소(불, 토양, 공기, 물)의 하나로 중요하게 생각하였다. 불은 여러 분야에서 이용되고 또한 남용되었다. Hazel Rossotti는 사회적인 불의 유용성, 위험성 및 정신적 특성에 관하여 생생하게 기술하였다. 그 내용에는 체로키 인디언들이 불을 보존하기 위하여 훈소 중인 통나무를 묻어다가 다시 파내어 바람을 불어 불꽃을 내는 불의 보존 방법이 서술되었다. 1990년 Maryland의 Baltimore 근처에서의 나무그루터기 화재(Stump Dump Fire)를 경험한 사람이라면 이러한 순환 과정에 대해 놀라게 될 것이다. 이 화재사고는 5에이커 이상의 매립된 나무그루터기에서 일어난 것으로 여러 차례 소화활동을 시도하였으나 실패한 후, 나무그루터기는 전보다 완벽하게 매립되었으나 훈소를 느리게 할지언정 소화할 수는 없었다.

노트

아리스토텔레스는 화재를 물질의 4대 요소, 즉 화재, 토양, 공기, 물 가운데 하나로 분류할 수 있을 만큼 충분히 중요한 것으로 생각하였다.

4 미국의 화재 통계

역사는 대화재에 의해 중단된다. 런던 대화재(1666)와 시카고 화재(1871)로 수 천여 건물이 파괴되었다. 이들 화재는 삼림화재처럼 바람이 화재 확산의 주 요인이었다. 바람이 멎자 화재도 멈추었다. 기계적 진압장비는 바람이 멎고 나서야 사용될 수 있었다. 이와 같이 한정된 시간에 광역에 걸쳐 영향을 미치는 화재를 대화재 또는 집단화재라고 한다. 그 수평 확산 범위는 화염의 높이보다 훨씬 넓다. 이러한 화재는 세계 제2차 대전 중 융단폭격을 받은 함부르크, 드레스덴, 동경 등에서 발생하였으며 이들 지역은 원자폭탄이 투하된 히로시마, 나가사키보다 더 많이 파괴되었다. 실제로 최근의 대형 재해들은 화재로부터 기인한 것이 많다(그림 1-2 참조).

이와 같은 거대한 재해가 자주 일어나는 것은 아니다. 이는 우리가 화재의 위험성을 인식하는데 기여한 화재의 국소적인 효과이다. 미국에서는 연간 약 250만 건의 화재가 발생하고 있다. 이는 매년 50가구 당 1건의 화재가 발생하는 셈이다. 우리는 1년에 한 차례 가량 이웃의 화재에 대응해야 한다. 미국에서는 화재로 인한 사망자 수는 연간 약 5,000명으로 미국의 인구 2억5천만 명이 예상 수명 70년을 산다고 할 때 화재로 인한 사망 확률은 다음과 같이 계산할 수 있다.

$$\frac{250 \times 10^6 \text{ people}}{70 \text{ years} \times 5{,}000 \text{ deaths/year}} = 714 \text{ people}$$

노트
한 사람의 일생동안 대략 700명 가운데 1명이 사망한다.

즉, 우리 일생동안 약 700명 당 1명은 화재로 인하여 사망한다는 것이다. 이러한 사망자 수는 자동차 사고에 의한 사망자의 약 1/10배 정도이다. 그러므로 연 1회 정도 이웃의 화재를 보게 될 것이며 또한 일생 동안 한 사람 이상의 지인이 화재로 인하여 사망할 것이다. 이런 화재 통계는 여타의 다른 위협들과 비교하여 화재에 대한 강력한 관심을 유도하지는 못했으나, 화재와 이런 통계자료들은 사람들을 움직이게 만들었다. 20세기 동안 화재 예방과 방호에 관한 많은 노력이 있었다. 미국에서는 Baltimore 대화재(1904)와 화재에 의한 재산 손실이 유럽의 10배에 이르자 따라 National Bureau of Standards(미국표준국 : NBS)에서 건물 구조재의 화재 영향을 연구하기 위한 국가 연구 프로그램이 시작되었다. 철골재와 콘크리트 건물이 반드시 "내화(fire proof)" 구조는 아니었다. 1913년, NBS 화재 연구계획이 Simon H. Ingberg에 의해 시작되었으며 Simon은 그 후 약 40년 동안 Heat Division, Fire Resistance Section의 책임자로 일했다. 1914년, 의회의 업무 위임과 기금 조성 및 화재와 관련된 복잡한 문제 해결을 위한 의욕에 따라 연구범위가 광범위해졌으며, 이는 곧 Bureau의 과학 및 공학 실험실 대부분이 관련되었다.

사고유형 및 지역	사망자수	사고일
홍 수		
Galveston. Tx. tidal wave	6,000	1900.10. 8
Johnstown, Pa.	2,209	1889. 5.31
Ohio and Indiana	732	1913. 3.28
St. Francis, Calif., dam burst	450	1928. 3.13
Ohio and Mississippi River valleys	380	1937. 1.22
태 풍		
Florida	1,833	1928.10.16
New England	657	1938.10.21
Louisiana	500	1915.10.19
Florida	409	1935.10. 1
Lousiana and Texas	395	1957. 6.27
Tornadoes		
Illinois	606	1925. 3.18
Mississipi, Alabama Georgia	402	1936. 2. 2
Southern and Midwestern states	307	1974. 4. 3
Ind., Ohio, Mich., Ill,. and Wis.	272	1965. 4.11
Ark., Tenn., Mo., Miss, and Ala.	229	1952. 3.21
지 진		
San Fransisco earthquake & fire	452	1906. 4.18
Alaskan earthquake-tsunami hit Hawaii, Calif.	173	1946. 4. 1
Long Beach, Calif., earthquake	120	1933. 3.10
Alaskan earthquake-tsunami	117	1964. 3.27
San Fernando-Los Angeles, Calif., earthquake	64	1971. 2. 9
해 운		
"Sultana"exploded-Mississippi River	1,547	1865. 4.27
"General Socum"burned-East River	1,030	1904. 6.15
"Empress of Ireland"ship collision-St. Lawrence River	1,024	1914. 5.29
"Eastland"capsized-Chicago River	812	1915. 7.24
"Morro-Castle"burned-off New-jersey coast	135	1934. 9. 8
항공기		
Crash of scheduled plane near O'Hare Airport, Chicago	273	1979. 5.25

사고유형 및 지역	사망자수	사고일
항공기 (Continued)		
Crash of scheduled plane, Detroit, Mich.	156	1987. 8.16
Crash of scheduled plane in Kenner, La.	154	1982. 7. 9
Two-plane collision over San Diego, Calif.	144	1978. 9.25
Crash of scheduled plane, Ft. Worth/Dallas Airport	135	1985. 8. 2
기 차		
Two-train collision near Nashville Tenn.	101	1918. 7. 9
Two-train collision, Eden, Colo.	96	1904. 8. 7
Avalanche hit two trains near Wellington, Wash.	96	1910. 3. 1
Bridge collapse under train, Ashtabula, Ohio.	92	1876.12.29
Rapid transit train derailment, Brooklyn, N.Y.	92	1918.11. 1
화 재		
Peshtigo, Wis. and surrounding area, forest fire	1,152	1871.10. 9
Iroquois Theatre, Chicago	603	1903.12.30
Northeastern Minnesota forest fire	559	1918.10.12
Cocoanut Grove nightclub, Boston	492	1942.11.28
North German Lloyd Steamships, Hoboken, N.J.	326	1900. 6.30
폭 발		
Texas City, Texas, ship explosion	552	1947. 4. 6
port Chicago, Calif., ship explosion	322	1944. 7.18
New London, Texas, school exp.	294	1937. 3.18
Oakdale, Pa., munitions plant explosion	158	1918. 5.18
Eddystone, Pa., munitions plant explosion	133	1917. 4.10
광 산		
Monongha, W.Va., coal mine explosion	361	1907.12. 6
Dawson, N. Mex., coal mine fire	263	1913.10.22
Cherry, Ill., coal mine fire	259	1909.11.13
Jacobs Creek, Pa., coal mine explosion	239	1907.12.19
Scofield, Utah, coal mine explosion	200	1900. 5. 1

Source : World Almanac, National Transportation Safety Board, National Weather Service, National Fire Protection Association, Chicago Historical Society, American Red Cross, U.S. Bureau of Mines, National Oceanic and Atmospheric Administration, and city and state Boards of Health.

그림 1-2 미국의 대형 인명 손실 사고 통계(1995년 National Safety Council 제공) (Ref. 2)

이와 더불어 화재안전과 관련된 법규와 기술 기준 등 기술적 정보와 표준을 자발적으로 제공하기 위하여 1896년에 NFPA가 설립되었다. UL과 ASTM은 화재 조건하에서의 재료들에 대한 성능을 평가하기 위한 표준 시험방법을 세우는데 기여하였다. 이와 같은 내화시험 방법은 화재시 건물과 구조재의 구조 요소가 얼마나 견딜 수 있을 것인지의 내구성 측정을 가능하게 하였다. 공업화의 진전에 따라 표준가열로에 의한 시험은 화재에 의해 구조물이 붕괴하지 않는다는 것을 확인하는데 도움을 주었다. 그러나 모든 화재가 표준내화 가열시험 조건과 일치하지는 않으며, 또한 시험 결과와 예상 화재조건이 일반화되어 있지는 않다. 보다 유의하여야 할 것은 표준가열로가 늘 같은 화재가열 조건은 아니라는 점이며, 이와 같이 표준시험은 어느 정도 결함을 수반하고 있다.

1970년대 초, 미국은 세계 공업국가 가운데 화재로 인한 연간 사망률이 가장 높은 것으로 나타났다. 최근의 주요 국가 화재통계를 표 1-1에 나타내었다.

지난 세기 동안 미국의 사고 범주별 사망률 추이를 그림 1-3에 나타내었다. 여전히 화재 사망률은 높지만 점차 감소하는 추세이다. 이러한 사실은 화재안전 여건이 좋아진 이유이기도 하지만 전체 사고에 의한 사망자 수 또한 감소하였다는 점에 유의하여야 한다.

의회는 1974년에 "Fire Prevention and Control" 법을 제정하였다. 개인적으로 이 법은 소비자 보호정책 시대의 결과이며 또한 첨단기술의 보급 때문이라고 생각한다.

표 1-1 각 국가별 연간 화재 사망률

국 가	Annual Deaths per 10^5 persons	국 가	Annual Deaths per 10^5 persons
Russia*	10.60	France	1.26
Hungary	3.31	Chech Republic	1.21
India*	2.20	Germany	1.17
Finland	2.18	Australia	0.93
Union of South Africa*	2.00	New Zealand	0.92
United States	1.95	Spain	0.86
Denmark	1.64	Poland*	0.80
Norway	1.60	Austria	0.74
Canada	1.58	Netherlands	0.63
Japan	1.52	Switzland	0.53
United Kingdom	1.49	Italy*	0.30
Belgium	1.47	China*	0.20
Sweden	1.35		

Source : From Ref. 4 for 1989～1992. Starred items are from Ref. 5 for 1994

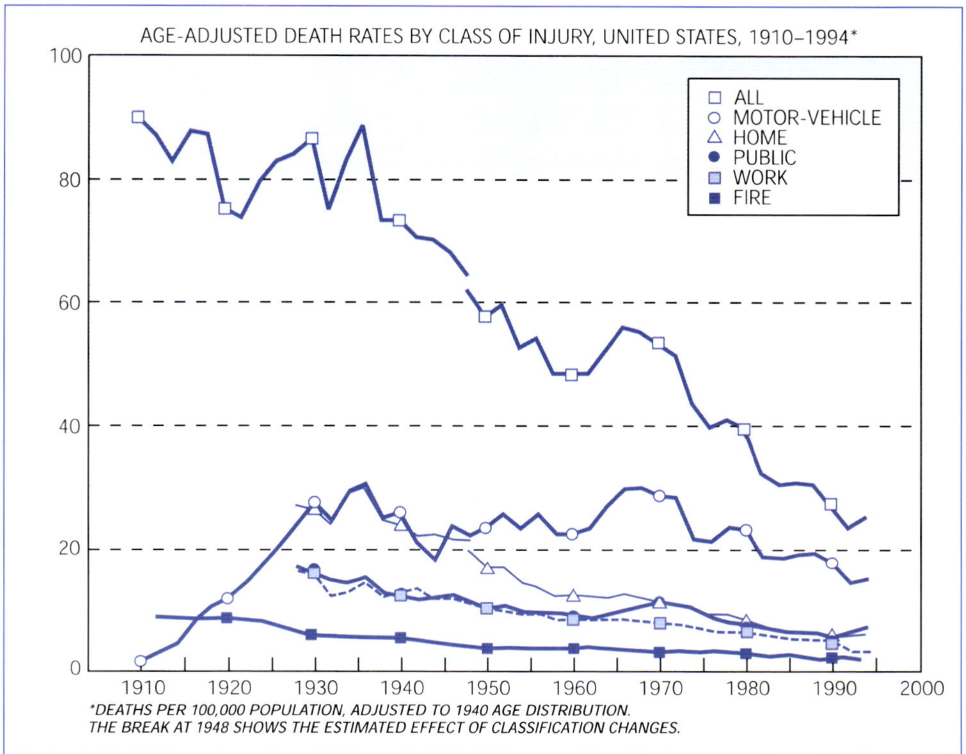

그림 1-3 20세기의 미국에서 각종 사고의 사망률 추이.
(Courtesy National Safety Council, Accidental Facts, 1995 edition(Ref. 2)).

이 법에 따라 진압훈련의 향상, 교육의 개선, 국가 화재통계의 평가 및 연구개발 등을 수행하는 "U.S. Fire Administration"을 설치하였다. 이곳에서는 건물에서의 화재 전개 즉, 발화, 화염확산, 연기 및 플래시오버 등에 초점을 맞춰 연구하였으며, 건물보다는 인명안전에 중점을 두고 있다. 화재로 인한 민사소송의 위험과 맞물려 시민의 안전을 대변하는 법령의 성향은 주택용 연기감지기를 비롯하여 대형건물에서의 제연 시스템 및 스프링클러 시스템 등과 같은 혁신적인 화재안전 기술의 사용을 증가시키는 계기가 되었다.

기술의 변화는 화재안전의 개선을 가져왔으나 또한 새로운 위험도 초래하였다. 미국과 다른 공업국가에서의 화재에 의한 높은 사망률은 어쩌면 생활 속의 기술의 발전과 관련이 있을지도 모른다. 변화는 기대하지 않은 위험을 가져온다. 예를 들면, 1970년대 다공질의 경량 플라스틱(예컨대, 발포 우레탄, 폴리스티렌)은 새로운 물질로 각광받았지만 위험성은 전혀 인식되지 않았다. 표준시험 방법은 문제점을 찾지 못하였으나, 사고 상황에서는 매우 빠른 화재확산 속도를 나타내었으며, 이는 표준 연소시험의 신뢰도를 의심하게 하였다. PRC(Product Research Committee : 공산품연구위원회)는 연방무역 위원회와 산업체의 동의에 따라 다공질 플라스틱에 대한 이러한 쟁점을 해결하기 위하여 1974년에 설립되어[6] 발포성 플라스틱의 연소성에 대해 제기된 많은 지식을 얻긴 하였으나, 아직 해결되지 않은 문제가 남아있다. 문제점에 대한 우려를 완화하기 위하여 최근에는 경량의 다공질 플라스틱이 연소성 시험에 통과한 경우라도 벽판으로 피복되어야만 건물 구조재로 사용될 수 있다. 표준시험에 의한 연소성 등급의 신뢰도는 낮지만, 제품의 연소성 문제는 다공성 플라스틱에 있어서만 있는 것이 아니라 전반적인 경향이다. 건설 자재에 대한 연소성 시험간의 차이에 관한 내용이 그림 1-4에 나타나 있다. 이는 유럽 6개국의 24개 재료에 대한 시험 등급으로서, 이 그림은 Howard Emmons 교수가 세계 화재과학의 현황을 조사하기 위해 각 국을 여행하던 중 유럽에서 이런 사실을 발견하고 발표한 것이다.[7]

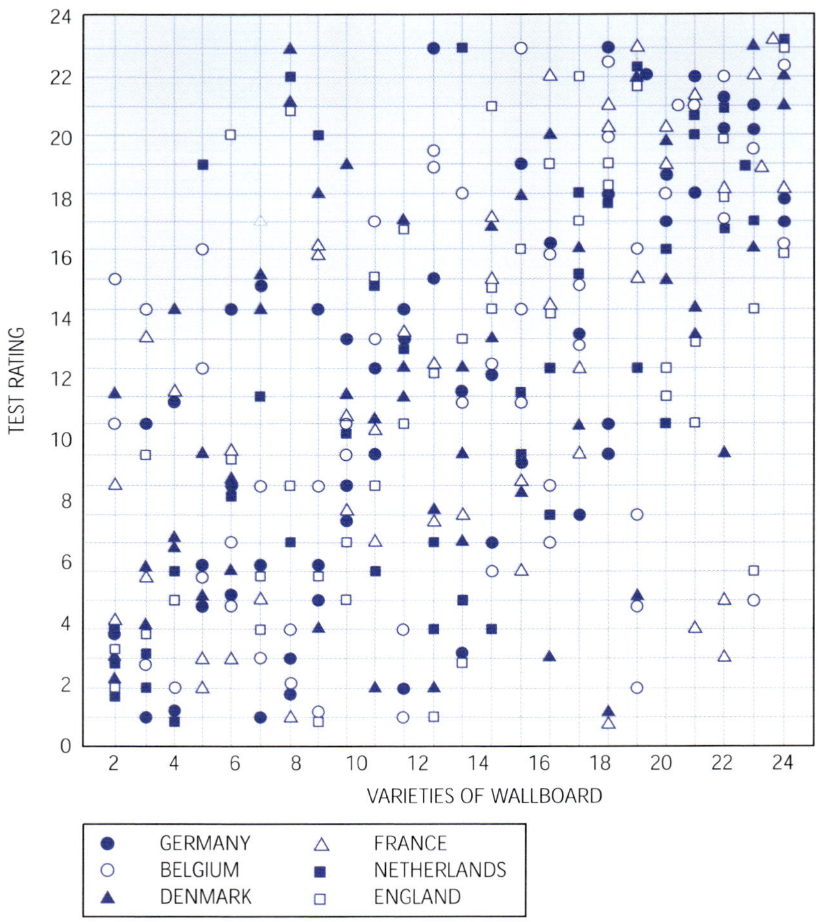

그림 1-4 24종류의 재로등급에 대한 6개국의 연소성 시험 방법의 불균일성(Ref. 7)

6개의 모든 시험을 통하여 완벽한 상관관계는 24개 재료에 대하여 같은 등급을 나타내는 45° 직선상의 상관관계를 나타내야 한다. 예를 들면, 6번 재료는 연소성의 완벽한 상관관계에 대한 모든 시험에 의하여 6등급이 되어야 한다. 그 시험은 명백하게 상관관계가 없다. 가연성 용어가 애매하게 주어지면, 결과는 일관되게 나타나지 않는다. 아마, 다음 책에서 정확한 산문체로 쓰이기에 적합한 (The Elements of Style by W. Strunk Jr. and E. B. White), "flammable"이란 단어는 잘못 쓰여지고 있다.

> Flammable. 일반적인 의미인 연소성(combustible)은 가연성(inflammable)을 말함. 그러나 어떤 사람들은 in을 없애고 inflammable을 "not combustible"로 생각하기도 함. 이러한 이유로 트럭이 가솔린이나 폭발물을 운반할 때 "FLAMMABLE"이라고 표시하고 있음. 만약 당신이 향후 그러한 트럭을 운전하거나 어린이 또는 문맹자의 안전과 관련되는 일을 하는 것이 아니라면 inflammable을 사용하기 바람.

우리는 현재 "flammability" 혹은 "inflammability"를 판단할 수 있는 보편적인 시험절차를 갖고 있지 않다. 이는 우리가 단어를 잘못 사용한 결과이다.

화재로 인한 연간 손실은 적지 않으나, 그 빈도가 여타 사회적 위험과 비교하여 상대적으로 낮기 때문에 완벽하게 인식되지 않고 있다. 사실, 통계는 정확하지도 완전하지도 않으며 더욱이 화재안전에 필요한 비용은 경제적으로 생산성을 증가시키지 못하고 오히려 지연적인 요소이다. 화재로 인한 손실이 너무 크면 이를 최소화하기 위하여 더 많은 관심을 기울일 것이다. 미국에서의 화재로 인한 손실은 연간 약 85억 달러로 추정되며 여기에는 재산손실을 포함한 전체손실에는 조업중단, 생산물배상책임, 보험관리상의 비용, 소방대운용 및 건물과 장치에 대한 화재방호 비용 등이 포함된다. 표 1-2는 주요 비용 즉, 재산손실(10억 달러), 건물의 화재방호(20억 달러), 소방대운용(~10억 달러), 보험관리비용(~6억 달러) 등의 국내총생산(GDP)에 대한 비교이다. 표에서 보는 바와 같이 여러 선진국의 화재관련 비용은 일반적으로 GDP의 약 1% 가량 투자되고 있으며 보다 정확히 계산한다면 약 2% 가량 될 것이다. 불행하게도, 이 비용의 1~2% 조차도 화재안전 기술에 관한 우리의 지식을 개선하는데 투자되지 않고 있다. 교훈은 단지 역사에서 얻어지는 것뿐이 아니라 화재과학을 이용한 분석이 수반되어야 한다. 그렇지만, 미래의 재난은 화재안전의 방향을 설정하게 될 것이다. 개발도상 국가들은 현재의 낮은 건물을 높이기 위해 고층건물은 건설될 것이고, 수천 명의 거주자가 고층건물의 화재로 인하여 사망할지 모른다. 미래의 주거는 저 중력의 우주공간이나 지하 또는 해저의 공간으로서, 예상치 못한 화재 위험이 나타날 것이다. 화재의 영향을 받는 방사능 조업과 독성 폐기물 저장소에서 새로운 차원의 위험을 유발할 것이다. 화재안전에 대한 기술의 향상에도 불구하고, 사회의 기술적 진보는 더욱 놀라운 발전을 할 것이다.

노트

미국에서의 화재비용은 연간 약 85억 달러로 추산되고 있다.

노트

각국의 화재관련 비용은 표준적으로 GDP의 약 1% 가량 투자되고 있다.

노트

미래의 재난은 화재안전의 원인이 주요 형태가 될 것이다.

표 1-2 1989년에서 1991년의 각 국 국민 총생산 대비 연간 화재 손실비용

국 가	재산손실	건축물 소방비용	화재보험료	화재진압	Total
Hungary	0.12	0.42	0.01	ND	ND
Spain	0.12	ND	0.05	ND	ND
Japan	0.14	0.29	0.11	0.27	0.81
Finland	0.17	ND	0.05	0.18	ND
United States	0.17	0.37	0.07	0.28	0.89
Canada	0.18	0.18	0.21	0.16	0.73
New Zealand	0.18	0.14	0.23	0.20	0.75
West Germany	0.19	ND	0.09	ND	ND
Netherlands	0.20	0.12	0.04	0.17	0.53
Austria	0.21	ND	0.14	ND	ND
United Kingdom	0.22	0.19	0.10	0.27	0.78
Switzerland	0.23	0.29	ND	ND	ND
Denmark	0.28	ND	0.08	0.09	ND
Sweden	0.28	0.10	0.06	0.19	0.63
France	0.29	0.14	0.16	ND	ND
Norway	0.31	0.26	0.15	0.12	0.84
Belgium	0.40	0.21	0.28	0.18	1.07

Source : From Ref. 4

5 화재연구

화재연구는 상호 의존하는 학문 분야가 열거되어 구성된 복잡한 과목으로서, 이들 각각의 분야가 화재를 적절히 설명할 수 있도록 개발되어야 한다. 과학은 많은 단계와 업적들의 발전이다. 결국 화재연구 분야는 공적으로 인식된 과학적 학문분야를 토대로 예측과 평가가 가능한 정량적 설명에 의해서 각각을 명확하게 하거나 통합함으로써 형태를 갖추게 된다. 이제 화재연구의 구성 분야별 역사에 관하여 간단히 조사해보자.

화재는 화학, 열역학, 유체역학, 열전달 등을 포함하는 제어되지 않은 연소이다. 에너지와 물질의 상태를 연구하는 열역학은 Willard Gibbs에 의해 골격이 갖추어졌다. Willard는 19세기에 주목받던 과학자로서, 화재연구 분야를 명쾌하게 단일화하여 오늘날까지 인정받고 있다. 열전달의 근원은 1800년대 초반으로 거슬러 올라간다. 나폴레옹 군대의 장군이었던 Joseph Fourier는 열전달 분야의 근간이 되는 열전도 법칙의 형태를 완성하였다. 그러나 유체에서의 열전달은 공학 해석을 위한 기초를 놓은 Reynold의 난류 흐름의 연구를 개척하던 1800년대 후반까지 근대 유체역학의 개발을 기다려야만 했다. 1900년대 들어 Theodore, von Karman 등은 공기역학 과제를 진전시켰는데 이로 인해 열전달에 대한 보다 완벽한 틀을 제공하게 되었다. 이 시기에는 근사적인 방법으로 해법을 찾았다. 왜냐하면 수학적 지배방정식이 너무 복잡하여 정확한 풀이를 할 수 없었기 때문이다. 연소 분야에서, 러시아 과학자인 Y. B. Zel'dovitch는 혁신적인 수학적 근사 기법을 통하여 확산화염에 대한 해석을 공식화하였다. 연소에 대한 과제들의 연구는 1930년대 시작되었지만 1950년대까지도 성숙한 상태까지 발전하지 못했다. 오늘날에는 대용량 컴퓨터를 이용하여 연소에 대한 많은 부분을 해결할 수 있게 되었다. 그러나 아직도 난류문제나 화학동력학과 그리고 소규모의 현상들은 컴퓨터를 사용하더라도 완벽히 풀이할 수 없으며 공학자들은 아직도 지적통찰력과 근사식에 의존하고 있다. 나아가, 과목의 완벽한 이해를 통해서만이 복잡한 현상을 간단하게 표현할 수 있다. 이는 또한 지식의 전수와 사용을 쉽게 한다.

화재 연구는 모든 세부 학문의 바탕 위에서 이루어져야 한다. 비록 이전에 적절히 설명될 수 있었거나 예측할 수 있었다 하더라도 신중히 접근하여야 한다.

화재과학의 발달에 영향을 미치는 다른 요소로서 첫 번째는 연구를 위한 동기부여이다. 우리는 화재가 경제에 얼마나 큰 손실을 끼치는지, 또한 화재 연구에 의한 직접적인 시장성이 없다는 것에 대하여 잘 알고 있다.

일본의 경우, 지진의 영향으로 화재안전과 이에 관한 연구에 대하여 매우 민감하다. 일본에서 화재과학은 여타 과학 분야와 마찬가지로 건축학부 교과과정에 포함되어 있다. 이는 일본의 문화와 학문 분야에서의 특징적 풍토이다. 과학을 바탕으로 화재를 정량적으로 기술한 최초의 화재 핸드북이 1980년대 초 일본에서 발간되었다는 것은 놀라운 일이 아니다.

영국은 화재 연구 분야에서 전 세계적으로 가장 발달된 과학적 연구소(Fire Research Station)를 설립 운영하였다. 1960년대에 Dennis, Lawson, Philip Thomas, David Rasbash 등을 중심으로 이루어진 수많은 연구는 잘 알려지지 못했다. 왜냐하면 이들 연구는 그 당시 주류였던 화재 Journal에 거의 수록되지 않았기 때문이다. 그렇지만 David Rasbash는 Edinburgh 대학의 대학원 과정에 화재공학을 개설하였고, Philip Thomas는 전 세계적으로 화재과학의 필요성을 전파하여 인식을 새롭게 하였다.

화재과학 분야에 앞서간 여러 학자들이 1959년 11월에 미국 워싱톤에서 "화재연구에서의 모델의 이용"이라는 주제로 특별 회의를 가졌다. 이 회의를 주선한 Walter Berl은 "공기역학, 열전달, 화학반응 속도 등의 긴밀한 상호작용이 화재연구를 흥미롭게 한다."고 언급하였다.[10] 화재공학의 연구는 다른 분야의 뛰어난 업적을 가진 과학자들이 선출되었는데 이는 사회에 대한 유익함과 도전성 때문이다.

미국에서는, M.I.T.의 Hoyt Hottel이 가장 먼저 화재를 연구한 사람 가운데 하나이다. 그는 제2차 세계대전 이전에 화재의 연구를 시작하였으나, 전쟁 기간동안 무기에 의한 화재의 영향 연구로 방향을 돌렸다. 이후, 그는 Harvard 대학의 Emmons 교수와 함께 화재분야 기초연구를 계속하였고 또한 정부의 연구기금 지원을 요청하였다. 이와 같은 연구 지원으로 1970년대 초 FMRC (Factory Mutual Research Corporation)와 NIST (National Institute of Standards and Technology, 구 National Bureau Standards)에서 화재연구가 확대되었다. 이로서 1974년, National Fire Prevention and Control 법을 근거로 National Science Foundation에 의한 화재연구 기금 조성이 가능하게 되었다. 1970년대 연구의 성과는 전 세계를 통하여 그간 단절되었던 화재 연구의 진전, 개발, 촉매 역할을 하였다. 미국에서의 화재분야 기초연구를 위한 기금은 이후 감소하였으나, 세계적인 활동은 정보망의 활용으로 확대되고, 이 작은 분야의 지식과 정보의 교환도 잘 이루어지고 있다. 예를 들면 국제 화재안전 과학회(IAFSS)의 후원으로 이루어지는 심포지움의 논문집은 화재연구에서 국제교류를 지속시키는데 도움이 되고 있으며 화재의 연구 통합이 가능하게 되었다. SFPE (Society of Fire Protection Engineers)에서 개발한 Fire Protection Engineering Handbook[11)]은 화재 전문가가 화재과학의 현재까지의 기본 지식을 집대성한 좋은 예이다.

6 화재 현상의 가시화

노트
화염의 형태는 그 화염 자체에 의하여 유체가 흐르게 되는데 따른 영향을 받게 된다.

연구의 틀을 설정하기 전에 눈에 보이는 화재현상에 대한 개념을 가지는 것은 대단히 중요하다. 화재의 진행과 이에 따른 연기의 유동 과정에서 여러 형태의 결과가 관찰된다. 만약 우리가 이를 연구하고자 한다면 결과를 적절히 분류하여야 한다. 화염의 형태는 그 화염 자체에 의한 유체 흐름에 영향을 받게 된다. 건물에서 연기의 유동 성질은 여러 형태로 나타날 수 있다. 이러한 가시화는 체계적으로 연구를 하기 위해 연구실에서 수행되어야 하며, 연구를 진척시키기 위해 소방관 등 관계인의 실제 관측에 대한 조언도 필요하다. 연구소 등에서는 화재현상의 관찰을 위한 제한요소가 많이 따르기 때문이다. 그렇지만, 소규모 실험 연구가 아주 적합할 경우도 있다. 우리는 항공기 설계와 자동차의 공기역학적 개선을 위한 풍동의 역할을 잘 알고 있다. 라이트 형제가 이미 이러한 원리를 이용한 바 있다. 이러한 축소 모델링 기법이 여러 분야의 연구 방법에 사용되고 있으며 화재도 예외가 아니다. 과학적 원리를 근거로 한 물리적 축소 모델은 항공기, 선박, 개선거, 콘서트 홀 등의 설계와 자동차 충돌역학을 해석하는 데까지도 이용된다. 화재의 진행과정 또한 축소모델에 의하여 적절히 설명할 수 있다. 실제로 우리가 이 책에서 배울 많은 공식들은 실험실 규모의 축소모델로부터 얻은 결과라 할 수 있다.

그림 1-5는 실내화재에서 일어나는 현상을 도시한 것이다. 이러한 것과 또 다른 현상에 대한 인식은 구획실 화재의 "모델링"에 관한 체계를 구축하는데 도움이 되었다.

그림 1-6과 그림 1-7은 각각 복도에 연결된 실내화재에서의 연기 유동에 관한 역학과 유체 흐름을 나타낸 것이다.[12] 이 결과는 시각적으로 판별될 수 있도록 유리벽과 유색연기를 이용한 축소모델을 통하여 정확히 시현되었다. 그림 1-6에서는 일률적인 연기층이 구획실의 상부를 채우는 모습을 고전적으로 보여주고 있으며, 그림 1-7은 연층과 상대적으로 연기가 없는 부분에서 유체의 복잡한 재순환 현상을 보여주고 있다. 또한 그림 1-6은 구획실 하부에 있는 창문을 통해 유입되는 공기와 연기가 혼합되는 상태를 보여주고 있다.

그림 1-8은 화염이 천장에 충돌하여 생긴 연기형상을 보여주는 재미있는 그림이다.[13] 이 형상은 연료의 종류, 연료의 연소속도, 천장의 높이 등에 따라 달라질 수 있다. 이러한 결과는 어떠한 컴퓨터 모델링으로도 예상할 수 없다.

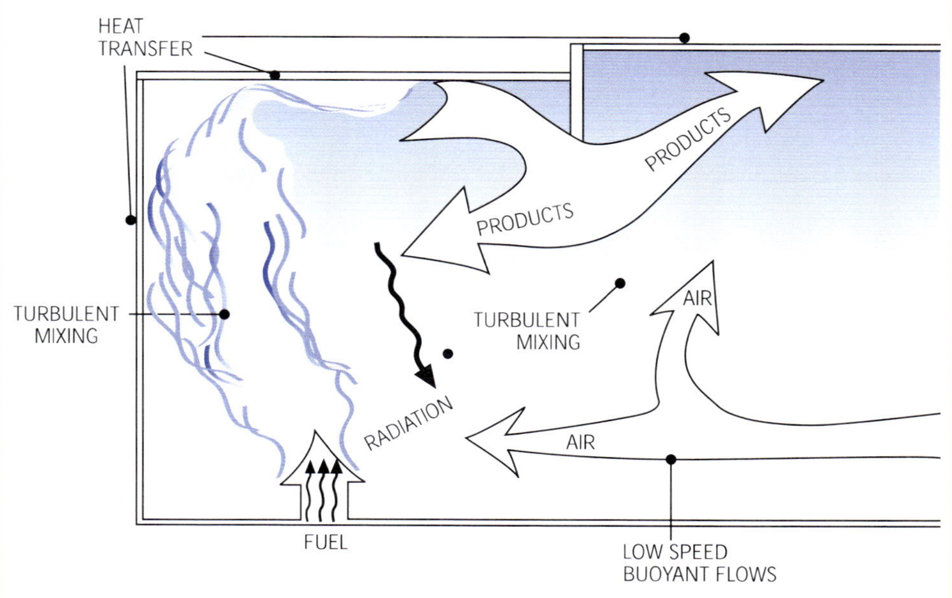

그림 1-5 실내 화재 성장 현상

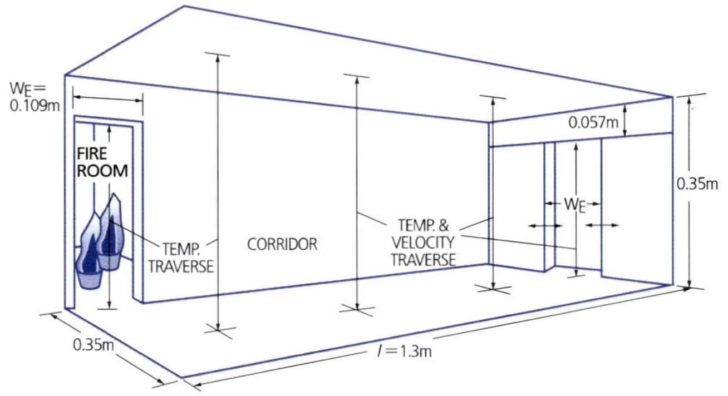

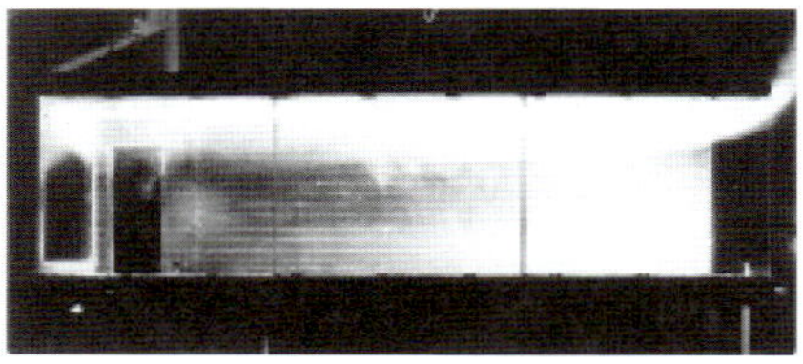

NO SOFIT $W_E/W_D = 3.2$

(a)

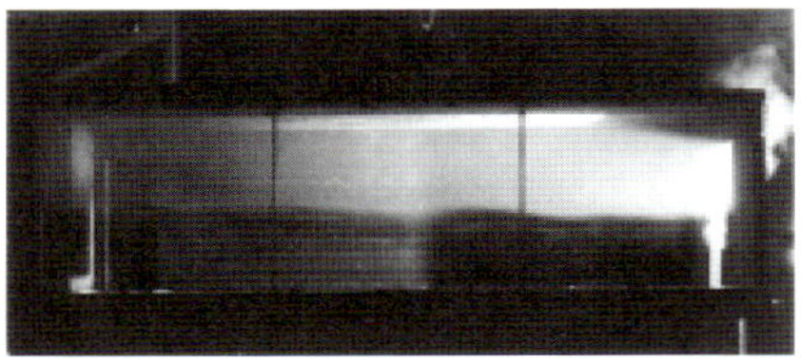

$W_E/W_D = 1$

(b)

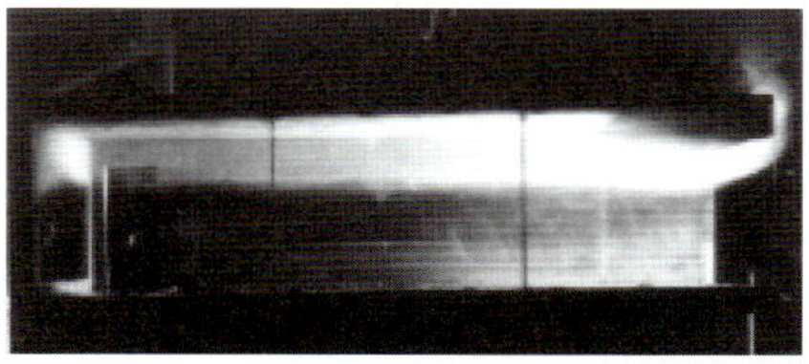

$W_E/W_D = 3.2$

(c)

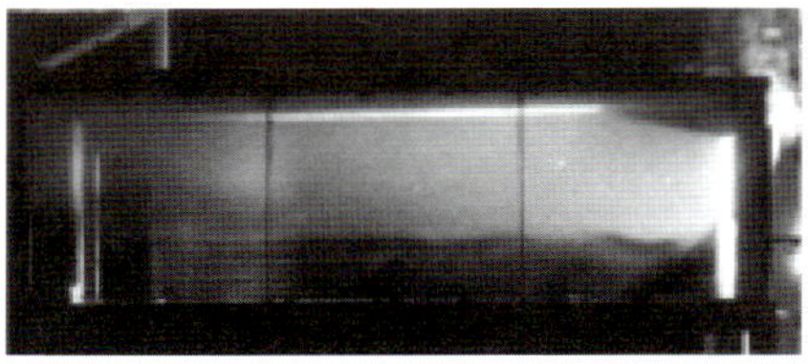

$W_E/W_D = 1/2$

(d)

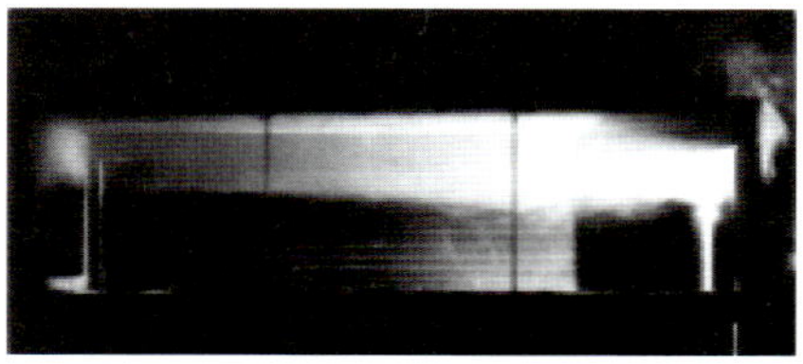

$W_E/W_D = 2$

(e)

$W_E/W_D = 1/4$

(f)

그림 1-6 축소모델 복도에서의 왼쪽 실내화재에 뒤따른 연층 형성과정과 오른쪽 출입문을 통한 유출($W_D = 11cm$) (Ref. 12)

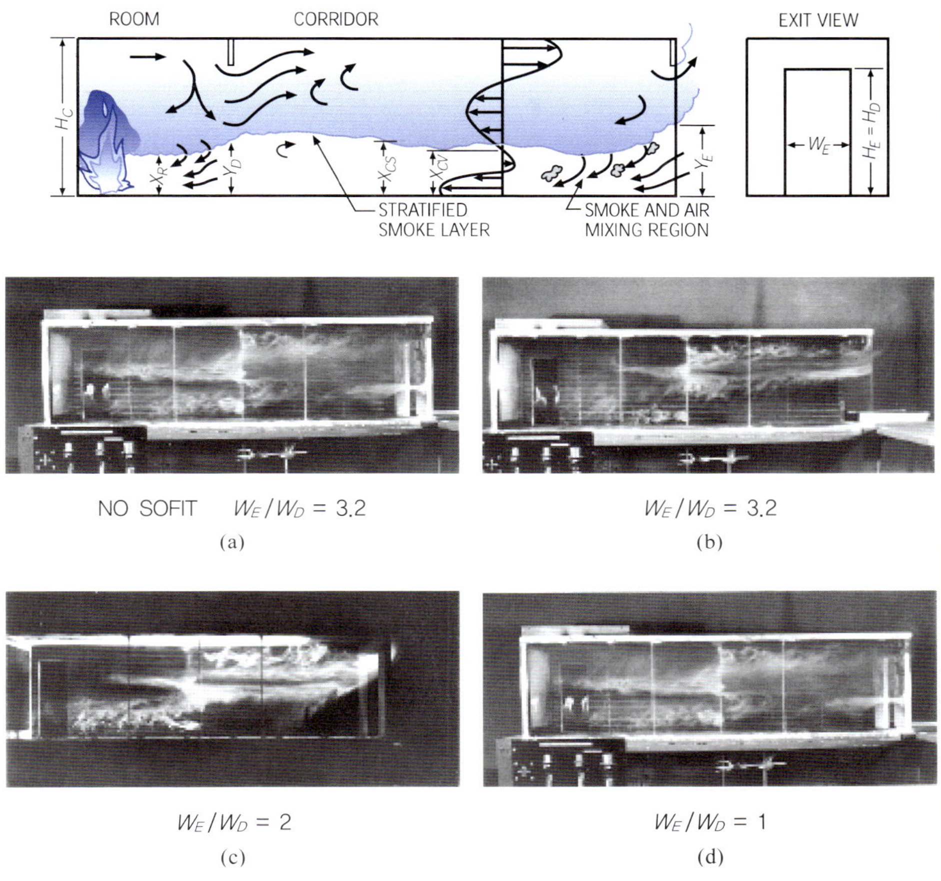

그림 1-7 실내 화재시 축소모델 복도에서의 복잡한 연기유동 형태(Ref. 12)

7 과학적 표기

화재 현상 이면의 개념과 원리를 연관짓기 위하여, 우리는 우선 화재의 거동을 정성적으로 이해하여야 한다. 더욱 중요한 것은, 특수한 화재 현상을 정량적으로 서술할 수 있는 정보와 방법을 이해하는 것이다. 또한, 물리학과 대수학에 관한 상당한 지식 및 각종 단위, 기호, 과학적 표기 등의 이해가 필요하다. 측정단위, 기호, 과학적 기호법 등의 기본적 사항이 정량적인 해석을 위한 기초가 된다.

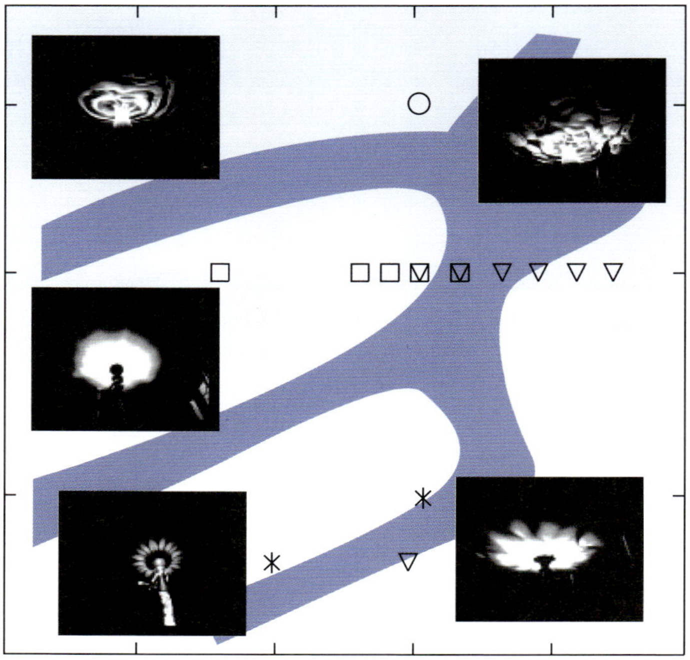

그림 1-8 천정연기류의 다양한 화염형태(From Kokkala and Rinkinen, Ref. 13)

미국에서는 지체되고 있지만 오늘날 세계적으로는 국제단위계(SI)를 널리 사용하고 있다. 과학적 단체들은 일반적으로 이 SI 단위계를 이용하여 출판하고 있다. 따라서 화재 과학의 주제들을 이해하기 위해서는 SI 단위로의 환산이 필수적이다. 표 1-3은 앞으로 우리가 다룰 양적 관련성을 위한 SI 단위이다. 표의 내용은 화재와 관련하여 나타나는 것들로서 더 깊이 있게 전개된 내용은 아니지만 자주 접하게 될 것이다.

표 1-3 SI 단위

단위	표시기호	단위	표시기호
Force	N (newton)	Power	W (watt)
Mass	kg (kilogram mass)	Thermal conductivity	W/m - ℃
Time	s (second)	Heat-transfer coefficient	W/m^2 -℃
Length	m (meter)	Specific heat	J/kg - ℃
Temperature	℃ or K	Heat flux	W/m^2
Energy	J (joule)		

표 1-4 에너지 단위

1 Btu : 1 lb_m of water 1°F at 68°F
1 cal : 1 g of water 1℃ at 20℃
1 kcal : 1 kg of water 1℃ at 20℃

일과 에너지 단위의 환산

1 Btu = 778.16 $lb_f \cdot ft$
1 Btu = 1055 J
1 kcal = 4182 J
1 $lb_f \cdot ft$ = 1.356 J
1 Btu = 252 cal

표 1-5 온도 단위의 환산

°F	Fahrenheit	: T(°F) = T(℃)(1.8) + 32
R	Rankine	: T(R) = T(°F) + 459.69
℃	Celsius (Centigrade)	: T(℃) = (T(°F) − 32)/1.8
K	Kelvin	: T(K) = T(℃) + 273.16

표 1-6 환산 인자와 기호

length	1 m = 3.2808 ft	l
area	1 m^2 = 10.7639 ft^2	A
density	1 kg/m^3 = 0.06243 lb/ft^3	ρ
energy	1 kJ = 0.94785 Btu	Q
heat	1 kJ = 0.94783 Btu	q
heat flow rate	1 W = 3.4121 Btu/hr	$\dot{q}$
energy release rate	1 W = 3.4121 Btu/hr	$\dot{Q}$
heat flow rate per unit area, heat flux	1 W/cm^2 = 0.317 Btu/hr-ft^2 1 W/cm^2 = 10.kW/m^2	$\dot{q}''$
specific heat	1 kJ/kg-℃ = 0.23884 Btu/lb-°F	c
thermal conductivity	1 W/m-℃ = 0.5778 Btu/hr-ft-°F	k
thermal diffusivity	1 m^2/s = 10.7639 ft^2/sec	α
pressure	1 atm = 14.69595 lb_f/in^2 = 1.01325×10^5 N/m^2 1 N/m^2 = 1 Pascal(Pa)	P

표 1-7 과학적 기수법의 접두어 및 약어표기

Multiplier	Prefix	Abbreviation	Multiplier	Prefix	Abbreviation
10^{12}	tera	T	10^{-3}	mili	m
10^{9}	giga	G	10^{-6}	micro	μ
10^{6}	mega	M	10^{-9}	nano	n
10^{3}	kilo	k	10^{-12}	pico	p
10^{2}	hecto	h	10^{-18}	atto	a
10^{-2}	centi	c			

주 : 예로서 $10^{3}=1000$, $10^{-3}=0.001$

에너지를 예로 들면 표 1-4는 온도와 관련된 것으로 미국에서는 BTU 단위가 익숙하고 Joule과 같은 W-S를 사용하기도 한다. 온도는 일반적으로 °F로 표현하지만 표 1-5와 같이 다른 온도 단위로도 쉽게 변환할 수 있어야 한다. ℃는 물의 어는점과 끓는점을 각각 0과 100으로 한 반면, °F는 32와 212로 나타낸 것이고, 이 둘은 열역학적 에너지가 멈추는 절대 0도에서부터 시작되지 않는다. 따라서 절대온도의 다른 값으로 °F는 Rankine(R)로 ℃는 Kelvine(K)로 나타낸다. 표 1-6은 다른 단위들에 대한 환산 인자를 나타내고 있으며 전형적으로 사용되는 기호들은 정량적인 것과 관련하여 나타내었다. 이 기호들은 이 책에서 사용되고 있으며 화재관련 문헌들에도 꽤 자주 나오지만 아주 보편적인 것은 아니다. 여기서 주의할 것은 기호 위에 점이 한 개 있는 것은 속도 또는 "단위 시간당"이고 두개 있는 것은 단위면적당의 의미를 나타내며 통상적으로 유속(flux)이라고 한다. 그리스 문자 ρ는 흔히 밀도, α는 열확산을 나타낸다. 교재 내용 중에서 이들의 중요성을 설명할 것이다. 끝으로 표 1-7은 숫자를 나타낼 때 0을 많이 쓰는 것을 피하기 위한 과학적 기수법 표기의 특별한 방법이다.

Summary

화재는 일반적으로 공기 중의 산소를 포함한 화학반응으로서, 인지하기에 충분한 에너지를 생성한다. 전형적으로, 단위 체적 당 에너지 방출속도는 짧은 시간에 피부 화상의 원인이 될 수 있다. 역사적으로, 공룡의 멸종 원인이나 20세기까지의 대도시 대형화재 등 화재에 의한 파괴는 가히 극적인 예가 많다. 미국은 화재로 인한 1인당 사망률이 가장 높은 나라 가운데 하나이지만 자동차 사고에 의한 연간 사망률의 1/10 정도일 뿐이다. 결과적으로 제어가 어려운 화재 연구에 대하여 크게 고무시키지 못했다. 그럼에도 불구하고 화재에 관한 연구는 전 세계적으로 확산되고 있다. 그리고 그 결과는 화재안전을 설계하고 연구 분석하는데 매우 유용한 자료가 되고 있다. 화재 현상의 가시화는 화재방호를 이해하고 발전시키는 첫걸음이다. 이러한 도구의 이용을 위해서 과학적 단위와 전문용어를 이해하여야 한다. 이 책을 이해하는 목적은 적어도 killowatts 개념으로 화재를 이해할 수 있게 되는 것이다.

연습문제

1. 불의 기원에 대한 전설을 설명하시오.

2. 불의 양면성에 대하여 설명하시오.

3. 역사상 대규모화재 5개를 예를 들어 설명하시오.

4. 대규모 화재가 화재 연구에 미친 영향을 설명하시오.

5. 화재의 원인을 많은 순서대로 나열하시오.

6. 화재 연구에 관한 국내외 연구 논문지의 제목과 발행기관을 5개 이상 조사하시오.

7. 전세계적으로 화재분야를 연구하는 유명한 연구기관들을 5개 이상 조사하시오.

8. 다음 단위들을 변환하시오.
   ① 85℉ → ℃　② 400℉ → ℃　③ 695℃ → ℉
   ④ 30,000 BTU/hr → kW　⑤ 6.5 W/cm^2 → kW/m^2

9. 다음 숫자 단위들에 대한 접두어와 약어를 설명하시오.
   10^2, 10^6, 10^9, 10^{12}, 10^{-2}, 10^{-3}, 10^{-6}, 10^{-9}, 10^{-12}, 10^{-18}

10. 다음 약자로 된 단위들이 무엇을 나타내는지 설명하시오.
    N, J, W/m·℃, W/m^2·℃, J/kg·℃, W/m^2

참고문헌

1. H. Rossotti, Fire (Oxford: Oxford University Press, 1993), 22.
2. Accident Facts (Itaska, IL: National Safety Council, 1995).
3. R. C. Cochrane, *Measures for Progress, A History of the National Bureau of Standards* (Washington DC: US Department of Commerce, 1974), 131.
4. T. Wilmot, *World Fire Statistics Centre Bulletin 12* (Geneva: The Geneva Association, 1996).
5. N. N. Brushlinsky, A. P. Naumenko, and S. V. Sokolov, "Response to Query about Fire Deaths in Russia"(Letters to the Editor), *Fire Technology* 31, no. 3, (August, 1995).
6. *Fire Research on Cellular Plastic: The Final Report of the Product Research Committee*, Library of Congress Cat. no. 80-83306 (1980).
7. H. W. Emmons, *Fire Research Abstract and Reviews* 10, No. 2 (1968): 133
8. W. Strunk, Jr., and E. B. White, *The Elements of Style* (New York: MacMillan, 1979), 47.
9. W. P. Meade, *A First Pass at Computing the Costs of Fire Safety on a Modern Society*, NIST-GCR-91-592 (Gaithersburg, MD: National Institute of Standards and Technology, March 1991).
10. W. G. Berl, ed., *The Use of Models in Fire Research*, Pub. 786 (Washington, DC: National Academy of Sciences, National Research Council, 1961), v.
11. P. J. DiNenno, ed., *The SFPE Handbook of Fire Protection Engineering*, 2nd. ed., (Quincy, MA: National Fire Protection Association, June, 1995).
12. J. G. Quintiere, B. J. McCaffrey, and W. Rinkinen, "Visualization of Room Fire Induced Smoke Movement and Flow in a Corridor", *Fire and Materials* 2, no. 1 (1978): 18-24.
13. M. Kokkala, and W. J. Rinkinen, *Some Observations on the Shape of Impinging Diffusion Flames*, Res. Rep. 461 (Espoo, Finland: VTT, Technical Research Centre of Finland, 1987).

CHAPTER 2

자연적 화재의 연소

학습목표

1. 자연화재의 다른 형태 확인 :
   확산화염, 자연발화, 훈소, 예혼합화염
2. 기본적인 확산화염으로 촛불화염에 대한 이해
3. 정량적 관점에서의 크기·형상 및 속도의
   모습을 포함하는 화재의 자연적인 형태의 이해

1 개요

자연화재의 과정은 확산화염, 훈소, 자연발화, 예혼합화염 등 여러 형태로 나타날 수 있다. 1850년 Michael Faraday로부터 비롯된 촛불화염을 간단히 실험해봄으로서 확산화염에 대한 추론이 가능하며 또한 화염을 갖는 착화과정에는 예혼합화염과 점화원을 포함하는 것을 알 수 있다. 자연발화에는 위와 같은 점화원이 필요하지 않으나 자체적 혹은 주위 환경의 영향을 받아 발화한다. 자연발화는 다음 두 가지 경로 중 하나를 취하게 된다. 즉, (1) 화염연소 - 확산화염, (2) 훈소연소 - 400℃ 정도의 낮은 온도에서 고체연료가 느리게 산화. 본 장에서는 이와 같은 과정을 설명하고 또한 정량적인 정보를 제시하고자 한다.

2 화재의 요소

연소 또는 화재는 에너지의 방출을 수반한 화학적 반응으로서, 에너지의 일부는 빛의 형태로서 화염이라고 한다. 대부분의 연료는 탄소, 수소 및 산소로 구성되어 있으며 일부 연료, 특히 플라스틱은 질소, 염소, 불소 등을 포함하기도 한다. 화학반응을 화재로 정의하기 위해서는 충분히 감지할 만큼의 에너지 방출이 필요하다. 즉, 화학반응에서 단위 체적당 에너지의 방출속도가 화재인지 아닌지의 여부를 결정해주며, 화염의 크기는 화재를 결정하는 요인이 되지 않는다. 화재라고 할 정도의 초기 에너지 발생 정도의 한계기준은 대략 1,000 kW/m^3 정도로 이는 물의 온도를 1초당 1℃ 올리는데 충분한 에너지이다. 화재 반응을 지속시키기 위해서는 이보다 훨씬 높은 1010 kW/m^3 정도의 에너지 밀도가 요구된다. 이 반응영역 온도는 기체연료인 경우 2,000℃ 정도에 달하고, 고체연료의 훈소는 약 1,000℃에 달한다.

그림 2-1에서와 같은 화재 삼각형은 화재의 과정을 설명하는데 흔히 이용되는 개념으로 삼각형의 각 요소는 화재발생에 필수적이다. 화재 삼각형은 (1) 연료의 존재 (2) 발열 화학반응에 필요한 산소 (3) 점화에너지 등으로 구성된다.

고체 또는 액체연료를 기화하거나 기체연료의 화학반응이 계속될 수 있는 온도로 유지하기 위한 에너지가 있을 때 연소는 계속될 수 있다. 만약 연료와 산소를 제거하거나 소화활동 또는 난연제 등에 의하여 에너지가 감소하게 되면 화재는 더 이상 지속되지 않을 것이다.

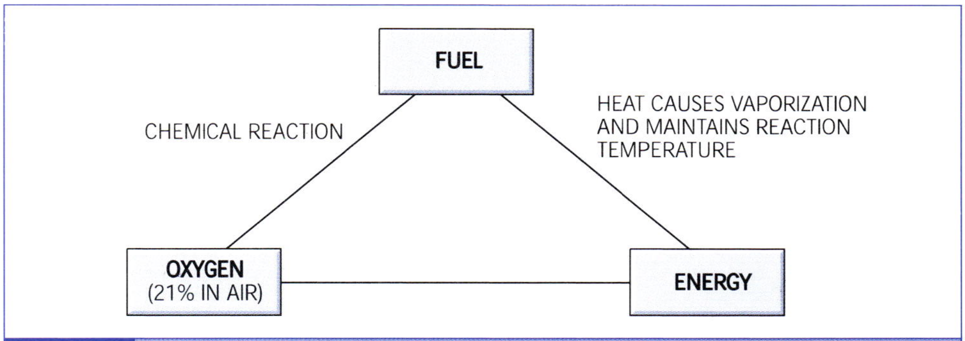

그림 2-1 화재 삼각형

화재의 형태

화재의 형태는 다음의 4가지 독특한 현상으로 분류할 수 있다.

1. 확산화염　2. 훈소　3. 자연발화　4. 예혼합화염

확산화염은 화재현상의 지배적인 범주로서 건물화재, 삼림화재, 성냥불 등이 모두 여기에 해당된다. 훈소 현상은 확산화염이 소멸한 후 발생 혹은 진행될 수 있다. 주택화재 이후 타다 남은 불이라든지, 벼락에 맞은 삼림 또는 성냥불이 꺼진 뒤 잔화 등이 그 예이다. 자연발화는 훈소 또는 (확산)화염에 선행한 화학반응의 잠복기라 할 수 있다. 자연발화는 기름이 배인 면섬유, 건초 또는 목재 조각 더미 등에서 발생할 수 있다. 예혼합화염은 점화에 의한 가솔린 내연기관이라든지 자기발화에 의한 디젤기관 등과 같이 제어된 연소 과정에서 나타난다. 예혼합화염은 또한 고체나 액체가 확산화염에 이르기 전 초기 화염에서도 나타난다.

3 확산화염

확산화염이란 연료가스와 산소의 농도 차이에 의하여 반응대(reaction zone)로 이동하여 연소하는 과정이다. 이 이동과정을 확산이라고 하며, Fick's Law 즉, 혼합기(화재와 관련된 기체로서 산소, 연료, 이산화탄소 등)에서는 농도가 높은 곳에서 낮은 곳으로 이동한다는 법칙에 지배된다. 잉크 한 방울을 물 컵에 떨어뜨리면 물 속으로 확산하여

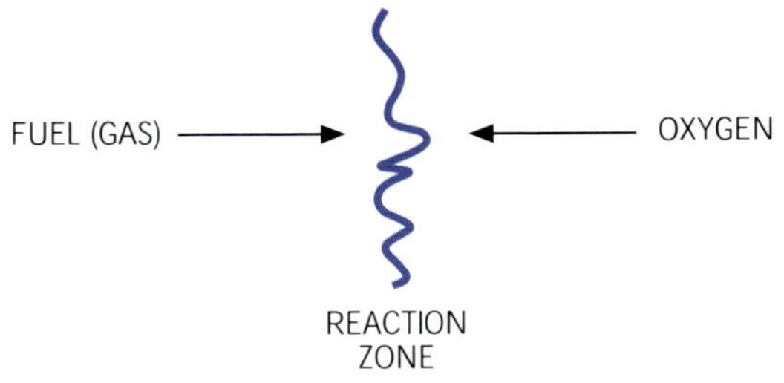

그림 2-2 확산화염의 개념도

푸른빛의 물이 된다. 화학반응에 의하여 화염대에서 산소가 소모되면 공기 중의 산소는 화염 쪽으로 이동한다. 연료는 화염의 반대쪽에서 산소와 같은 원리로 화염대로 이동한다. 연소생성물은 화염대에서 양방향으로 확산한다. 이러한 과정을 그림 2-2에 나타내었다. 자연적으로 발생하는 대부분의 불꽃화재는 확산화염이다. 확산화염의 대표적인 예가 성냥불과 촛불이다 (그림 2-3). 양초의 화염에 의하여 왁스가 용해되고 모세관 현상에 의하여 심지로 이동한다. 화염은 왁스를 기화시키고 기화된 연료는 화염으로 확산하여 산소와 만나게 된다. 목재로 된 성냥은 화염에서 발생되는 열에 의하여 목재가 기상 연료와 숯(char)으로 분해된다. 이러한 과정을 열분해(pyrolysis)라고 한다.

그림 2-3 확산화염의 대표적인 예 – 촛불

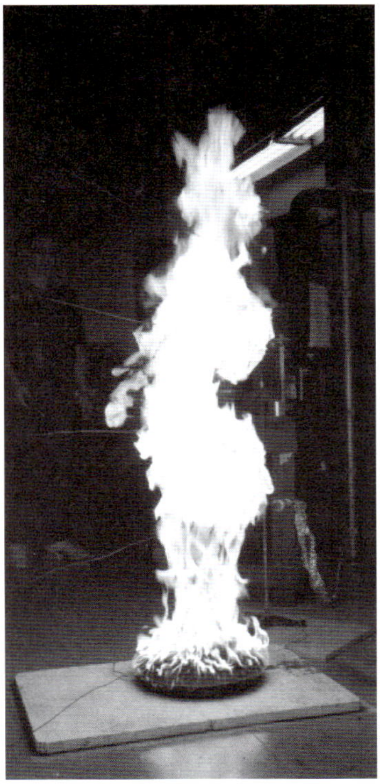

그림 2-4 난류 확산화염

그림 2-5 담배연기

촛불은 전형적인 층류확산화염(laminar diffusion flame)으로서, 순수한 분자 확산에 의하여 지배된다. 높이가 1피트 이상인 화염은 자연적으로 유체역학적인 비정상 상태의 불규칙성을 갖고 있으며, 연기와 화염에서 볼 수 있는 소용돌이(eddy)에 의하여 확인될 수 있다. 이것을 난류라고 하며, 이러한 특성을 가지는 확산화염을 난류확산화염이라고 한다(그림 2-4). 큰 굴뚝에서 나오는 연기가 이러한 특성을 가지며 조용한 방에서 담배 연기 가닥은 층류로 시작되어 상승하다가 약 1피트 정도 상승하면 층류가 깨지고 난류로 바뀌는 모습을 볼 수 있다(그림 2-5).

노트

부력과 난류는 화재 및 이와 관련된 흐름을 조절하는 두 가지 요소이다.

중력은 화염확산의 형태에 영향을 주고 또한 일반적으로 화재의 과정에 큰 영향을 미치게 되는데 이는 화재에 의해 고온이 생성되고 이 열에 의해 뜨거워진 가스는 중력에 의한 부력의 결과로 상승하게 되고, 계속되는 흐름은 화염을 왜곡시키고 결국 흐름의 불안정상태는 난류를 만들기 때문이다. 난류는 주로 교란에 의한 것으로서 자연적으로 발생하여 흐름을 자연적인 주기에 이르게 한다. 이와 같은 현상은 균형이 맞지 않는 타이어가 휠의 자연적인 주기에 맞지 않아 불규칙한 진동이 시작될 때 일어나는데

그림 2-6 확산화염의 형태

기계적인 제어에 의해 자동차로부터 바퀴가 이탈되지 않는다. 마찬가지로 유체 마찰은 유체의 불규칙한 유체의 난류운동을 일정범위 내로 유지시켜준다. 따라서 부력과 난류는 화재 및 이와 관련된 흐름을 조절하는 두 가지 요소이다. 중력과 부력이 무시되는 우주선에서 확산화염의 거동을 고찰하는 것도 흥미로운 일이다.

확산화염의 일반적인 형태를 그림 2-6에 나타내었다. 액체 또는 고체연료의 자연화재는 연료 면에서 속도가 매우 낮지만(~1 cm/s), 높은 압력의 가스연료는 아주 높은 속도에서 시작될 수 있다. 그런 화염의 경우 부력효과는 무시되고, 충분히 높은 속도에서 Jet flame은 일정한 높이에 다다른다. 그림 2-6b는 일반적인 생활용품이 연소하는 화염 특성의 대표적인 모양으로 화염의 높이는 화재의 부력에 의한 연료와 공기의 공급과 관련이 있다. 삼림화재나 도시의 대화재와 같은 넓은 지역의 화재에 있어서, 공기의 흐름은 측면으로부터와 마찬가지로 상부에서도 유입될 수 있다. 그림 2-6b는 우리의 관심 대상으로서 건물화재와 관련된 확산화염을 나타낸 것이다.

촛불화염

촛불은 자연화재와 확산화염의 필수적 특성을 대부분 갖기 때문에 화재를 공부하기 위한 훌륭한 도구이다. 촛불화염의 실험은 19세기의 과학자 Michael Faraday에 의한 것으로서 본 설명이 처음은 아니다. 이 실험은 대중에 대한 과학 쇼 가운데 하나로서 런던의 Royal Institution에서 선보였다. Christmas Lecture로 부르는 이 강의는 어린이들에게 매우 잘 알려져 있으며 또한 책으로 엮어져 오늘날까지 쓰이고 있다.[1] 강의 가운데 일부는 매우 단순하지만, 화염의 기본원리를 설명하는데 있어 매우 훌륭한 것들도 있다. 화재를 연구하는 사람들은 Faraday가 촛불의 작용과 화재과학의 복잡성을 어떻게 인식했는지에 대해 놀라움을 금치 못한다. 이러한 개념은 Christmas Lecture 모임에서의 개막 인사말에 잘 표현되어 있다.

> 나는 이 강의에서 여러분에게 양초의 화학적 역사를 소개하고자 한다. 전 세계 어떤 분야에서도 다루어지지 않은 현상이란 없을 것이며, 자연철학을 연구하기 위하여 양초의 물리적 현상을 고찰하는 것보다 더 좋은 방법은 없다.[1]

The Scientific Discoveries of Michael Faraday

- 1820 discovered two unknown chlorides of carbon
- 1821 discovered electromagnetic rotation – set up an experiment in which a wire carrying an electric current rotated in the field of a horseshoe magnet
- 1823 liquified chlorine
- 1825 isolated benzene
- 1831 demonstrated the principles of electromagnetic induction – the production of electric current by a change in magnetic intensity
- 184 discovered the rotation of the plane of polarization of light in a magnetic field

그림 2-7 Michael Faraday와 그의 연구 업적

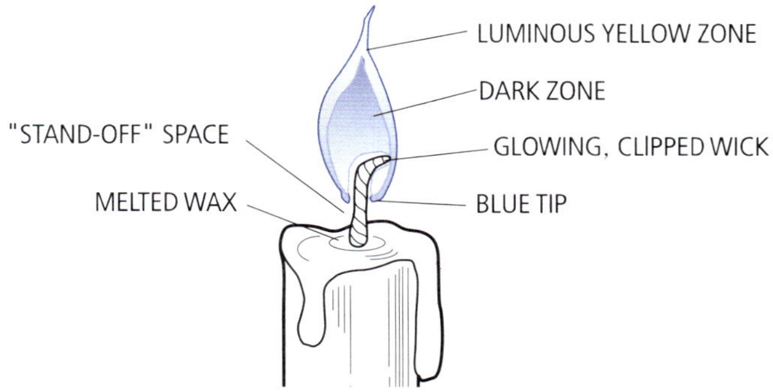

그림 2-8 화염의 특성

촛불을 켜고 양초의 화염이 유지되는 과정을 관찰하여 보자. 그림 2-8에서 나타난 것처럼 우리는 여러 가지 사실을 알 수 있다. 황색과 청색 부분은 화염을 구성한다. (전자 : 확산, 후자 : 예혼합). 양초의 심지는 실제로 화염이 심지를 둘러싸고 또한 높이를 제한하기 위하여 구부러지도록 설계되어 있다. 심지는 왜 화염에 의해 타 없어지지 않을까? 심지의 용도는 무엇인가? 이에 관하여 고찰하여 보면, 화염의 열은 왁스를 녹이고, 그 녹은 왁스는 심지에 스며들어(모세관 현상) 증발되고, 다른 쪽에 서 확산되어 오는 산소와의 연소반응으로 발광되고 있는 곳으로 확산되어 가면서 연료를 공급한다는 것을 알 수 있다. 부력의 영향으로 양초의 화염이 성장하지만 흐름의 경로는 층류가 유지될 수 있을 만큼 작다. 그러나 뜨거운 연소가스가 화염으로부터 상승하여 난류가 되는데 이 현상은 화염에(슬라이드 투광기 또는 강한 플래시 섬광으로) 빛을 영사하여 흰 스크린 위에서 볼 수 있다. 여러분은 스크린에서 뜨겁고 차가운 흐름으로 인해 발생하는 흐름의 이미지를 볼 수 있을 것이다. 화염으로부터 필라멘트 같은 기둥은 화염의 약 1피트 위에서 난류가 된다는 것을 주목해야 한다. 더 가까이 관찰해 보면 심지의 그림자와 불꽃 영역 일부의 그림자를 볼 수 있을 것이다. 무엇이 이 그림자를 야기하는가? (일부 고체 성분이 화염 안에서 빛을 차단하고 있다.)

노트
연소반응은 화염 온도가 충분히 높아야 하며 대개 1,300℃ 이상일 때만 지속될 수 있다.

이제 그림 2-9에서와 같이 화염 속으로 금속망(일반적인 눈금크기의 창문망, 알루미늄 제외)을 놓아보자. 금속망은 화염을 자르고 윗 부분에서는 연소를 중지시킨다. 왜 밝은 화염이 차단되는 지를 설명해보자.

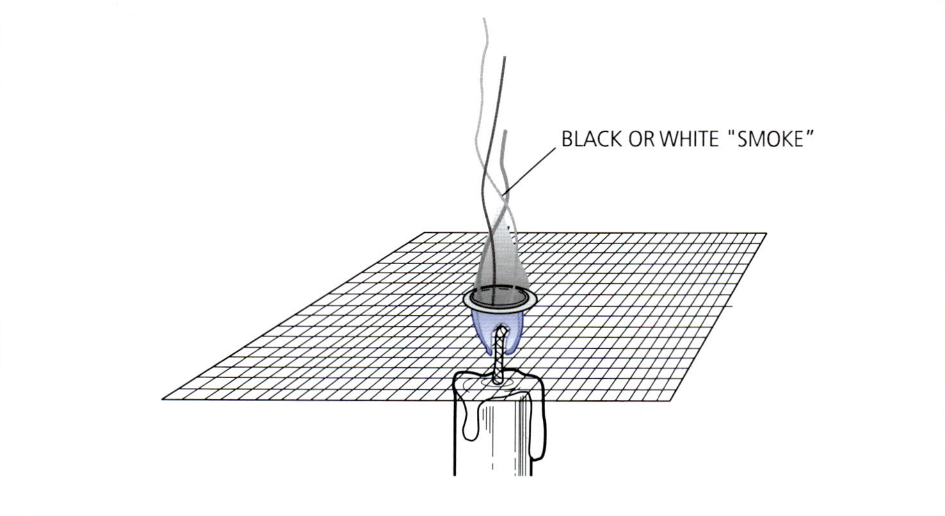

그림 2-9 금속망에 의한 화염의 절단

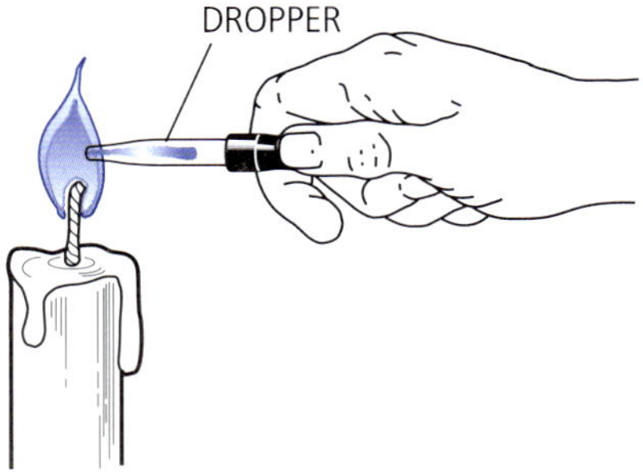

그림 2-10 **화염 내부 가스의 추출**

연소반응은 화염 온도가 충분히 높아야 하며 대개 1,300℃ 이상일 때에만 지속될 수 있다. 금속망의 높이를 화염의 여러 지점으로 이동할 경우, 검은 연기는 화염의 상부에 있을 때 발생하고 회색 또는 흰색 연기는 심지 바로 위에 있을 때 발생한다. 이 연기의 색깔은 무엇을 의미하는가? 화염 안에 종이가 들어가지 않도록 주의하면서 흰 종이조각에 검은 연기를 수집하여 보자. 종이에 무엇이 수집되는가? 이 검은 입자는 어디에서 나온 것인가? 그림 2-8을 살펴보자. 바람을 불어 촛불을 끄고 그 순간 심지에서 발생되는 연기의 색깔과 특성을 살펴보자. 아래쪽에 철망을 놓았을 때 발생한 흰 연기와는 어떻게 비교되는가? 다시 양초에 불을 붙이고 불꽃이 안정하게 된 후 흰 연기가 나온 지점 안에 점적기를 넣고 점적기 튜브 안으로 흰 연기를 추출한 뒤 그림 2-10과 같이 화염 상부에 방출해보자. 그것은 소형 화염방사기와 같이 불을 뿜을 것이다. 이 흰색 증기는 무엇인가? 결론을 유도하기 위하여 촛불을 다시 불어서 끈 뒤 신속하게 심지에서 발생하는 흰색 증기에 불을 붙여보기로 하자. 여러분은 이 증기의 흔적을 따라 화염이 전파하여 불꽃이 심지에 정착하는 것을 볼 수 있어야 한다. 이렇게 진행되는 화염이 예혼합화염이고 심지에 안착된 화염이 확산화염이다

촛불에 대한 모든 정보를 재검토 해 보면 우리는 확산화염과 화재에 대한 충분한 이해가 가능해질 것이다.

확산화염의 분석

메탄을 연료로 사용한 층류 확산화염에 대한 더 복잡한 실험이 Kermit Smyth 등에 의해 수행되었다. 이 화염은 그림 2-11과 같이 메탄과 공기의 유량을 조절하면서 만들었는데 이 버너를 Slot Burner라 하며 촛불의 원추형 화염에 비하여 평면 화염의 특성을

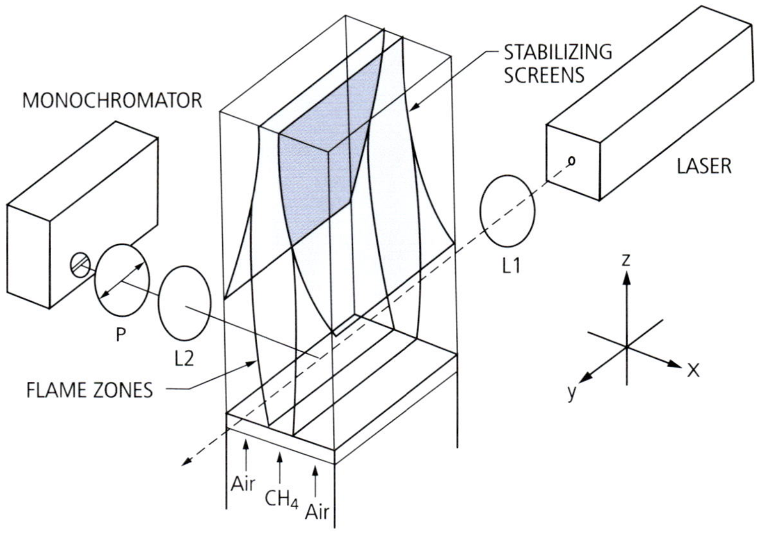

그림 2-11 슬롯 버너 화염과 측정 기구들의 배치(Ref. 2)

갖으나 화재역학적 현상은 동일하다. 화염을 정량적으로 분석하기 위하여 화염의 여러 지점을 측정하는 방법이 사용되었다. 이러한 측정방법은 촛불 실험에서 추론했던 것과 관련지어 볼 수 있으며 정성적으로 관찰한 것들을 정량적으로 나타낼 수 있게 되었다. 이 정량적인 결과는 버너 위 9 mm 높이에서 측정된 값으로 나타낼 것이다.

열전대를 이용하여 화염영역 9 mm 높이를 가로질러 온도를 측정한 결과를 그림 2-12에 나타내었다. 발광화염 영역 내의 다른 높이에서 측정해도 결과들은 비슷하게 되며 이 결과로부터 확산화염은 두 면이 존재한다는 것을 알 수 있다. 열전대에 의한 약간의 열손실과 화염의 냉각효과로 반응대의 최고 온도를 정확하게 측정하기는 어렵다. 그래서 최고 온도 값이 대략 1,700℃로 나타나고 있지만 실제는 1,900℃에서 2,000℃ 범위일 가능성이 높다. 그럼에도 불구하고 이 최고 온도 값의 위치는 반응대의 위치를 나타낸다. 이는 촛불의 황색 밝은 부분이다. 화염 내부 온도는 반응대에서 내부로의 열전도에 의한 것이며 바깥쪽 온도는 결국 외부 공기의 온도와 같아지게 될 것이다. 이에 상응하는 수직 방향으로 흐름의 속도가 그림 2-13에 나타나 있다. 이 흐름의 속도는 주로 부력에 의한 것이다.

특수한 레이저-광학기술을 이용하여 Smyth 등은 가시화염(visible flame), OH 라디칼(radical), 수트(검댕, soot)를 촬영할 수 있었다. OH 라디칼은 반응대의 중심부에서 일시 존재하는 화학종으로 이들 라디칼은 화염의 양측 즉 공기쪽으로 확장되어 있다.

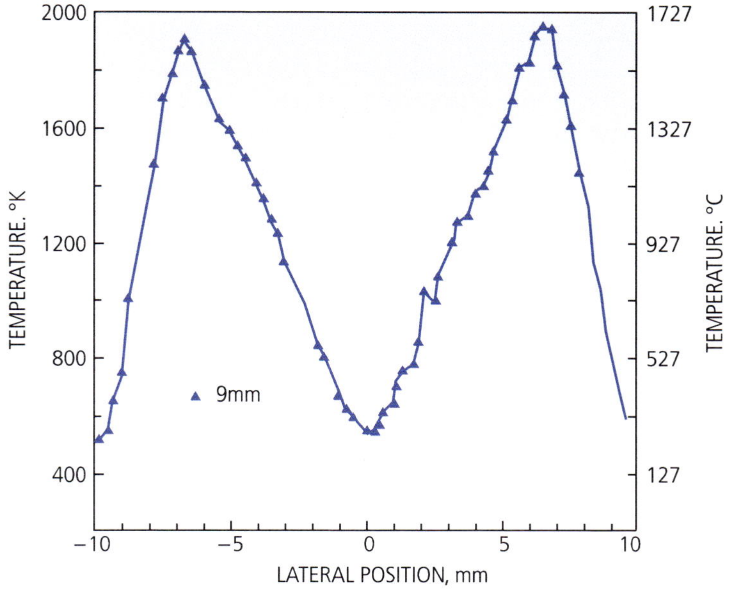

그림 2-12 층류 확산화염 단면의 온도(Ref. 2) VERTICAL VELOCITY. cm/s

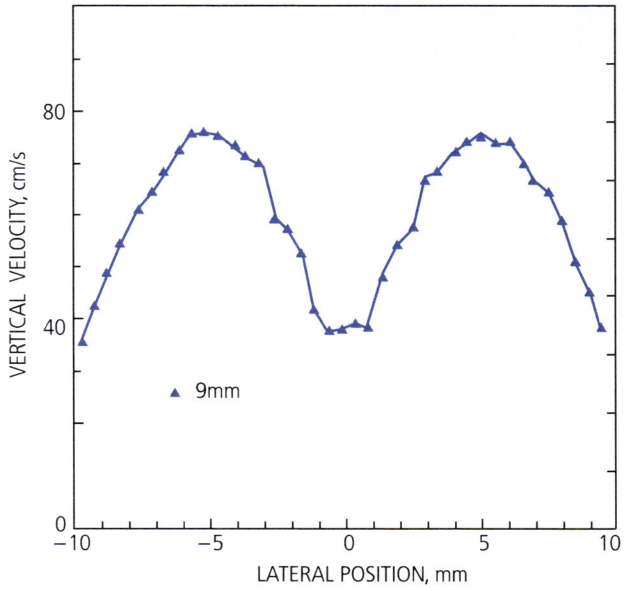

그림 2-13 층류 확산화염의 수직 흐름 속도(Ref. 2)

수트 또는 양초 화염에서의 검은 연기는 화염의 발광대(luminous flame zone)로부터 나오는데 이러한 현상은 그림 2-14의 형상에 명확히 나타나 있다.

수트는 확산화염의 연료측에서 형성된다. 원래의 연료인 메탄이 화염으로 확산되어 가는 도중 가열되는 복잡한 과정에서 형성된다. 이러한 강한 가열에 의하여 메탄(CH_4) 분자가 깨어져서 많은 다른 탄화수소 분자로 열분해 되는데 아세틸렌(C_2H_2) 그리고 다른 전구체의 형태와 수트(대부분 탄소원자)가 생성된다. 고체 탄소원자인 수트는 화염대로 이동하여 주로 OH에 의해 산화, 소모되며 가시화염의 황색 발광에 의해 이러한 산화를 알 수 있다. 촛불화염과 마찬가지로 이 화염에서도 대부분의 수트가 반응대를 지나기 전에 소모된다. 가시화염의 높이는 수트 높이(그림 2-14)의 끝과 거의 일치하고 OH 영역은 이 높이보다 약간 위에 있다. 양초를 갑자기 내리거나 살짝 바람을 불어 화염을 찢어지게 만들면 찢어진 부분에서 수트가 생성되는 것을 볼 수 있는데 이는 수트가 화염의 연료측에서 발생된다는 사실을 다시 한번 설명하는 것이다. 수트가 심하게 생성되는 연료의 경우에는 수트가 반응대에서 전부 소모되지 못하여 검은 연기 형태로 배출된다.

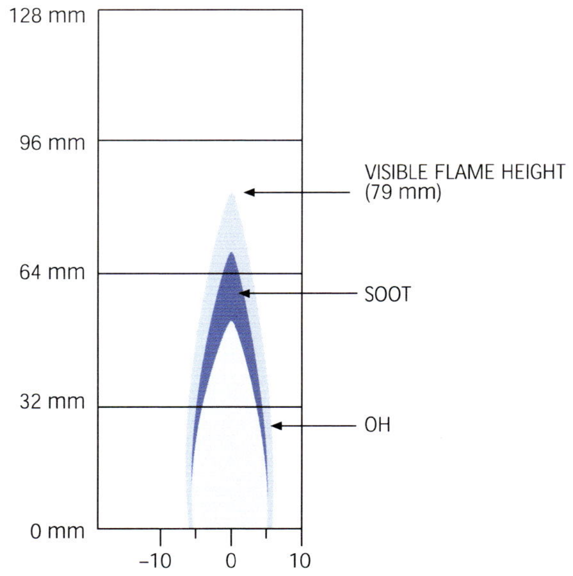

그림 2-14 층류 확산화염에서 화염 반응과 수트의 영역(Ref. 3)

이러한 화염의 과정에서 일어나는 다른 화합물을 검토하여 보자. 이들의 일부는 그림 2-15에 나타나 있는데, 스미스의 방법과 같이 연료 출구 9 mm 높이에서 측정하였다. 농도는 몰 비로 주어졌는데 이는 부피 비와 같다. 예를 들어 어떤 점에서 산소를 추출하여 공기압과 평형을 이루도록 해 두자. 평형상태의 부피와 가스 혼합물의 부피 비는 몰 비와 같다.

공기 중의 산소는 0.21이며 질소는 그 나머지인 0.79인 점에 유의한다. 이 값은 그림 2-15의 왼쪽과 오른쪽 끝에서 측정된다. 연료인 메탄은 중앙에서 거의 1(대부분 연료)이다. 최대 연소지역인 중앙으로부터 약 6 mm 부분에서는 연료와 산소의 농도가 0에 가까운 것을 알 수 있다. 연료 출구 9 mm 높이에서 연소대(반응대)의 폭은 1 mm 이하이다. 또한 수증기의 농도는 이점에서 최대가 되고 주요 연소 생성물인 CO_2 역시 최대 농도가 되었다가 대기 중으로 방출된다. 그림 2-16은 다른 화합물 즉, CO 및 H_2와 함께 CO_2의 결과를 보여주는데 대기 중에는 방출되지 않는다.

이러한 화학종의 농도는 화학종의 파괴에 따라 상대적 비율이 변하기 때문에 측면 길이 방향에 따라 다르다. 그림 2-17은 이러한 과정의 일부를 정성적으로 도식화한 것으로 복잡한 화학공정이 일어난다. 이러한 과정에 더하여 일어나는 것은 화학종의 확산을 수반한 물리적 과정으로, 가장 낮은 농도 방향으로의 이동과 고온으로 인한 부력이 포함된다.

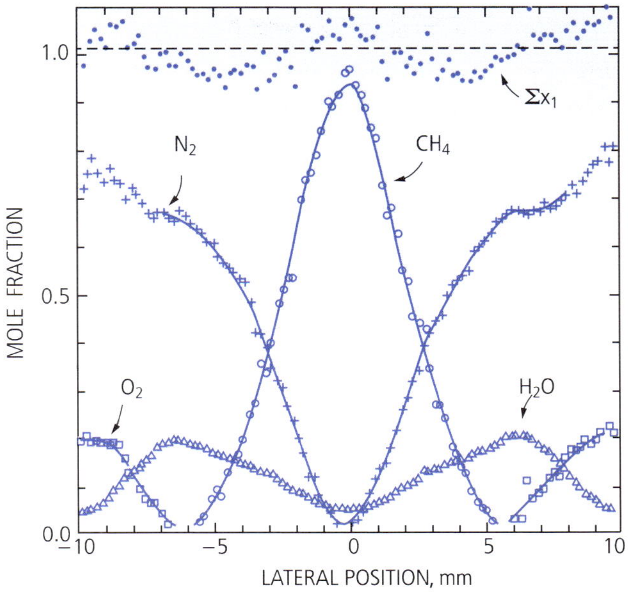

그림 2-15 메탄의 층류 확산화염 높이 9mm에서 생성되는 주요 화학종(1)(Ref. 2)

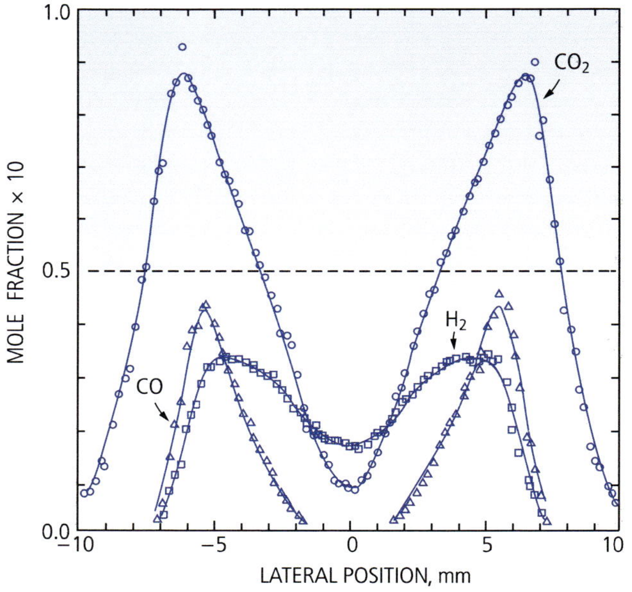

그림 2-16 메탄의 층류 확산화염 높이 9mm에서 생성되는 주요 화학종(2)(Ref. 2)

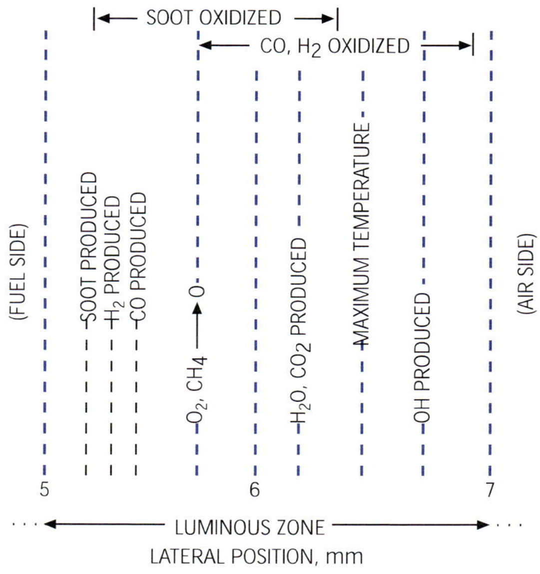

그림 2-17 메탄의 층류 확산화염에서의 정성적 화학반응과정

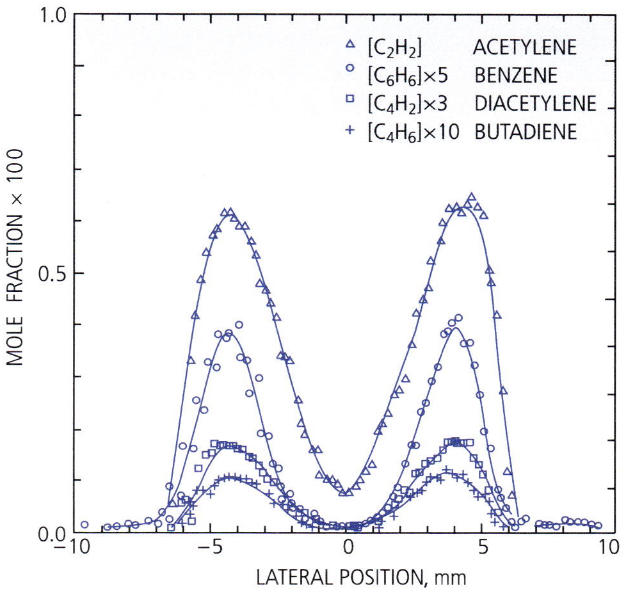

그림 2-18 메탄의 층류 확산화염 높이 9mm에서 생성되는 부수적인 화학종(Ref. 2)

연소과정에서 발생하는 열은 확산하는 메탄 분자에 전도되어 메탄의 크래킹과 합성이 일어나기 때문에, 그림 2-18에 나타난 몇 종류의 탄화수소는 초기에 생성되었다가 연소된다. 이 성분들은 기껏해야 0.005몰 비 이하의 "소수의 화학종(minor species)"으로 완전히 산화되기 전 잠시 나타나는 중간 생성물이다. 그러나 화염신장이나 과잉연료 또는 연소지연제를 첨가할 경우는 산화되지 않고 대기 중으로 방출되는 불완전 연소생성물이 될 것이다.

난류확산화염

노트
우연한 화재로 인한 대부분의 자연 확산화염은 난류이다.

우리는 촛불흐름에서 플룸(plume)의 높이가 1피트 이상일 때 난류가 되는 것을 보았는데 이는 일반적인 부력 조건에서 화재의 전형적인 모습이다. 따라서 사고에 의해 발생되는 화재의 자연적인 확산화염은 대부분 난류이다. 앞에서 검토한 층류화염 과정이 불규칙한 파동이 생기는 과정으로 보여지는 것이 난류이다. 그림 2-12에서 그림 2-18까지 보여준 과정에서는 공간에 약간의 이동이 있으며 농도 값이 분명하지 않다. 이 불분명함은 그들의 최대 평균값을 낮추게 된다. 예를 들면 화염이 있는 어떤 위치에서 온도를 측정하고자 할 때 펄럭이는 불꽃지역에서는 측정 온도가 높거나 낮게 나타나는 현상이 반복되어 결국 그 평균값은 약 800℃에서 1,000℃가 된다(그림 2-19 참조).

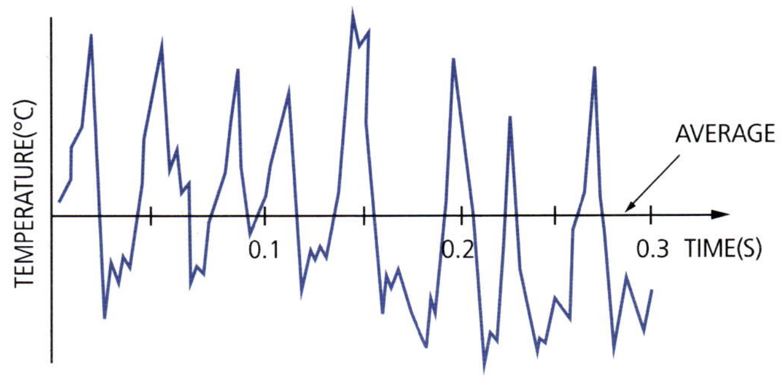

그림 2-19 난류 확산화염에서의 온도 변화

4 훈소(Smoldering)

노트

작열한다는 것은 온도가 1,000℃ 이상임을 나타낸다.

노트

불완전연소가 일어나는 동안, 연료의 10% 이상은 CO로 변한다.

노트

훈소는 매우 느리지만 CO가 생성되기 때문에 치명적일 수 있다.

훈소란 공기 중에 존재하는 산소와 고체 표면간에 발생하는 상대적으로 느린 연소과정으로 연료의 표면에서 반응이 일어나고 산소는 이 표면으로 확산되어가고 이 표면에서는 작열(growing)과 탄화(charring) 현상이 일어난다. 작열한다는 것은 온도가 1,000℃ 이상임을 나타낸다. 훈소에서 연료면으로 공기의 유입이 많아지는 경우 유염 연소로 변환될 수 있다. 소파나 매트리스 위에 버려진 담뱃불이 가정에서 일어나는 훈소 화재

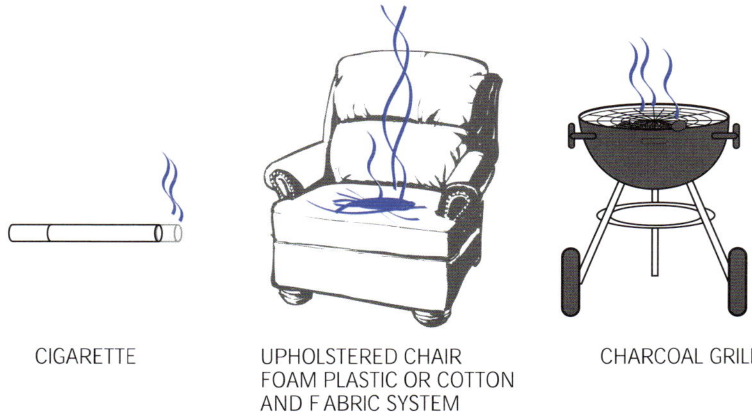

그림 2-20 훈소의 일반적인 예

의 주된 원인이다. 훈소의 불완전연소 과정에서는 이산화탄소 대신 일산화탄소의 발생이 많게 되어 연료 질량의 10% 이상이 일산화탄소로 전환된다. 그림 2-20에 일반적인 훈소의 예를 나타내었다.

훈소는 다공질의 고체, 혼합연료, 불침윤성 고체, 고체연료 폐기장 등에서 발생하기 쉽다. 훈소의 과정은 매우 느리기 때문에 산소를 많이 필요로 하지 않는다. 공기는 각 방향에서 훈소 전면으로 흐를 수 있고 또한 자연적으로 부력을 유도할 수 있다.

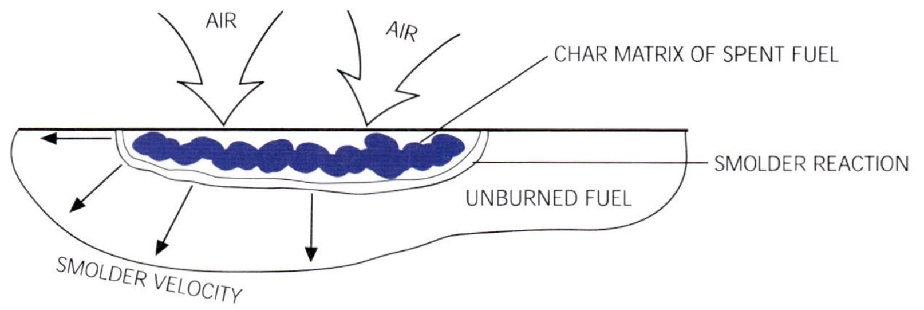

그림 2-21 훈소의 개념도

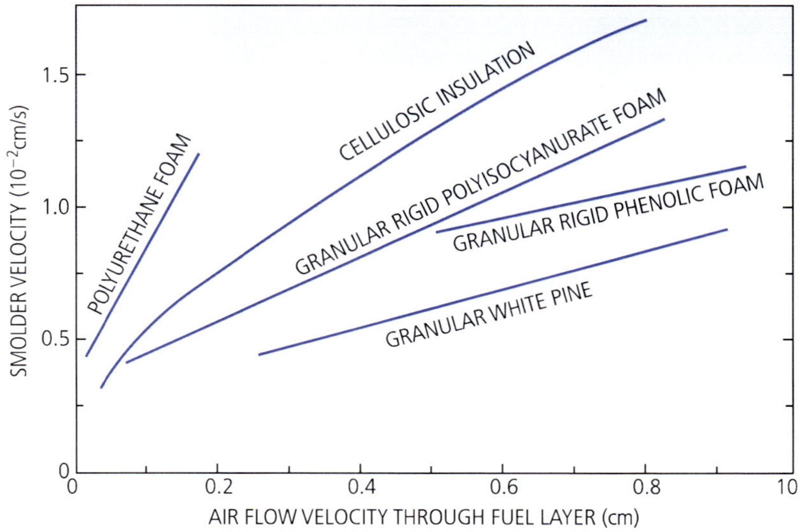

※ 이 그림은 연료베드로 흐르는 공기 유속의 함수로 여러 가지 형태의 연료에 대하여 역훈소속도(reverse smoldering velocity)의 측정값을 나타낸 것이다. 연료의 밀도는 모두 낮지만 이러한 형태의 연료에서는 전형적인 값이다. 연료베드에 있는 연료입자를 이동시킬 만큼 속도는 충분하지만 공기 유속 범위가 모두 상당히 낮다.

그림 2-22 공기의 유속에 따른 역 훈소속도(Ref. 4)

표 2-1 연료 형태에 따른 훈소속도

연료	연료/훈소형상	공기공급조건/속도	훈소속도(cm/s)
Pressed fiber insulation board, 0.23～0.29 g/cc	1.3 cm thick, horizontal strips, width large compared to thickness	자연대류/확산	$1.3\sim2.2\times10^{-3}$
Pressed fiber insulation board, 0.23～0.29 g/cc	1.3 cm×1.3 cm strips varied angle to vertical	자연대류/확산	$2.7\sim4.7\times10^{-3}$
Pressed fiber insulation board, 0.23～0.29 g/cc	1.3 cm×5 cm strips forward smolder	강제기류, 20～1500cm/s	3.5×10^{-3} (20cm/s air) 13.0×10^{-3} (1400cm/s air)
Pressed fiber insulation board, 0.23～0.29 g/cc	1.3 cm×5 cm strips reverse smolder	강제기류, 80～700cm/s	$2.8\sim3.5\times10^{-3}$
Pressed fiberboard, (pine or aspen) 0.24 g/cc	1.3 cm×5 cm sheets, horizontal, forward smolder	강제기류, 10～18cm/s	0.7×10^{-3}
Cardboard	Vertical rolled cardboard cylinder, downward propagation, varied dia. 0.19～0.38cm	자연대류/확산	$5.0\sim8.4\times10^{-3}$
Shredded tobacco	0.8cm dia. cigarette, horizontal, in open air	자연대류/확산	$3.0\sim5.0\times10^{-3}$
Cellulose fabric + 3% NaCl	Double fabric layer, 0.2cm thick, horizontal, forward smolder	강제기류, ≒ 10 cm/s	≒ 1.0×10^{-2}

Source : Ref. 4

그림 2-21에 개략적으로 훈소의 개념을 나타내었다. 훈소 반응의 속도는 여러 요소에 따라 달라질 수 있지만 대개 0.001～0.01 cm/s 또는 개략적으로 1～5 mm/min이다. 훈소는 매우 느리지만 일산화탄소를 생성하기 때문에 인체에 치명적일 수 있다. 그림 2-22와 표 2-1은 전형적인 훈소 속도를 나타낸 것이다.

5 자연발화

자연발화는 공기 중에 노출된 연료가 서서히 산화반응이 일어나는 연소 과정을 말한다. 화학반응이 상대적으로 느리기 때문에 연소 과정을 인지할 수 없거나 기껏해야 훈소 상태로 존재하는 연소 과정으로 화학반응에 의하여 발생되는 열은 연료에서 주위 공기로 손실되는 양과 비슷하다. 외부로의 열 손실이 불충분하면 연료의 온도는 상승하게 되고 그 결과 빠른 화학반응을 일으킬 수 있다. 이러한 반응은 열적 폭주반응의 원인이 될 수 있으며, 결과적으로 확산화염과 같은 유염연소가 될 수 있다. 열손실이 하나의 요인이기 때문에 연료가 많이 축적될수록 자연발화가 일어나기 쉽다. 산화반응의 시작에서 유염연소까지 전 과정이 이루어지기 위해서는 수 시간 또는 수일이 소요될 수도 있다. 자연발화가 일어나기 위해서는 특정한 환경조건 또는 가열 조건이 필요하다. 자연발화 또는 점화에 대한 이론이 있기는 하지만 이를 정확하게 적용하기는 어렵다. 그림 2-23은 자연발화가 일어나기 쉬운 연료 매체 몇 가지를 예시한 것이다.

노트
연료의 양(the amount of array)이 많을수록 자연발화가 일어나기 쉽다.

화재로 유도되는 모든 화학적 반응은 온도의 증가에 따라 빠르게 증가한다. 만약 연료와 혼합기의 크기가 열손실 속도를 억제하면 에너지는 온도를 상승시키고. 이처럼 상승된 온도는 상자 내의 낡은 면직물 조각을 수 시간 이내에 점화시킬 수 있을 정도로 반응을 가속시킬 수 있다. Bowes[5)]는 아마인유가 흡착된 면직물 쓰레기에 대한 결과의 범위를 다음과 같이 말하고 있다.

> 화재 초기에 관여된 물질의 양은 아주 적을 수 있다. 예를 들어, 1925년 Taradorie는 도료에 적신 깨끗한 넝마 원료의 자연발화를 연구하면서, 경험적으로 25 g의 적은 양의 넝마가 자연발화를 일으킨다고 하였으나, 일련의 실험을 통하여 자연발화의 최적 조건은 75 g의 면 넝마 원료와, 같은 양의 아마인유와 테레핀유 및 망간수지를 함유한 액상 "속건제" 혼합물이었고, 그리고 눈금이 큰 철망으로 만든 원통형 컨테이너 안에서 공기에 노출되었을 때인 것을 알아냈다. 발화 시간은 보통 1시간에서 6시간이었지만, 어떤 시료는 원인은 알수 없지만 이 시간 내에 점화되지 않아 안전하다고 생각하였으나 결국 며칠 후 발화되었다. Kissling [1895]은 100 g의 아마인유에 적신 50 g의 면-모직물에서 23.5℃의 초기온도로부터 자체발열에 의해 점화에 이르는 실험을 하였고, Gamble [1941]은 끓는 아마인유에 적신 면직물을 10cm×10cm×15cm 크기의 판지상자에 가볍게 포장하여 둔 실험에서 6시간 15분만에 21℃에서 226℃까지 온도가 상승하고, 면직물은 타서 목탄처럼 변화된 사실을 밝혔다.

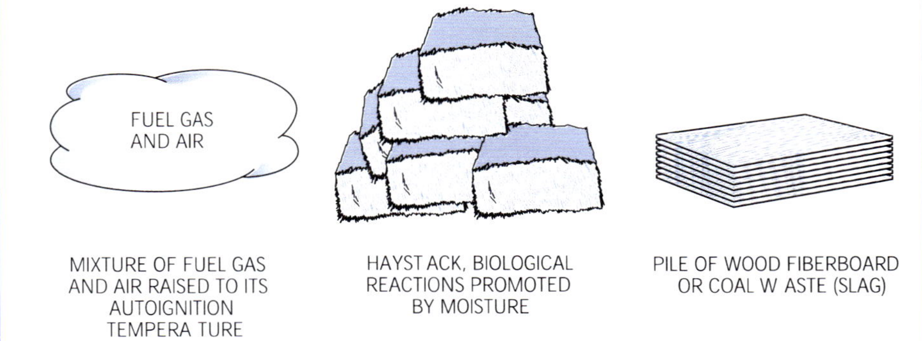

그림 2-23 자연발화 되기 쉬운 매체 더미의 예

자연발화의 경향은 의문의 시료를 오븐의 온도에서 몇 시간 또는 몇 일 후에 결국발화될 때까지 방치하여 발화되는 오븐의 최저 온도를 측정함으로써 알 수 있는데, 발화는 훈소 또는 불꽃의 발생으로 명확해진다. 연료의 크기가 증가할수록, 연료 중앙부에서 전도되는 열량이 감소하기 때문에, 점화에 필요한 한계 온도는 낮아진다. 오일과 같은 첨가제는 자연발화 경향성을 높여주며. 표 2-2에서 Bowes[5]의 실험 결과를 통해 이러한 결과를 보여주고 있다. 이 실험 데이터는 자연발화에 대한 가능성을 평가하는데 사용될 수 있으나, 시험오븐의 실험 조건과 실제상태와는 완전히 일치하지 않기 때문에 외삽법은 정확도에 한계가 있다.

표 2-2 대기 중에서 기름 혼합 유무에 따른 자연발화 온도

톱밥상자크기 2r mm	기름함량(%)	발화온도(℃)
25.4	0	212
25.4	11.1	208
51	0	185
51	11.1	167
76	0	173
76	11.1	146
152	0	152
152	11.1	116
303	0	135
303	11.1	99
910	0	109
910	11.1	65

Source : From Ref. 5

6 예혼합화염

노트
구획된 공간에서 예혼합화염은 폭발처럼 빠른 압력의 증가를 일으킬 수 있다.

예혼합화염이란 점화 이전에 연료와 공기가 미리 혼합되어 있는 상태에서 연소가 일어나는 과정이다. 구획된 공간에서 이러한 연소 과정이 발생하면 급격한 압력의 증가에 의하여 폭발이 일어난다. 화염전파 이후에 충분한 압력이 형성되면, 충격파가 화염에 앞서서 형성될 수 있다. 이러한 현상을 폭굉(Detonation)이라고 부른다. 이러한 현상은 대피해를 가져올 뿐만 아니라, 압력에 의하여 화염의 속도가 엄청나게 빨라질 수 있다. 그림 2-24는 예혼합화염의 예를 보여준 것이다.

그림 2-24 예혼합화염의 예

양초 실험으로 되돌아가서, 화염을 불어 껐을 때 흰색 왁스 증기는 plume으로 상승하면서 공기와 혼합된다. plume에 재점화 하고자 하면 적정 농도의 plume내에 점화원이 제공하면 가능할 것이다. 가스연료는 일정한 농도 범위 내에서 점화가 가능하며 공기 중의 모든 연료가스는, 화염전파가 가능한 연소상한계 (UFL)와 연소하한 계(LFL)가 있다. 일반적으로 대기압, 25℃에서 계산되는 이 값은 그림 2-25에서와 같이 온도에 따

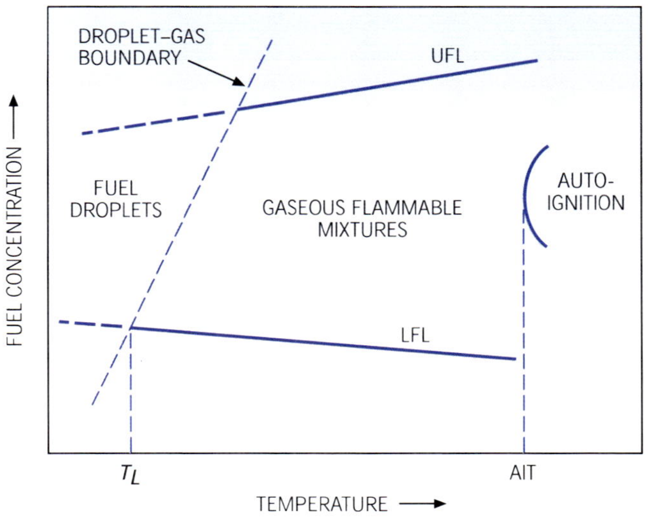

※ 공기 중의 가스연료에는 화염이 전파될 수 있는 상한과 하한의 농도가 존재한다. 화염 전파속도는 층류의 경우 전형적으로 0.1~0.5 m/s의 범위에 있다. 난류에 의하여 이 속도는 증가될 수 있다. 이러한 연소파(combustion wave)를 Deflagation이라고 부른다. 폐쇄된 관의 끝에서 예혼합기를 점화하는 등 특수한 경우에는 반응대에서 충격파가 발생하여 큰 압력 상승을 일으킬 수 있다. 이를 Detonation이라고 부르며 화염속도는 1,000~3,500 m/s이다.

그림 2-25 공기중에서 연소한계와 온도의 영향(Ref. 6)

라 약간 변한다. 주어진 온도에서 연소상한과 하한이 있는 것을 알 수 있다. 이 범위에서는 작은 에너지원에 의해 점화되고 양초 증기의 점화에서 보았던 속도로 지속적인 전파를 시작하는 것을 의미하며 이것은 층류로서 일반적으로 1 m/s보다 작다. 연료 혼합물의 온도가 변화하면, LFL과 UFL은 그림 2-25에서와 같이 약간 변한다. 그러나 아주 낮은 온도에서는, 연료는 응축하여 작은 물방울 형태로 된다. 이 물방울 형태의 혼합물도 연소한계를 갖는다. LFL에서 연료가 액체로 응축되기 바로 전의 온도 (T_L)를 인화점 (flash-point)이라 한다. 4장에서 액체 연료의 점화에서 이 현상을 보다 자세히 다루고자 한다. 이런 점화 과정에서 화염 또는 전기불꽃과 같은 에너지 공급원을 필요로 하지만 그것은 1 mJ 이하로서 아주 작다(1 mJ은 물 1 g을 0.001℃ 올리는 크기보다 작은 양이다). 이와는 대조적으로, 충분히 높은 온도에서는 연료-공기 혼합물은 다른 에너지 공급원이 없어도 점화할 수 있다. 자연발화 현상을 일으키는 가장 낮은 온도를 자동발화온도(AIT)라 하며, 이 또한 그림 2-25에 나타나 있다. LFL과 UFL의 몰농도(부피비)% 값과 자연발화 온도를 표 2-3에 수록하였다.

연료-공기 혼합물이 인화하여 일단 화염전파가 시작되면 층류 상태에서 대략 0.1 ~ 0.5 m/s의 속도가 된다. 즉, 화염전파 속도는 층류의 경우 전형적으로 0.1 ~ 0.5 m/s의 범위에 있다. 난류가 발생하면, 화염은 주름상이 되어 더 큰 표면적이 되므로 더 많은 에너지를 갖게 되어 화염전파 속도는 증가할 것이다. 극단적인 경우 압력에 의해 구동된 폭굉(Detonation)을 일으킬 수 있는 화염의 속도는 2,000 m/s 이상으로 가속된다. 폭굉의 한계가 측정되어 있으며, 이를 표 2-4에 열거하였다. 폭굉한계는 일반적으로 연소한계 내에 있음을 알 수 있다(표 2-3 참조).

표 2-3 실온 대기압 상태에서 공기 중 연료의 연소범위

	하한계(%)	상한계(%)	발화온도(℃)
Acetylene	2.5	100	305
Benzene	1.3	7.9	560
n-Butane	1.8	8.4	405
Carbon Monoxide	12.5	74	-
Ethylene	2.7	36	490
n-Heptane	1.05	6.7	215
Hydrogen	4.0	75	400
Methane	5.0	15.0	540
Propane	2.1	9.5	450
Trichloroethylene	12	40	420

Source : From Ref. 7

표 2-4 실온 대기압 상태에서 공기중 연료의 폭굉 범위

	하한계(%)	상한계(%)	폭굉속도(m/s)
Hydrogen in pure O_2	15	90	2,821
Hydrogen in air	18.3	59	–
CO in pure moist O_2	38	90	1,264
Propane in pure O_2	3.2	37	2,280, 2,600
Acetylene in air	4.2	50	–
Acetylene in pure O_2	3.5	92	2,716

Source : From Ref. 8

Summary

자연적인 화재 과정은 다음의 4 가지 형태로 분류한다.

1) 자연발화
2) 훈소
3) 예혼합화염
4) 확산화염

자연발화 혹은 자동점화는 연료가 냉각될 수 없는 발열반응(화학적 에너지를 생성)을 하기 때문에 일어난다. 그 결과 반응은 가속되어 유염연소 또는 훈소연소를 일으킨다. 자연발화는 수분을 함유한 건초와 같은 생물학적 파괴 또는 면직물 위에서 아마인유를 건조하는 것과 같은 산화의 결과로 일어날 수 있으며 감지할 수 있는 연소로 진전하는 데에는 수 시간 또는 수일이 걸릴 수 있다.

훈소는 400~1,000℃의 온도로, 진행속도가 0.001~0.01 cm/s 정도로 나타나는 고체의 산화 과정이다.

예혼합화염은 불어서 꺼진 촛불의 흰 증기를 점화할 때 나타난 바와 같이 점화원에 의한 자동차의 엔진 내 연소이다. 이러한 전파는 연소 상한과 하한 이내의 특정 연료농도를 필요로 하며, 또한 약 30cm/s의 속도에서 시작되지만, 폭굉의 결과로 음속도보다 더 빠른 속도로 가속할 수 있다.

확산화염은 건축물이나 야지 화재에서의 통제되지 않는 불꽃연소의 원리가 된다. 연료가스와 공기가 화염지역(반응대)으로 이동하는 과정의 특성을 이해하는데 있어, 앞선 촛불 실험의 설명은 확산화염의 특성에 대한 훌륭한 개념을 제공한다. 연료와 산소는 화염으로 소모되고 검댕이는 화염의 연료 측에서 생성된다. 또한 그 과정은 모든 연료 또는 모든 산소를 태울 때 동등하게 나타날 수 있다.

연습문제

1. 확산화염의 연소과정을 설명하고 확산연소에 해당하는 연소 현상의 예를 3종류만 들으시오.
2. 예혼합연소 현상을 갖는 연소형태를 2가지 예를 들어 설명하시오.
3. 자연발화의 종류를 4가지만 설명하시오.
4. 훈소의 원인을 설명하시오.
5. 인화점과 발화점을 설명하시오.

6. 층류화염과 난류화염의 온도 차이가 나는 이유를 설명하시오.

7. 다음 설명이 맞는지 틀린지를 판단하고 이유를 설명하시오.
   ① 산소－아세틸렌 용접기 불꽃은 확산화염이다.
   ② 가솔린의 용기 내 화재는 확산화염이다.
   ③ 플라스틱은 훈소가 되지 않는다.
   ④ 훈소는 잠복된 공간에서 공기의 부족 때문이다.
   ⑤ 화염 길이가 10 ft 정도 되어야 난류가 된다.

참고문헌

1. Michael Faraday, *Faraday's Chemical History of the Candle* (Chicago, IL: Chicago Review Press, 1988.
2. Kermit C. Smyth, J. Houston Miller, R. C. Dorfman, W. G. Mallard, and Robert J. Santoro, “Soot Inception in a Methane/Air Diffusion Flames as Characterized by Detailed Species”, *Combustion and Flame*, 62(1985), 157-181
3. K. Smyth, J. E. Harrington, E. L. Johnson, and W. M. Pitts, “Greatly Enhanced Soot Scattering in Flickering CH_4/Air Diffusion Flames”, *Combustion and Flame*, 95, 1993, 229-239.
4. T. J. Ohlemiller, “Smoldering Combustion”, chap.2-11 in *SFPE Handbook of Fire Protection Engineering*, 2nd., edited by P. J. DiNenno (Quincy, MA. National Fire Protection Association, June 1995).
5. P. C. Bowes, *Self-Heating: Evaluating and Controlling the Hazards* (London: Her Majesty's Stationery Office, 1984).
6. M. G. Zabetakis, *Flammability Characteristics of Combustible Gases and Vapors*, Bureau of Mines, Bulletin 627 (Washington, DC: US. Department of the Interor, 1965)
7. C. L. Beyler, “Flammability Limits of Premixed and Diffusion Flames”, chap.2-9 in *SFPE Handbook of Fire Protection Engineering*, 2nd., edited by P. J. DiNenno (Quincy, MA. National Fire Protection Association, June 1995).
8. B. J. Lewis, and G. von Elbe, *Combustion, Flames and Explosion of Gases*, 3rd. ed. (Orlando, FL: Academic Press, 1987), 551-555.

Principles of Fire Behavior

CHAPTER 3

Heat Transfer

학습목표

1. Energy와 Heat의 차이 이해
2. 열전달에서의 전도, 대류, 복사 설명
3. Heat Flux의 개념과 화재시 열전달에서 그 중요성 설명
4. 열전달에서의 간단한 계산 수행

1 개요

연소를 공부하는데 있어 화학과 유체역학이 중요한 것은 사실이지만 이에 대한 기초는 생략하기로 한다. 그러나, 화재에 대한 정량적 분석 수행능력을 개발하기 위하여 어느 정도의 열전달에 관한 계산 능력과 이해가 선행되어야 한다.

2 열전달의 정의와 개념

에너지는 열역학의 한 분야로서, 열역학은 에너지, 열, 온도 및 기타 물성을 신중히 정의하는 대단히 논리적인 과학이다. 유체흐름, 열전달 및 화학과 같이 열역학도 한 학기 이상의 시간을 필요로 하는 분야이기 때문에 어떤 개념들은 좀더 깊이 다루어야 한다.

에너지는 여러 형태를 취할 수 있다. 에너지는 파괴될 수 없으나(핵반응은 제외) 다른 형태로 변화될 수 있다. 에너지는 동작에 의한 운동에너지, 충전에 의한 전기에너지, 온도에 의한 열에너지 등으로 표현한다. 화재의 연구에 있어 중요한 에너지의 형태는 화학에너지이다. 에너지는 우리가 일 또는 열로부터 얻을 수 있는 물질의 상태이다. 예를 들면, 화학반응에서는 (내부)열에너지가 화학에너지로 변환되는데, 화재의 경우 그로 인하여 열전달이 일어난다. 자동차에서, 화학에너지는 바퀴를 구동시키는 일로 바뀌고 또한, 열은 엔진 블록에서 대기로 방출된다.

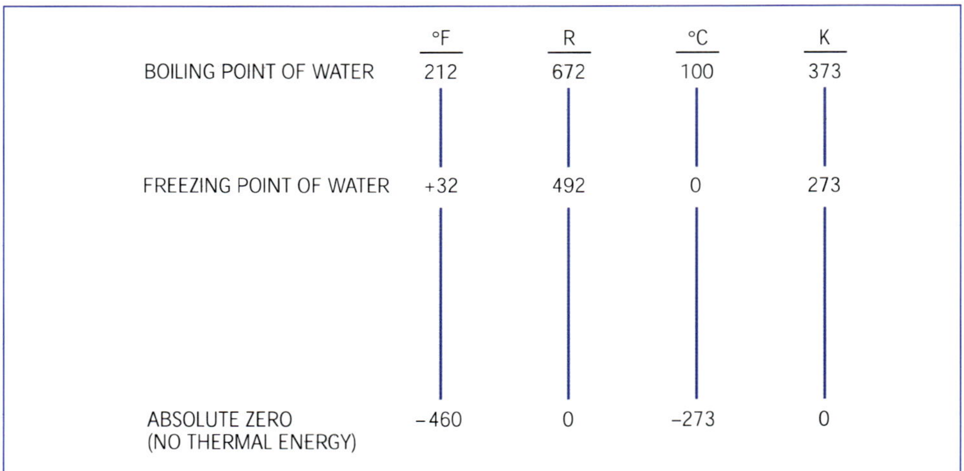

그림 3-1 여러 가지 온도 척도

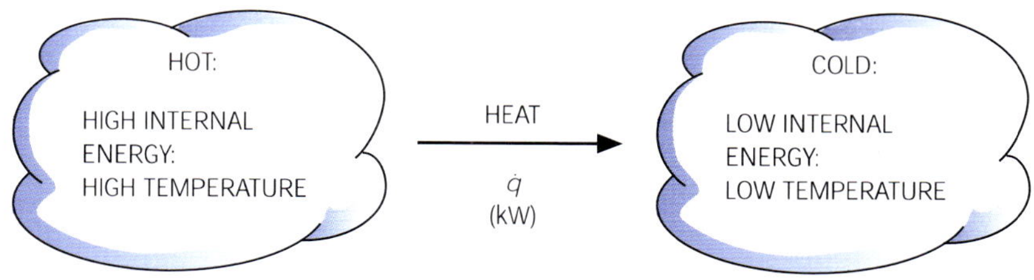

그림 3-2 **열전달 과정**

노트
1,800년대 초 Fourier는 열전도의 법칙을 완성하였다.

노트
Plank의 양자이론은 복사열전달의 기초이론이 되고 있다.

열(혹은 내부)에너지는 온도의 개념과 직접적으로 관련되는 물질의 특성이다. "뜨겁다"라고 하는 것은 "차갑다"라는 것과 비교하여 상대적으로 높은 내부에너지와 온도를 말한다. 온도 측정에 사용되는 척도(온도)는 과학적이고 편리하게 제정되었다. 4가지 온도의 관계를 그림 3-1에 나타내었다(표 1-5 참조). 이들은 모두 물의 빙점과 비점을 기초로 하였다. 두 가지 절대 온도 즉, Rankine(R)과 Kelvin(K)은 내부 에너지가 0일 때를 0도로 한 것이다. 이 상태에서 분자의 기계적 활동은 정지한다.

열은 "뜨거운 곳"에서 "차가운 곳"으로 이동하는 열에너지이다. 이러한 열전달을 지배하는 2가지 법칙이 있다. 하나는 물질 내부에서는 이동할 수 있는 매개체가 필요하고, 다른 하나는 진공 중에서는 열이 자유롭게 이동한다는 것이다. 이러한 과정의 상징적인 설명이 그림 3-2에 나와 있다.

기호 $\dot{q}$는 열을 나타내고 Q는 에너지를 나타낸다. 이 두 가지 단위 모두가 joule (J)이다. 물 1 g을 1℃ 올리는 데는 4.182 joule이 소요된다(표 1-4, 1-5를 참조). 열 방출 속도 또는 (변형된) 에너지 생성속도는 kJ/s 또는 kW로 주어진다. 이 책을 공부하는 동안, 전구, 로, 토스터들의 정격과 같이, 화재와 관련된 항목들을 kW로 나타낼 수 있기를 바란다.

3 열전달의 형태

열전달은 주로 전도와 복사의 법칙에 지배된다. 1,800년대 초, Joseph Fourier는 물질을 통과하는 열 흐름의 속도는 온도차에 정비례한다는 열전도의 법칙을 완성하였다. 1,900년대 초에 완성된 Max Planck의 양자이론은 복사 열전달에 관한 기초이론이 되었다. 이러한 복사는 진공 중에서 빛의 속도로 진행된다.

대류는 전도의 일부로서 열전달의 또 다른 범주이다. 대류는 특별히 유동하는 유체에서의 전도에 적용된다. 그림 3-3은 화재 시 벽면에 대한 화염의 열전달의 형태를 보여주는 그림이다. 전도는 벽을 통하여 발생하고, 대류는 벽과 화염의 사이에서 일어나며, 복사는 멀리 떨어진 지점에서 느낄 수 있다.

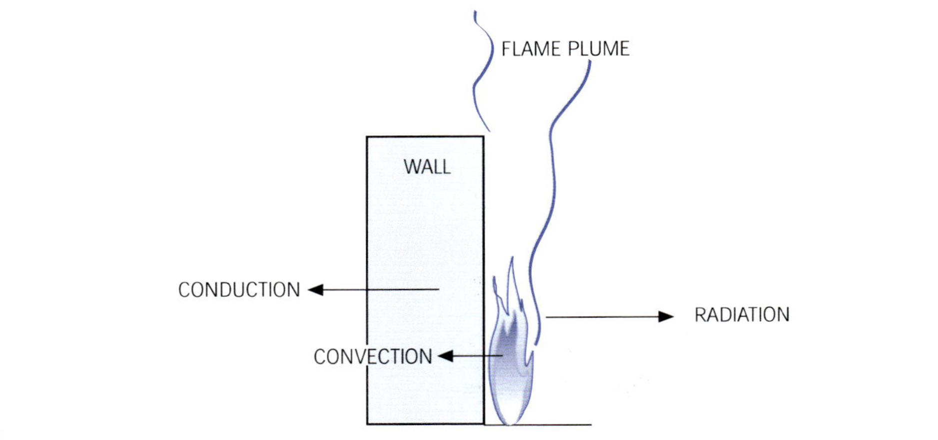

그림 3-3 화재시 열전달의 예

전도

전도의 법칙을 가장 간단하게 표현하면 그림 3-4와 같이 벽을 통한 열의 유동은 일정(시간에 따라 변화하지 않음)하다는 것이다. 이를 방정식으로 표기하면

$$\dot{q} = \frac{kA(T_2 - T_1)}{l} \tag{3-1}$$

k : 열전도율
A : 열전달 부분의 면적
T_2, T_1 : 각 벽면의 온도
l : 벽두께

이 방정식에서는, 고체의 경우 T_1, T_2 사이의 열유동률은 (kJ/s 혹은 kW) 알고 있는 그 물질의 열전도율(k)에 비례한다는 것을 말하고 있다. 또한, 열이 전도되는 면적

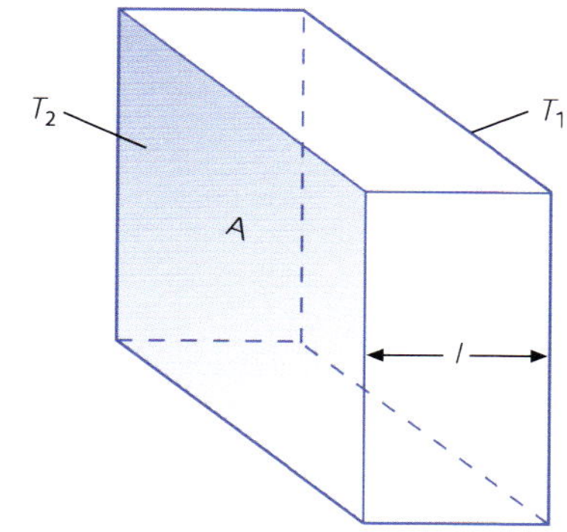

그림 3-4 벽을 통한 전도

이 크면 열유동률 $\dot{q}$는 더 커진다. 이는 관을 통과하는 물의 흐름과 유사하다. 일반적으로 사용되는 주택의 벽면용 단열재에 대한 R-value는 kA/l의 역수이다. 이 역수는 전기저항과 유사하다 하여 열저항(thermal resistance)이라고 한다. 여기에서 $\dot{q}$는 전류의 속도와 같고 온도는 전압과 같다. 예제를 풀어보기로 한다.

Heat : 온도 차이에 의하여 발생되는 에너지 전달 (고온 → 저온) (단위 : joule)
- Heat release rate(kW, 열방출률) $\dot{Q}$ ⇒ 화재크기, 발열량, 열방출속도
- Heat flow rate(kW, 열유동률) $\dot{q}$ ⇒ 화재속도
- Heat flux($\dot{q}$/area, W/cm², kW/m²) $\dot{q}''$ ⇒ 열流束(단위면적당 열유동률)

☞ 1W = 3.421 Btu/hr (W = J/sec)

Example

폴리우레탄 폼 벽체를 관통하는 단위 면적당 열유동률을 구하시오. 벽의 두께는 0.05 m, 벽 양면의 온도는 각각 40℃와 20℃이다.

풀이

단위면적당 열유동률을 熱流束(heat flux)이라 하고 $\dot{q}''$로 표시한다.

$\dot{q}'' = \dot{q}/A$

$\dot{q} = kA(T_2 - T_1)/l$

$= (0.034\text{W/m-K}) \times (40 - 20)℃/0.05\text{m}$

$= 13.6\ \text{W/m}^2$

$\therefore 13.6\ \text{W/m}^2/1 = 13.6\ \text{W/m}^2$ (단위면적 값(A)이 1이므로, 여기에서 $\dot{q}$와 $\dot{q}''$는 같음)

표 3-1에서 철의 k값은 45.8 (W/m-K)이다. 여기에서 주의할 것은 우리가 사용하는 열전도 용어 가운데 (온도 공식에 대해서도 같음) K 또는 ℃는 온도 차이와 관련하여 변환하지 않는다. 위 예제에 철을 적용하면,

$$\dot{q}'' = \frac{(45.8\text{W/m}-\text{K})(20℃)}{0.05\text{m}} = 18{,}320\ \text{W/m}^2 = 18.3\ \text{kW/m}^2$$

이 된다.

그러므로 우리는 폴리우레탄과 같은 단열재를 통하여 열이 철에 침투되는 효과를 알 수 있다.

화재시, 열전도는 화재를 확대시키는 역할을 할 수 있다. 선박 화재에서는 철재 바닥과 칸막이 벽을 통한 직접적인 열전도가 원인이 되어 확대되는 것으로 알려져 왔다. 일반적으로, 열전달은 우리가 식 (3-1)과 같이 설명한 것 보다 더욱 복잡하다. 각기 다른 재료의 층, 재료의 형태, 열 침투 시간 등이 복잡성을 더해준다.

노트

각기 다른 재료의 층, 재료의 형태, 열 관통 시간 등이 열전달을 더욱 복잡하게 한다.

일반적인 열전달은 비정상적이며, 열이 벽을 통과하는데 얼마간의 시간이 소요된다. 소요시간을 개략적으로 예측하기 위하여 다음의 식을 사용한다. 이 식은 "열파(heat wave)"가 벽을 통과하는데 필요한 시간을 나타낸다.

표 3-1 물질의 열적 성질

물 질	열전도도(k) (W/m–K)	비열(c) (kJ/kg–K)	밀도(ρ) (kg/m³)	열확산도(α) (m²/s)	열 관성($k\rho c$) (kW^2–s/m^4–K^2)
Copper	387	0.380	8940	1.14×10^{-4}	1300.0
Steel (mild)	45.8	0.460	7850	1.26×10^{-5}	160.0
Brick (common)	0.69	0.840	1600	5.2×10^{-7}	0.93
Concrete	0.8~1.4	0.880	1900~2300	5.7×10^{-7}	2.0
Glass (plate)	0.76	0.840	2700	3.3×10^{-7}	1.7
Gypsum plaster	0.48	0.840	1440	4.1×10^{-7}	0.58
PMMA	0.19	1.420	1190	1.1×10^{-7}	0.32
Oak	0.17	2.380	800	8.9×10^{-8}	0.32
Yellow pine	0.14	2.850	640	8.3×10^{-8}	0.25
Asbestos	0.15	1.050	577	2.5×10^{-7}	0.091
Fiber insulating board	0.041	2.090	229	8.6×10^{-8}	0.020
Polyurethane foam	0.034	1.400	20	1.2×10^{-6}	9.5×10^{-4}
Air	0.026	1.040	1.1	2.2×10^{-5}	3.0×10^{-5}

Source : From Ref. 1

$$\text{Thermal penetration time} \fallingdotseq \frac{l^2}{16\alpha}$$

α : $k/\rho c$, 열 확산도
ρ : 밀도
c : 비열

앞의 예제에서 폴리우레탄을 예로 하였을 때 전면에 적용되었던 온도가 벽의 뒷면으로 이동하는 시간은 얼마나 걸리겠는가? 열확산도는 표 3-1에 있다.

$$\text{time} = (0.05\text{m})^2/\ \{16(1.2\times10^{-6}\text{m}^2/\text{s})\} = 130\text{s}$$

대조적으로, 철제 벽의 관통시간은 12.4초이다. 개략적으로 벽을 통한 정상적인 전도는 이 침투시간 이후에 일어난다. 그 다음에 식 (3-1)이 적용될 수 있으며 이러한 모든 요소는 열전도 해석에 있어 고려되어야 한다.

대류

움직이는 유체에서, 유체로부터 고체 표면으로의 열전달을 대류라고 하지만, 전도의 법칙에 지배된다. 그러나 표면 가까이에서 가로지르는 온도차와 거리는 직접 측정되지 않는다. 예를 들어, 결빙된 물위로 흐르는 뜨거운 공기의 경우 얼음 표면에서의 전도에 의한 열전달은 주위 표면의 온도 차 ΔT에 좌우된다. 전도의 법칙에 의한 공기로부터 얼음으로의 열전달에 대한 설명을 그림 3-5에 나타냈으며 역시 식 (3-1)이 적용된다.

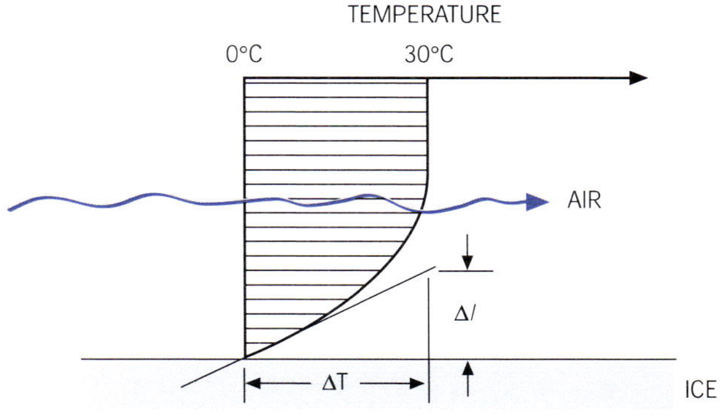

그림 3-5 대류 열전달의 개념도

$$\dot{q} = kA\,\Delta T/l$$

여기에서 l은 ΔT에 해당하는 온도간의 거리이다. 벽에 대한 열유속은,

$$\dot{q}'' = \dot{q}/A = k\,\Delta T/l$$

온도를 상세히 측정하지 않으면 ΔT와 l은 사용할 수 없으므로 다시 아래와 같이 정리된다.

$$\dot{q}'' = (k/l)(T_2 - T_1)$$

여기에서 T_2는 공기의 온도(예컨대 30℃)이고 T_1은 표면온도(예컨대 0℃)이다. 공기의 유속은 거리 l에 영향을 받을 것이다. 즉, 유속이 빠를수록 거리 l은 감소할 것이다. k/l 양을 대류열전달계수라고 정의하며 기호는 h로 표기되며 이 값은 유속 등과 같은 공기의 특성에 좌우된다. 그러므로, 표면에 열유속을 주는 흐르는 유체에 대한 식은 다음과 같다.

$$\dot{q}'' = h(T_2 - T_1) \tag{3-2}$$

h의 결정을 위한 모든 방법을 설명하기에는 너무 복잡하며 화재 과정의 계산을 위해 많은 정보가 필요한 것은 아니다. 표 3-2는 h에 대한 전형적인 값이다. 화재 조건이 표 3-2에서 제시하는 공기에 대한 값을 현저하게 변화시키지 않는다. 화재에 관한 예제를 고찰해보자.

h 값을 5대신 10 W/m^2-℃로 하면, 답은 2배가 될 것이다. 대부분의 난류화재 조건에서 전형적인 h 값은 5~10 W/m^2-℃의 범위이다. 화염(증발)상태 표면으로의 대류열유속은 연료가스의 흐름으로 표면으로부터 뜨거운 화염을 밀어내기 때문에 l 값은 증가한다(그림 3-5 참조). 또한 층류화염에 있어서는 화염은 표면에 가까워져 l은 작아진다. 이와 같은 이유로 작은 층류화염은 난류화염보다 높은 대류 열유속을 갖는다.

표 3-2 전형적인 대류 전열 계수

유체 상태	h (W/m^2·℃)
Buoyant flows in air	5~10
Laminar match flame	~30
Turbulent liquid pool fire surface	~20
Fire plume impinging on a ceiling	5~50
2 m/s wind speed in air	~10
35 m/s wind speed in air	~75

Example

난류화염으로부터 20℃의 벽으로 전달되는 대류 열유속을 구하시오. h값은 자연 대류(화염을 나타내는 부력유동)에 대한 표의 값 5 W/m^2·℃를 사용한다. 시간 평균 최대 화염온도는 약 800℃이다.

풀이

$\dot{q}'' = (5\mathrm{W/m^2} - ℃)(800 - 20)℃$

$= 3,900\,\mathrm{W/m^2}$

$= 3.9\,\mathrm{kW/m^2}$

복사

노트

각 목표물에 대한 복사열유속의 계산은 피해 위험성과 원격점화 가능성 등의 평가에 대단히 중요하다.

Planck는 복사 열전달을 해석하기 위한 이론적 근거를 마련하였다. 모든 복사는 전기와 자기장으로 구성된 전자파 에너지이다. 이러한 복사선은 주파수와 속도가 있다(진공에서의 광속). 주파수 범위는 우리가 복사와 연관시키는 이름 또는 현상을 결정한다. 예를 들어, 주파수가 높은(파장이 낮은) 순서로 나열하면 우주선, γ선, x선이며, 다음으로 가시광선과의 경계를 이루는 자외선에 이른다. 가시광선으로부터 내림차순으로 나열하면 적외선, 라디오파 순서이다. 열복사는 적외선과 가시광선의 일부 범위까지 확장된다. 온도 1,000℃인 물체는 밝은 적색으로 나타날 수 있는데 우리가 보는 색은 우리 눈으로 볼 수 있는 주파수나 파장 범위에 있는 것이다. 적외선 카메라는 우리들이 볼 수 있는 온도를 더 낮은 곳까지 가능하게 하며, 어두운 밤에 사람이 볼 수 있게 하는 야시경 카메라가 이러한 기능을 한다.

복사는 각기 다른 방법으로 시작된다. 라디오파는 방송을 하기 위해 전자적으로 개발되었다 예를 들면 우리는 FM 다이얼에서 100MHz나 초당 일억 사이클에서 WFIR을 발견할 것이다. 열복사는 단지 온도에 기인하여 발생한다. 모든 물체는 절대온도 이상에서 복사를 한다. 이 복사는 주파수 범위가 있으며 이는 Planck의 이론으로부터 예측 가능하지만 여기서는 깊게 다루지 않겠다. 온도에 의하여 방출될 수 있는 복사의 최대값을 열유속으로 표현하면 다음과 같다.

$$\dot{q}'' = \sigma T^4 \tag{3-3}$$

여기에서 T는 절대온도 K로 표현된 물체의 온도이고, σ는 상수 5.67×10^{-11} kW/m^2-K^4로 주어지는 Stefan Boltzmann 상수이다. 이 공식은 완전 복사체 혹은 흑체(Blackbody)에 적용된다.

물체의 복사는 식 (3-3)에서 주어진 최대값으로 발생되지 않고 표면효과와 흡수효과에 의해 감소되는데, 이러한 최대값에 대한 실제값을 방사율(emissivity)이라고 하며 그 기호는 ε이다. 화재 시 고체와 액체 표면에서 ε값은 보통 0.8±0.2이다. 가스 혹은 화염의 ε값은 화염의 두께에 따라 달라진다. 가스(연료 및 연소 생성물)로부터 복사의 불연속적인 포켓 때문에 화염은 복사를 하며 복사주파수의 모든 스펙트럼은 수트 입자로부터 기인한다. 화염의 방사율은 다음 식으로부터 계산할 수 있다.

$$\epsilon = 1 - \exp(-\kappa l) \tag{3-4}$$

여기에서 κ는 흡수계수(absorption coefficient)이고 l은 화염의 두께이다.

흡수계수는 화염의 성질로서, 얼마만큼 용이하게 화염을 관통하여 복사하는 가를 나타낸다. 예를 들면 x선은 신체 조직에 대해 상대적으로 낮은 흡수 계수를 갖는다. 즉 쉽게 관통된다는 의미이다. 난류성 화염의 경우 흡수계수는 보통 $0.1 \sim 1.0\ \mathrm{m}^{-1}$이다. 일반적으로 2 m 이상의 두께를 갖는 연료화염의 방사율은 1에 가깝다. 매우 큰 화재의 경우 사실상 수트에 의하여 화염이 차단되기 때문에 복사에 의한 주위로의 열유속을 오히려 감소시킬 수 있다. 이는 큰 화재가 작은 화재보다 더 많은 복사열유속을 생성한다는 사실과 모순되는 점이다.

그림 3-6과 같이 화재나 고온 표면에서 떨어진 목표물에 대한 복사열을 계산해보기로 하자. 복사 열원인 고온 표면이나 화염의 온도가 T_2이면 거리 c에 있는 목표물이 받는 복사열유속은 T_2에서 방출되는 에너지보다 감소하게 되는데, 이러한 에너지감소 비율을 형상계수(configuration factor)라고 하고 기호로는 F_{12}로 표시하는데 형상계수는 방출물체에 대하여 목표물로부터 보여질 수 있는 광선의 분율을 말하며, F_{12}는 거리(c), 열원의 크기, 열유속을 받는 물체의 방향 등에 따라 달라진다 (그림 3-7 참조). 그림 3-6과 같은 배치에서 F_{12}는 그림 3-8의 차트에서 구할 수 있다. 대부분의 열전달 참고자료에는 각기 다른 형상에 대한 도표가 수록되어 있다.

목표물이 받는 열유속은 다음 식으로 구할 수 있다.

$$\dot{q}'' = \epsilon\, \sigma\, T_2^4\, F_{12} \tag{3-5}$$

그림 3-6을 이용하여 예제를 풀어보기로 한다.

목표물에 대한 이 복사열유속의 계산은 잠재적 위험과 원격 점화의 가능성을 평가하는데 있어 대단히 중요하다. 계산은 화염의 형상과 성질에 따라 달라지기 때문에 실제에 있어서 계산이 지루할 수 있으나 다행하게 목표물이 화염으로부터 화염 직경의 2배 이상 멀리 있는 경우에 ($c > 2l$) 대체할 수 있는 다음과 같은 정확한 식이 있다(그림 3-9 참조).

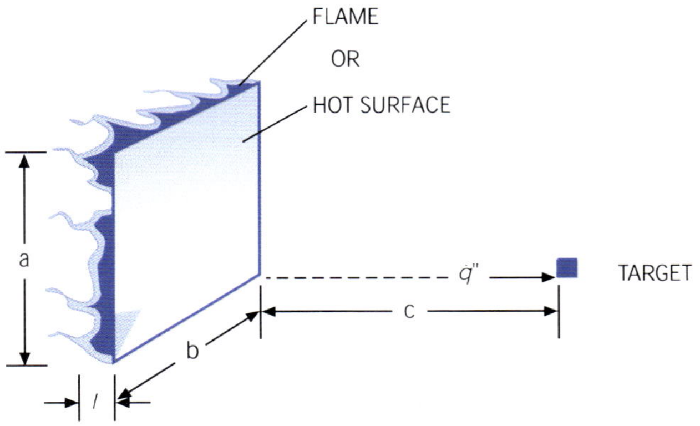

그림 3-6 목표물에 대한 복사

Example

높이 1 m, 폭 0.5 m, 두께 0.5 m의 목재 화재 화염에서 3 m 떨어진 곳의 복사열을 구하시오. κ 는 0.8 m−1이고 화염의 온도는 800℃로 가정한다. (연료 화염의 물성치가 근사값이고 데이터가 많지 않기 때문에 정확한 계산을 한다는 것이 매우 어렵지만 개략적인 계산은 가능하다.)

풀이

$T_2 = 800℃ + 273℃ = 1073\ \text{K}$

형상계수 F_{12}를 구하기 위하여 x = a/c = 1/3 = 0.333, y = b/c = 0.5/3 = 0.167

여기서, a : 높이

b : 폭

c : 거리

그림 3-8에서, F_{12}는 0.017

$\epsilon = 1 - \exp(-\kappa l) = 1 - \exp\{-(0.8\ \text{m}^{-1})(0.5\ \text{m})\} = 0.33$

$\dot{q}'' = \epsilon\, \sigma\, T_2^4\, F_{12} = (0.33)(5.559 \times 10^{-11}\text{kW/m}^2\text{K}^4)(1073\text{K})^4(0.017) = 0.42\ \text{kW/m}^2$

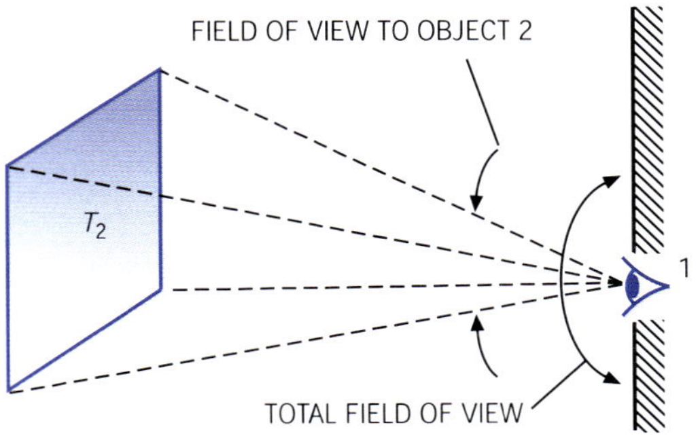

그림 3-7 F_{12}는 1에서 볼 수 있는 2 물체에 대한 분율

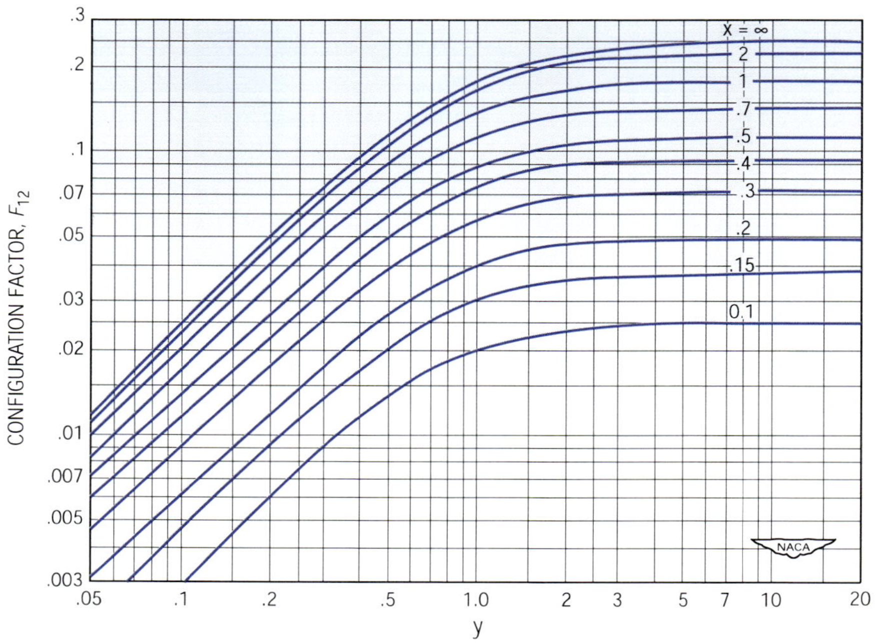

그림 3-8 형상 인자 F_{12} (Ref. 2)

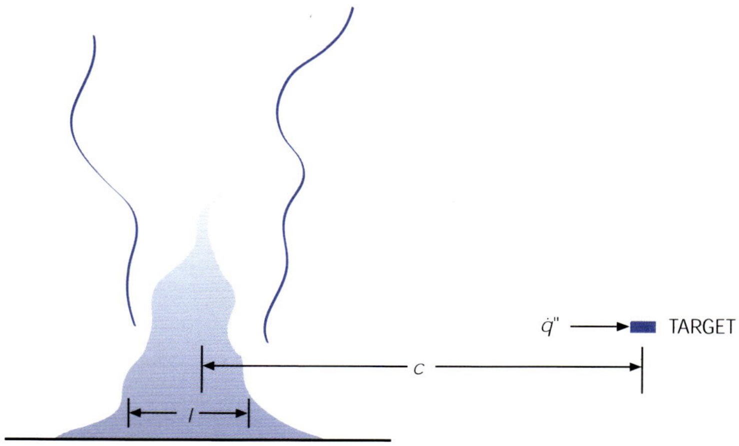

그림 3-9 화염 같은 점 열원으로 목표물에 대한 복사열유속

$$\dot{q}'' = \frac{X_r \dot{Q}}{4\pi c^2} \tag{3-6}$$

여기에서 $\dot{Q}$: 화재시 연소에너지 방출속도(kW), X_r : 총 발열량 가운데 복사형태로 방출되는 비율로서, 연료에 따라 이 값은 일정하지 않으나 일반적으로 메탄과 같이 수트가 적은 물질의 경우 0.15에서부터 폴리스티렌과 같이 수트가 많은 물질의 경우 0.60까지로 가변적이다. 표 3-3과 3-4에 이 값이 제시되어 있다. 이들 각 값은 일반적인 상수는 아니다.

식 (3-6)은 "점열원(point - source)"으로부터의 균일한 복사 방출을 기초로 한 것이다. 방출되는 모든 복사열 $X_r\dot{Q}$는 화염으로부터 반경 c의 구면에 균일하게 작용한다. (3-6)식의 결론을 완성하는 데 사용된 $4\pi c^2$은 구의 면적이다. 이 간단한 결과는 $c > 2l$인 경우 상당한 정확도를 나타내었다.

예를 들어, 목재 화염에 대한 앞에서의 계산에 대한 대체 식을 사용할 수 있다. 그림 3-11을 근거로 X_r 값을 0.35로 정한다. 1 m 높이의 목재 화염은 약 25 kW에

$$\dot{q}'' = \frac{(0.35)(25\text{kW})}{4\pi\,(1\text{m})^2} = 0.696\frac{\text{kW}}{\text{m}^2}$$

이다.

이는 앞의 예제에서의 결과 0.42 kW/m^{2}와 아주 근접한 값이다. 두 값의 차이는 공식과 데이터의 정확성 등에 기인한 것이다. 그러나 그 차이는 이러한 계산에서 우리가 기대하는 정확도 범위 이내이다. 일반적인 화재 계산에서 정확성은 ±50% 정도로 낮지만 대개는 ±30% 정도이다. 이 값은 완벽한 정확성은 없으나 화재 시나리오에서 있을만한 범위에 있다. 예를 들면 위의 계산 결과들은 햇볕에 비교되는 열유속을 갖고 있으며 화재 위험이 있을 것으로는 생각되지 않는다.

표 3-3 연료들의 복사에너지 분율, X_r

연 료 (l > 0.5 m)	X_r (%)
Methanol, Methane	15～20
Butane, benzene, wood cribs	20～40
Hexane, gasoline, polystyrene	40～60

Source : From Ref. 3.

표 3-4 직경에 따른 탄화수소 연료의 풀 화재 연소열에 대한 비복사 분율

탄화수소	용기직경 (m)	% Radiative Output/ Combustion Output
Methanol	1.2	17.0
LNG on land	18.0	16.4
	0.4 ~ 3.05	15.0 ~ 34.0
	1.8 ~ 6.1	20.0 ~ 25.0
	20.0	36.0
LNG on water	8.5 ~ 15.0	12.0 ~ 31.0[a]
LPG on land	20.0	7.0
Butane	0.3 ~ 0.76	19.9 ~ 26.9
Gasoline	1.22 ~ 3.05	40.0 ~ 13.0[a]
	1.0 ~ 12.0	60.1 ~ 10.0[a]
Benzene	1.22	36.0 ~ 38.0
Hexane	—	40
Ethylene	—	38

[a] In these cases, the smaller diameter fires were associated with higher radiative outputs. (Ref. 3)

4 손상 지표로서의 열유속

열유속(heat flux)은 물체를 뜨겁게 하기도 하고 손상을 입히거나 점화의 원인이 된다. 지구 표면에서 태양으로부터 받는 복사열유속은 약 1 kW/m^{2}이다. 화재시 열에 의한 손상을 받을 수 있는 최소값(threshold, minimum values)은 다음과 같다.

노출 피부에 대한 통증 : 1.0 kW/m^2
노출 피부에 대한 화상 : 4 kW/m^2
물체의 점화 : 10 ~ 20 kW/m^2

위의 최소값은 수초 또는 수분 동안 노출되었을 때 이러한 결과들이 발생하며 노출된 피부에 대한 손상을 주는 최소값과 시간과의 관계를 보여주고 있는 그림 3-10의 Stoll과 Greene의 연구 결과가 이를 잘 설명해주고 있다.

화재시 열유속은 여러 요소에 의해 변화할 수 있으나, 몇 가지 그림들은 화재의 영향을 정량화하는 데 지침이 될 수 있다.

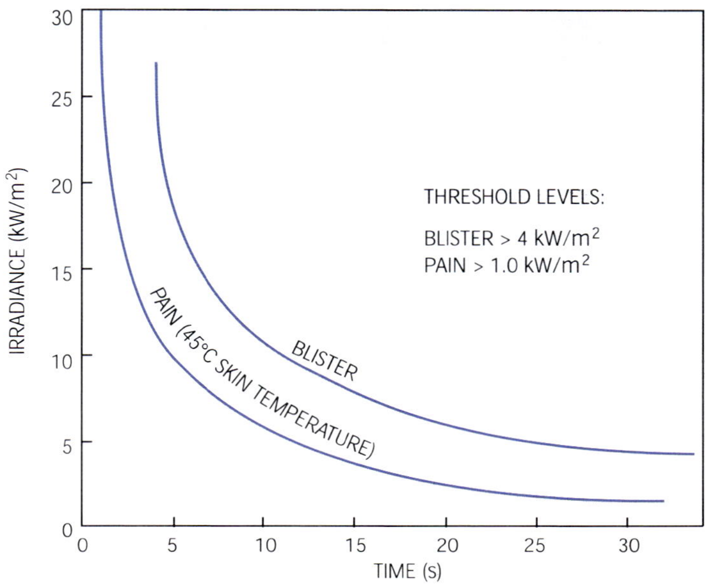

그림 3-10 노출된 피부에 대한 복사열유속의 영향(Ref. 4)

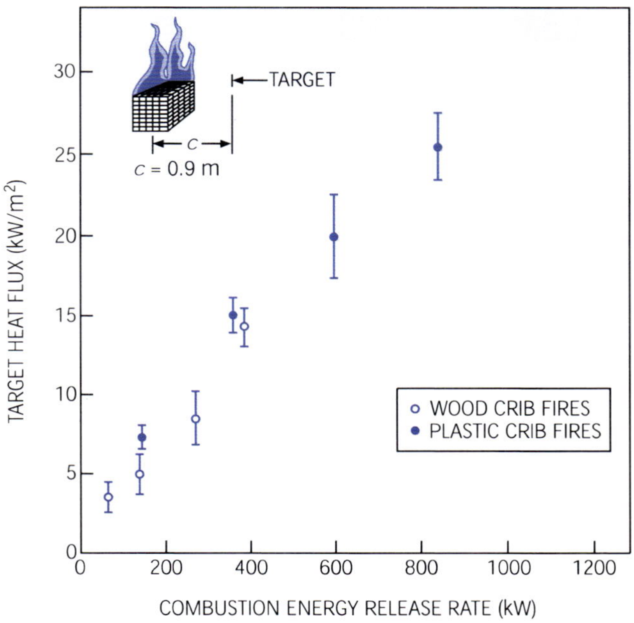

그림 3-11 목재와 플라스틱 크립의 화재로부터 0.9 m 거리에서의 물체에 대한 복사열유속(Ref. 5)

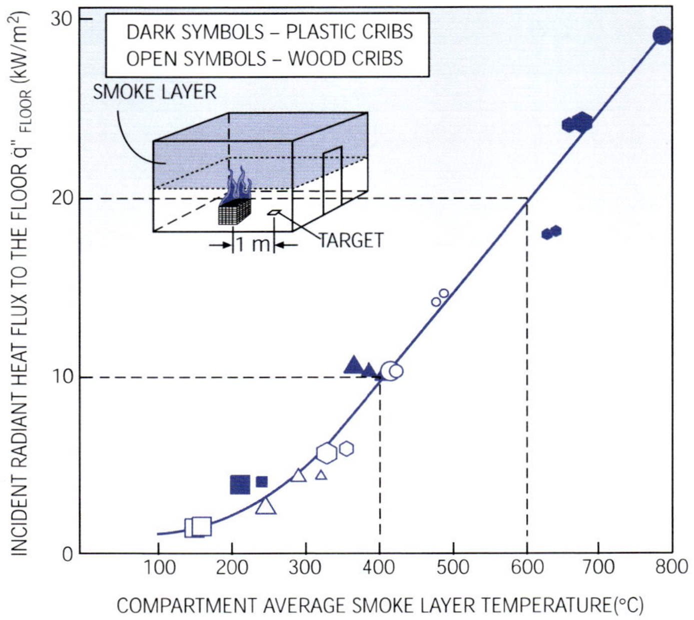

그림 3-12 구획실 내 고온 연기에 의해 바닥 면에 미치는 복사열유속(Ref. 5)

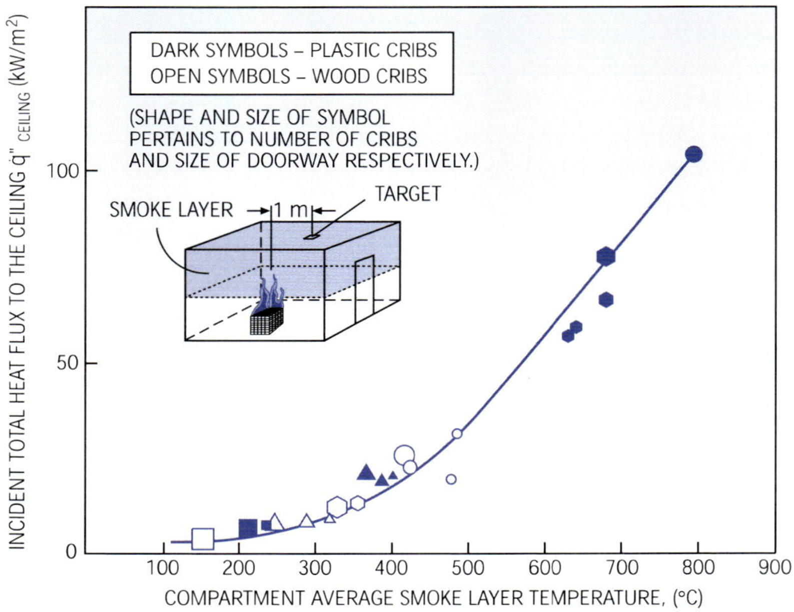

그림 3-13 구획실 내 고온 연기에 의해 천장 면에 미치는 총 열유속(Ref. 5)

그림 3-11은 목재 혹은 플라스틱 크립으로부터 약 1 m 이격된 목표물에서 받는 복사열유속 값을 측정한 그림이다. 그 결과는 식 (3-6)과 일치하고 0.3～0.4 사이의 X_r 값을 따른다.

동일한 목재와 플라스틱 크립이 연소하여 출입문이 있는 실내에서 바닥에 미치는 열유속을 그림 3-12에서 보여주고 있다. 이 그림에서 연료의 종류와 출입문을 통한 공기의 유동이 가변적임에도 불구하고, 그 결과는 거의 대부분이 연기층의 평균 온도에 의하여만 결정된다는 것을 알 수 있다. 이는 또한 그림 3-13에서와 같이 천장 면에 대한 전체(대류＋복사) 열유속의 측정에도 적용된다. 천장과 바닥면을 목표로 한 실험에 의해 추론할 수 있는 것처럼 크립의 화재에 비하여 연기층이 우세함을 알 수 있다. 이와 같이 연기와 연기층의 온도는 열유속의 주요 매체가 된다. 목재 등의 최소 점화 열유속은 얇은 판인 경우 약 10 kW/m^2, 두꺼운 판인 경우 약 20 kW/m^{2}이므로, 위 그림에서 연기층의 온도가 400～600℃일 때 점화가 용이한 것을 알 수 있으며, 이것이 바로 연기층의 온도가 500～600℃일 때 종종 Flashover가 일어나는 이유이다.

Summary

열전달은 화재에서 중요한 과정으로서 연료의 증발, 화재의 성장 및 화재에 의한 피해를 설명한다.

열전달은 다음의 3가지 분야로 구분한다. 1) 전도 (분자 현상) 2) 대류 (유동하는 유체에서의 전도) 3) 복사 (전자기 현상) 등이다. Fourier 법칙 Planck 법칙은 각각 전도와 복사의 기초를 제공했다.

목표물 표면의 단위면적에서 받는 열의 유속으로 표현되는 열유속은 화재에 의한 손상 가능성을 평가하는 핵심 요소이다. 노출된 피부에 통증을 줄 수 있는 열유속 최소값은 대략 1 kW/m^{2}이고, 화상을 입힐 수 있는 값은 4 kW/m^2, 물체가 발화하는데 필요한 값은 10~20 kW/m^2 정도이다.

후자의 경우 일반적으로 실내화재에서 연기층의 온도가 500℃일 때에 해당되며, 이는 종종 Flashover 발단의 기준이 된다.

연습문제

1. 열이 3인치(inch) 두께의 콘크리트 벽을 관통하는데 걸리는 시간(t)을 계산하시오.

2. 성냥불로부터 목재로 전달되는 대류열 유속($\dot{q}''$)을 계산하시오. 화염의 온도는 1900℃이고 목재의 열분해 온도는 350℃이다.

3. 용기 내 난류 연소하는 가솔린 화염으로부터 액면의 가솔린 증기로의 대류 열유속($\dot{q}''$)을 계산하시오. 가솔린은 연소상태에서 33℃에서 기화되고 난류 화염온도는 평균 800℃이다.

4. 8 MW의 가솔린 연소화염으로부터 복사열유속($\dot{q}''$)을 계산하시오.
   화재의 직경은 3 m이다. 만약 화재의 직경이 증가하면 복사열은 증가하겠는가 감소하겠는가?

5. 두께 10 cm 소나무 판자의 단위 면적당 열유속($\dot{q}''$)을 구하여라. 고온면의 온도는 60℃이고, 저온면의 온도는 20℃이다.

6. 다음 설명이 맞는지 틀린지를 판단하고 이유를 설명하시오.
   ① 대류 열전달은 전도의 한 형태이다.
   ② 열전도도와 열확산도는 열전달 고체 물체에 따른 특성이다.
   ③ 물체 표면의 방사율은 1보다 작으나 화염이 커지면 쉽게 1이 될 수 있다.

참고문헌

1. D. Drysdale, *An Introduction to Fire Dynamics* (New York: Wiley, 1985), 36
2. D. G. Hamilton and W. R. Morgan, *Radiant-Interchange Configuration Factors*, NACA Tech. Note 2836. (Washington, DC: December 1952), 78
3. K. S. Mudan and P. A. Croce, "Fire Hazard Calculations for Large Open Hydrocarbon Fires", chap. 3-11 in *SFPE Handbook of Fire Protection Engineering*, 2nd. ed. edited by P. J. DiNenno (Quincy, MA. National Fire Protection Association, June 1995).
4. A. M. Stoll and L. C. Greene, "Relationship between Pain and Tissue Damage Due to Thermal Radition", *Journal of Applied Physiology*, 14 (1959): 373-382.
5. J. G. Quintiere and B. J. McCaffrey, *The Burning of Wood and Plastic Cribs in an Enclosure*: Vol. Ⅰ, NBSIR 80-2054 (Gaithersburg, MD: September 1980, National Bureau of Standards), 118.

Principles of Fire Behavior

CHAPTER 4

착 화

학습목표

1. 인화와 발화의 차이 설명
2. 고체 발화온도의 개념 이해
3. 공식을 이용한 고체의 발화시간 예측

1 개요

4장, 5장, 6장에서는 화재성장(Fire growth)의 주 요소인 발화, 화염확대, 연소속도 등을 다룬다. 이들 분야는 화재과정에서의 각각 다른 일반적인 특징이지만, 화재성장의 연구에서 함께 다루어져야 할 분야이다. 우리는 이들 분야의 일반적인 특징과 각각의 차이를 명확히 이해하여야 한다. 이 Chapter에서는 화재성장의 시작이라 할 점화에 관하여 고찰한다.

2 인화와 발화

발화에 대해서는 2장 가스연료에서 부분적으로 다루었다. 발화에는 2가지 형태 즉, 인화(piloted ignition)와 자동발화(autoignition)가 있다. 인화는 예혼합 연료 시스템에서 착화의 개시 및 화염의 확대 과정이다. 인화의 최소 조건은 연소의 하한계이다. 연소의 하한계란 작은 불꽃(점화원)에 의하여 착화될 수 있는 연료의 최소 농도이다. 2장에서 촛불이 꺼진 후 흰색의 증기가 점화되는 것을 통하여 점화의 과정을 검토한 바 있다. 심지에 불을 대서 양초를 점화할 때 어떤 일이 일어났었는가?

발화의 두 번째 형태는 자동발화이다. 자동발화는 점화용 불꽃 등과 같은 별도의 점화원이 없이 점화되는 것을 말한다. 연료는 일정농도의 범위에 있어야하고 화학반응에 의해 손실되는 열 이상의 에너지를 발생시켜야한다. 인화 또는 자동발화가 일어나기 위해서는 액체연료의 증발과 고체연료의 분해과정이 선행되어야 하며, 이는 각각 그림 4-1에서 설명하고 있다.

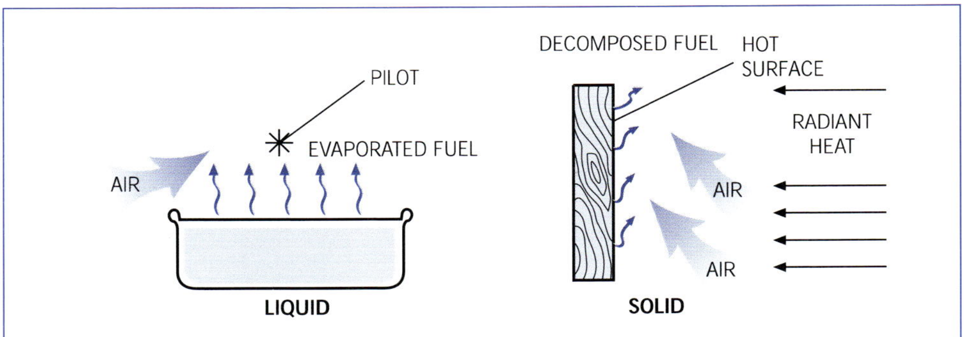

그림 4-1 액체와 고체의 착화과정

그림 4-1에서, 액체는 점화원 가까이에서 충분한 속도로 증발하여 연소하한 농도에 이른다. 증발 속도는 액체의 온도에 지배되며 액체의 온도가 상승할수록 분자의 운동이 활발해져 액체 표면을 이탈하여 대기 중으로 이동한다. 점화는 표면 농도가 연소하한에 도달할 때 가능하다. 이 농도에서의 표면온도를 인화점(Flash point, TFP)이라고 부른다. 상대적으로 증기의 높은 농도가 100%가 될 때의 온도를 비등점(Boiling point, TB)이라고 한다. 액체연료의 인화점과 발화점을 표 4-1에 수록하였다. 대기상태(295 K, 약 22℃)라고 할 때, 표 4-1에서 Ethanol 위의 물질은 일반적인 조건에서 쉽게 착화할 수 있으며 Kerosene 등 인화점이 높은 물질은 추가로 가열이 필요하다.

자동발화 과정의 구조는 다르다. 예를 들면 그림 4-1에서 나무의 표면 온도는 주위 기상 연료의 자연발화를 위한 최저 온도까지 도달되어야 한다. 액체 연료의 자동발화 온도는 인화점과 비등점에 비하여 대단히 높은 점에 유의하여야 한다. 실제로 이 온도에서 액체는 모두 증발해 버릴 것이다. 이와 같은 이유로 고체에 대해서도 유사한 결과를 발견할 것이다. 즉, 자동발화점은 인화점보다 높으며, 인화점과 발화점 모두 액체와 고체 각각의 노출된 표면온도에 해당된다.

실제 화재 상황에서 자동발화점과 인화점이 모두 적용된다. 그러나 인화의 경우가 보다 지배적일 것이다. 화재로부터 멀리 떨어진 물건의 가열이라 할지라도 화염에 잡히는 증기를 발생시킬 수 있다. 이는 흔히 방화범들이 가솔린을 사용하여 지연 착화를 시키는 시나리오나, 그림 4-2에서 보는 바와 같이 누출된 액체연료 가까이에 있는 가열 장치의 점화원에 의해 착화되어 발생하는 화재사고의 원인이다.

화재로 인하여 원격 가열된 고체는, 표면이 탄화되어 불티를 생성시킬 수 있고 이것이 발화원이 될 수 있다. 큰 화재에 의해 바람을 타고 불티는 또 다른 착화원이 될 수 있고 결국 인화 조건이 대부분을 차지한다.

표 4-1 액체 연료의 임계 온도

액체연료	분자식	T_{FP} (K)	T_B (K)	T_{AUTO} (K)*
Propane	C_3H_8	169	231	723
Gasoline	mixture	−228	−306	−644
Acrolein	C_3H_4O	247	326	508
Acetone	C_3H_6	255	329	738
Methanol	C_3H_3OH	285	337	658
Ethanol	C_2H_5OH	286	351	636
Kerosene	$C_{14}H_{30}$	−322	−505	−533
m-Cresol	C_7H_8O	359	476	832
Formaldehyde	CH_2O	366	370	702

* 용기내 당량 혼합비 기준

노트

(자동)발화점은 인화점보다 높다. 즉, 발화와 인화점 모두 액체와 고체 각각의 노출된 표면온도와 관련된다.

노트

인화는 가장 일반적인 점화 과정일 것이다.

액체의 인화점은 정확히 측정할 수 있으며, 또한 이론적으로도 계산할 수 있다. 그러나 고체의 인화 온도는 그렇게 정확히 결정되지 않는다. 고체의 인화점은 분해된 연료의 농도와 고체의 가열방법에 따라 달라진다. 예를 들면, 복사 가열에서의 착화 온도 범위가 300에서 400℃인 것에 반하여 대류 가열 (뜨거운 공기)인 경우 목재는 200℃에서 착화할 수 있다. 다공성 숯의 생성이 이러한 차이를 나타낸다. 결과적으로 각각의 특별한 화재 조건에 대한 고체의 발화 온도를 문헌에 발표하는 것은 매우 어렵다. 그러므로 가능한 자료를 근거로 근사한 온도를 계산에 사용해야 할 것이다. 종종 이 자료들에 나온 값은 실험조건이나 그것을 유도하는데 사용된 해석방법에 따라 달라진다. 더욱이 발화할 때까지 표면 온도를 직접 측정하기는 매우 어렵다. 이제 고체 연료의 발화에 대하여 효과적이거나 근사한 발화 온도와 다른 성질들을 근거로 사용한 예측 모델을 검토할 것이다.

3 고체연료의 발화시간

노트

표면온도는 고체(및 액체)의 점화를 결정하는 주 요소이다.

고체연료의 인화온도 범위가 약 250에서 450℃이고, 자동발화온도는 500℃ 이상임을 예상할 수 있다. 화재의 적용에는 광범위한 재료와 공산품들이 포함되며 이들 각각의 특성과 관련된 정확한 데이터를 갖기는 어렵지만 각 품목들의 유효한 성질을 얻을 수 있도록 한다면 시험을 통해 얻은 데이터는 매우 가치가 있으며, 이 유효한 성질은 화재 조건하에서의 착화시간의 계산을 가능케 한다.

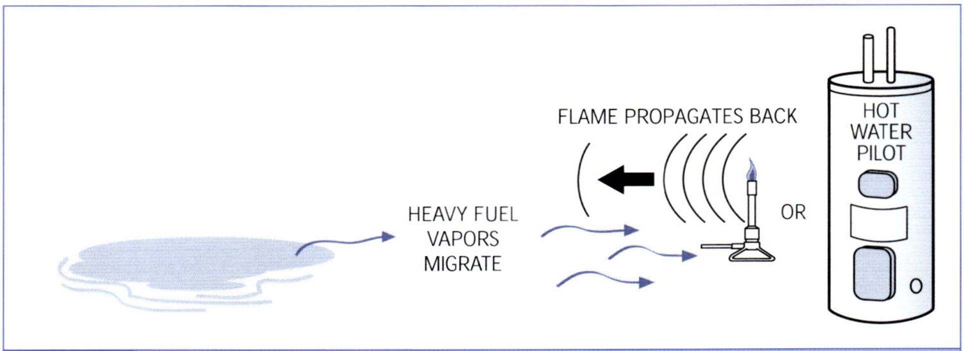

그림 4-2 액체의 증발 : 원격 착화

앞에서 검토한 바와 같이, 고체(액체)연료의 착화를 결정하는 주요 변수는 표면온도이다. 표면이 착화온도에 도달할 때가 바로 착화시간이다. 이것은 가열 방법과 물질의 특성뿐만 아니라 재료가 "얇은가 두꺼운가"에 따라서도 착화시간이 달라진다.

매우 느린 가열조건 (예를 들면, 스팀파이프에 의한 목재의 장시간 가열)을 제외하고는, 얇은 재료란 물리적인 두께가 1 ~ 2 mm인 것을 말한다. 종이 날장, 옷감, 의류 등이 이에 해당한다. 2 mm 이상의 재료 또는 부착된 벽지는 두꺼운 재료에 속한다. 시멘트에 붙은 벽지는 복합 재료로 검토되어야 한다.

얇은 재료의 착화(< 2 mm)

그림 4-3은 얇은 재료에 대한 두 가지 경우의 가열 방법을 나타낸 것이다. 재료 (a)는 한쪽 면이 가열되고 다른 면은 완전 절연 상태이며 두께는 l 이다. 재료 (b)는 같은 재료로서 두께가 $2l$ 이며 전 후 대칭적으로 가열, 냉각된다. 입사 열유속을 $\dot{q}''_I$라 하고 복사 또는 화염에 의한 것으로 한다. 또한 열손실유속 $\dot{q}''_L$은 복사와 대류 모두에 기인된다. 만약 어느 재료의 온도가 상승하려면 $\dot{q}''_I$은 $\dot{q}''_L$보다 크고, 착화온도에 도달하기 위해서는 그 차이가 커져야 한다. 이 차이를 순 열유속 $\dot{q}''$로 나타낸다.

이 순 열유속은 온도 상승에 따라 고체 재료의 내부에너지로 변환되며, 그 빠르기는 에너지를 저장할 수 있는 재료의 용량에 좌우된다. 이 에너지 저장능력은 ρcl 로 측정된다. 여기에서 ρ는 재료의 밀도, c 는 비열, l 은 재료의 두께이다.

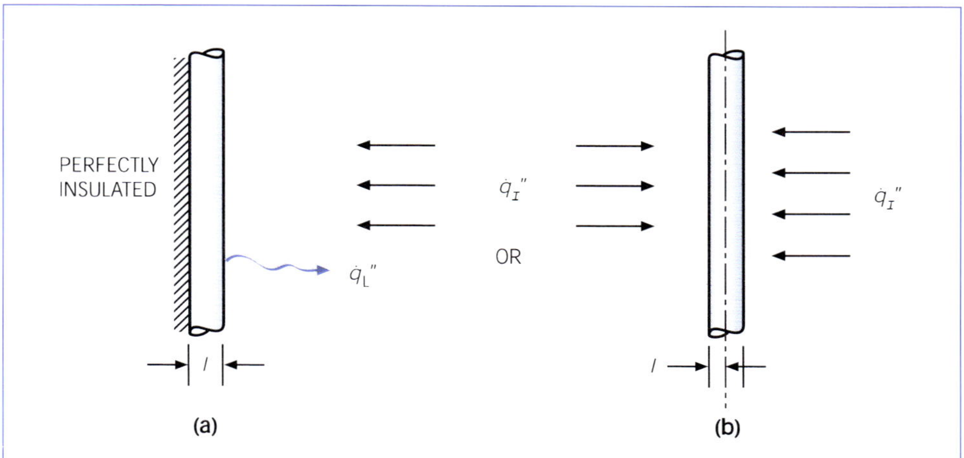

그림 4-3 얇은 물체의 가열

결과적으로, t 시간 동안 얇은 고체의 온도 상승은 다음 식으로 나타낼 수 있다.

$$T = T_\infty + \frac{\dot{q}''t}{\rho c l} \tag{4-1}$$

여기에서 T_∞는 초기온도 (실온)이다. 이 공식은 짧은 시간과 높은 가열속도 조건에서 완벽하게 적용된다. 가열 시간동안 온도변화를 착화온도(T_{ig})와 함께 그림 4-4에서 자세히 나타내고 있으며 T_{ig}에 이르면 착화한다 (T_{ig}에 대한 선택 값에 따라 인화 또는 발화). 그림에서 착화시간의 결정을 보여주고 있는데, 가열 속도가 낮은 범위의 조건에서는 결코 T_{ig}에 도달하지 못할 것이다. T_{ig}값에 막 도달하는 점을 임계 열유속(critical heat flux)이라고 한다. 임계 열유속보다 높은 열유속에서의 착화온도는 식 (4-1)에서 구할 수 있다.

$\dot{q}''_I > \dot{q}''_{critical}$ 그리고 $\dot{q}'' = \dot{q}''_I - \dot{q}''_{critical}$일 때

$$t_{ig} = \rho c l \frac{T_{ig} - T_\infty}{\dot{q}''} \tag{4-2}$$

위 식에서 ρ는 밀도, c는 비열, l은 재료의 두께, $\dot{q}''$는 복사열유속(kW/m2), T_∞는 초기온도(실온), T_{ig}는 점화온도이다.

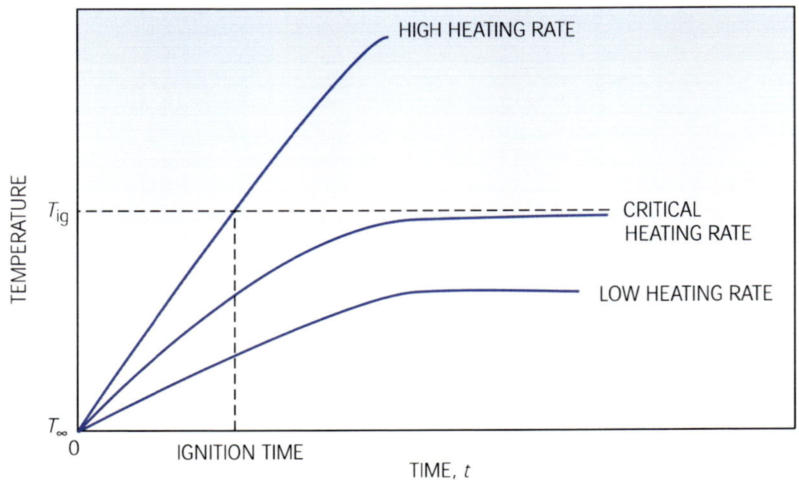

그림 4-4 온도 상승과 착화 온도

직물, 쿠션 등과 같은 일반적인 재료에 대하여 적용해보기로 한다. 쿠션과 같이 가정용 침구의 덮개로 사용되는 얇은 천의 경우 대표적인 재질은 면으로 볼 수 있다. 따라서 다음과 같은 물성을 갖는다.

밀도 $\rho = 0.57\ \text{g/cm}^3$, 비열 $c = 0.34\ \text{cal/g-K}$, 두께 $l = 1\ \text{mm}$.

$T_{ig} = 300℃$일 때, 40과 10 kW/m^2 사이의 열유속에서 점화시간은 각각 5~25초 범위이다. $T_{ig} = 400℃$일 때, 이 시간은 약 25% 정도만 증가한다. 이러한 물체는 매우 빠르게 점화한다고 할 수 있다. 플래시오버 발생 조건을 설정할 때 종종 바닥면의 열유속을 20 kW/m^2 (실의 연기층 온도는 500~600℃)로 한다. 따라서 대부분의 얇은 천의 경우는 이러한 조건에서 급속히 점화될 것이다.

두꺼운 재료의 착화(> 2 mm)

두꺼운 재료(통상 $l > 2$ mm)에는 식 (4-2)와 유사한 방정식이 적용된다.

$$t_{ig} = C(k\rho c)\left[\frac{(T_{ig} - T_{\infty})}{\dot{q}''}\right]^2 \tag{4-3}$$

k : 재료의 열전도율

C : 상수 (재료의 물성과는 무관하나 열유속에 따라 가변적임) [1), 2)]

☞ $C = \pi/4 = 0.785$ (표면 열손실이 없는 이상적인 경우)

$C = 2/3 = 0.667$ (표면 열손실이 있는 경우)

여기에서는 C 값을 $\pi/4$를 취하기로 한다. 이 상수 변화는 그다지 중요하지 않다. 이는 대략 값인 $k\rho c$와 T_{ig}값이 정확도 면에 더 큰 영향을 주기 때문이다. 일반적으로, ρ의 증가만큼 k가 증가한다. 또한 k와 c도 온도와 함께 증가한다. 왜냐하면 최종온도는 가열되는 동안 T_{ig}(200~500℃ 범위일 경우), k, c가 상당히 변화하기 때문이다. 식 (4-3)에서 상수 $k\rho c$는 평균온도에서의 값이다. 이 값은 보통의 실내온도 조건에서보다 높을 것이다.

몇 가지 두꺼운 물질의 점화시간을 표 4-2에 수록하였다. 20 kW/m^2에서는 보통 플래시오버가 발생하므로, 일반적인 재료의 경우 1분 정도 후에는 플래시오버에 이를 수 있다. 그러나 일단 실내의 열적인 조건이 다른 물질을 점화시킬 만큼 충분하면 실 전체 화재로의 변화시간은 위에서 언급한 점화시간보다 짧을 것이다. 플래시오버로 변화되

표 4-2 두꺼운 고체의 일반적인 착화시간

Heat flux (kW/m²)	시간(s)	재 료
10	300	Plexiglas, polyurethane foam, acrylate carpet
20	70	Wool carpet
	150	Paper on gypsum board
	250	Wood Particleboard
30	5	Polyisocyanurate foam
	70	wool/nylon carpet
	150	Hardboard

는 동안 열유속은 실내에서 완전히 전이되었을 때 도달될 정도인 100 kW/m²까지 증가한다. 이와 같이, 열유속의 증가는 착화 또는 플래시오버에 이르는 시간을 단축한다. 착화시간을 계산하는 식 (4-2)와 식 (4-3)은 다양한 열유속이 반영되어 있지 않으나 열유속의 증가가 착화시간을 단축한다는 것은 틀림없다.

목재 파티클 보드의 복사열에 의한 착화 관련 데이터를 그림 4-5에 나타내었다. 착화시간은 식 (4-3)과 잘 맞는 것을 알 수 있으며($t \sim (1/\dot{q}'')^2$), 낮은 열유속에서는 착화가 일어나지 않는다는 것을 알 수 있다. 장시간(5분 이상) 경과 후에 착화하기 위한 최소 혹은 임계 복사열유속은 대략 18 kW/m²이며 이와 함께 그림 4-5에는 착화온도값이 나타나 있다. 이 어려운 측정은 목재의 표면에 작은 열전대를 장착하여 수행하였다. 더욱이, 표면에서 화염이 분출하는 조건에서는 지속적인 점화의 징후를 시작한다. 그래서 측정된 점화온도가 분산되는 것을 예상할 수 있다. 그러나 350℃±50℃의 온도를 발화온도로 쉽게 받아들일 수 있다. 만약 동일한 실험을 그림 4-6에서 보는 것 같이 화염으로 가열하여 했다면, 점화 시간은 화염 에너지에 따라 변화하지 않는다 (그림 4-7 참조).

가열된 목재의 넓이(폭)에 대한 에너지 공급속도로 주어지는 화염 에너지는 화염의 높이를 제어한다. 이 결과는 화염의 높이의 변화에도 불구하고 140±40 s에서 점화를 일으키는 것을 보여 준다 (변화는 실험 요소 때문이다). 식 (4-3)의 개념은 이러한 조건에서 화염 열유속은 대략 22±3 kW/m²임을 암시하고 있다. 실제로, 이 열유속은 연료와 상관없이 높이 1～2 m 이하인 얇은 벽 화염에서 전형적이다.

그림 4-8부터 그림 4-11은 두꺼운 재료에 대한 착화 데이터를 정리한 것이다. 표 4-3에서는 다른 재료 및 이들 재료에 해당되는 물성을 나타내었는데 표 4-3에는 T_{ig}과 $k\rho c$와 함께, 그 이하에서는 점화가 불가능하고 식 (4-3)을 더 이상 적용할 수 없는 임계 열유속 $\dot{q}''_{\text{critical}}$을 나타내었다.

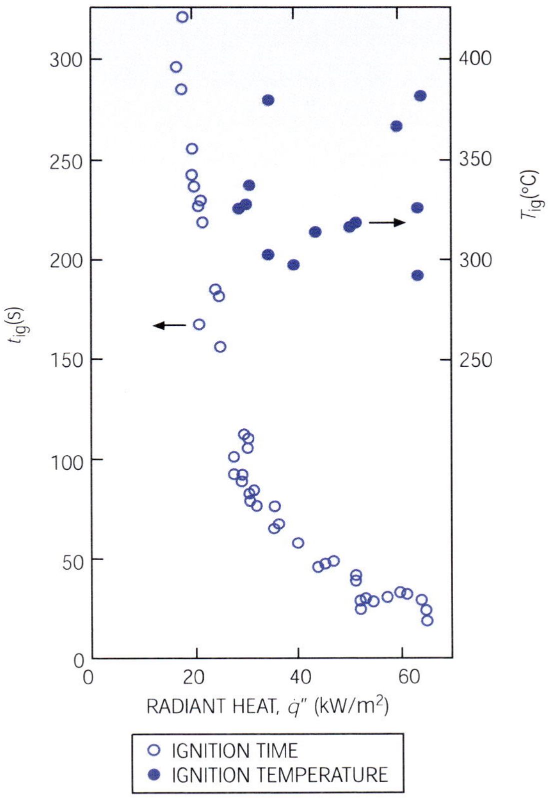

그림 4-5 복사열유속에 의한 particle board의 착화시간 및 온도(Ref. 3)

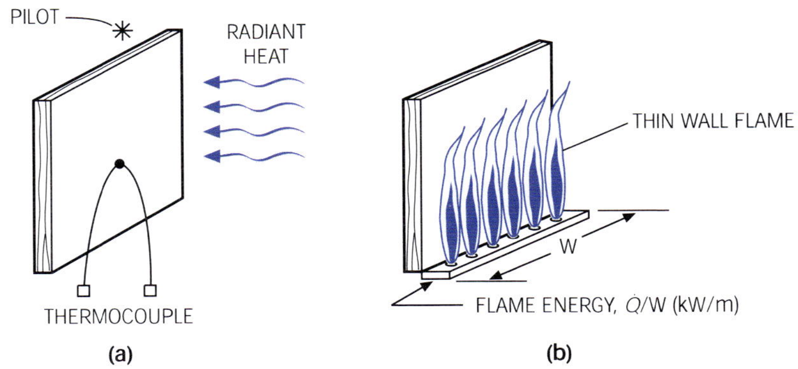

그림 4-6 착화 실험 : (a) 복사열 (b) 화염

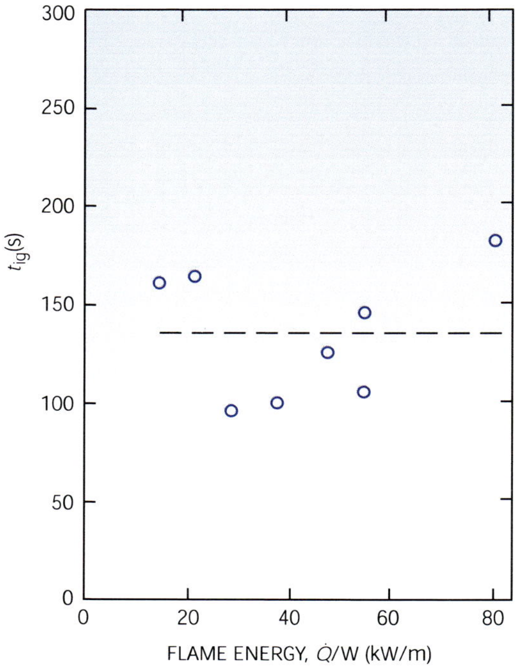

그림 4-7 얇은 화염에 의한 particle board의 착화시간(Ref. 3)

Example

0.5인치의 합판이 25 kW/m^{2}의 열유속을 받고 있을 때 발화시간을 구하시오. 또한 단열면 위에 0.5 mm 두께의 얇은 판이 부착된 경우의 발화시간을 구하시오. 합판의 개략적인 물성치는 다음과 같다.

T_{ig} : 350℃

k : 0.15×10^{-3} kW/m-K

ρ : 640 kg/m^3

c : 2.9 kJ/kg-K

풀이

1) 두꺼운 경우(1/2 인치)

$$t_{ig} = \frac{\pi}{4}(k\rho c)\left[\frac{(T_{ig} - T_\infty)}{\dot{q}''}\right]^2$$

$$= \frac{3.14}{4}(0.15\times10^{-3})(640)(2.9)\left[\frac{(350-20)}{25}\right]^2$$

$$= 38\,\text{s}$$

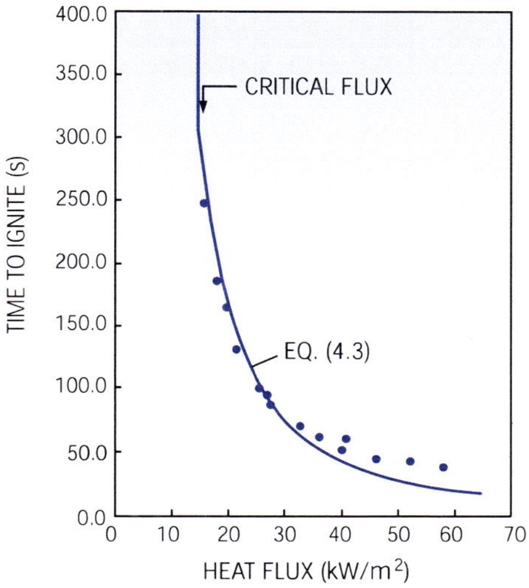

그림 4-8 asphalt shingle의 복사열에 의한 착화시간(Ref. 4)

2) 얇은 경우(0.5mm)

$$t_{ig} = \rho c l \frac{T_{ig} - T_{\infty}}{\dot{q}''}$$

$$= (0.5 \times 10^{-3})(640)(2.9)\frac{(350-20)}{25}$$

$$= 12\,\mathrm{s}$$

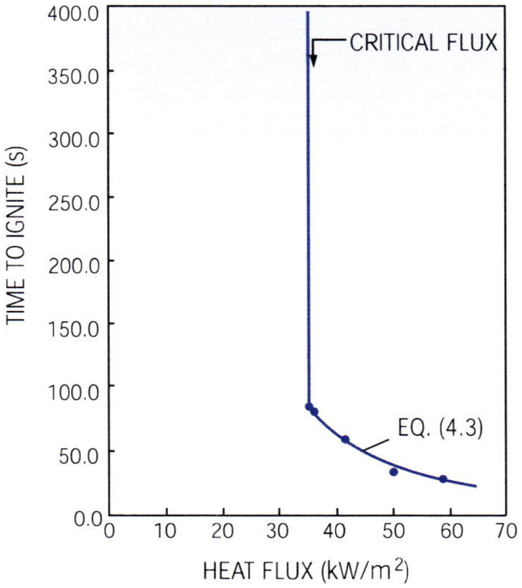

그림 4-9 1.27 mm 석고판 위 종이의 복사열에 의한 착화시간(Ref. 4)

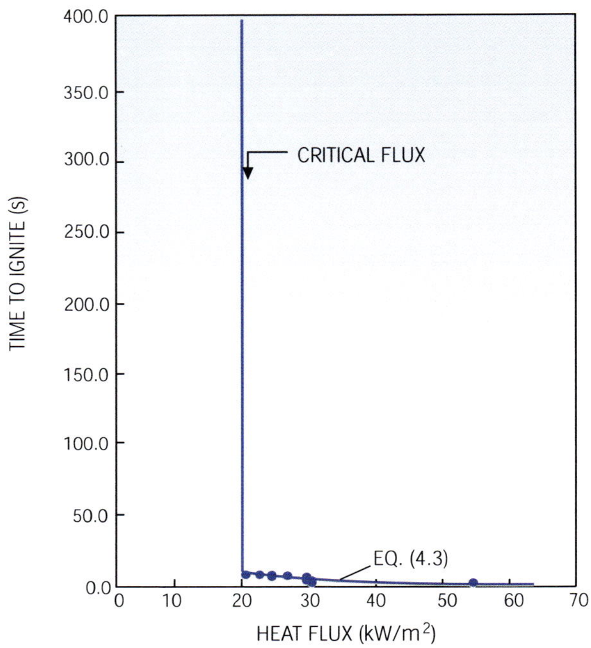

그림 4-10 2.54 cm 경질 폴리우레탄폼의 복사열에 의한 착화시간(Ref. 4)

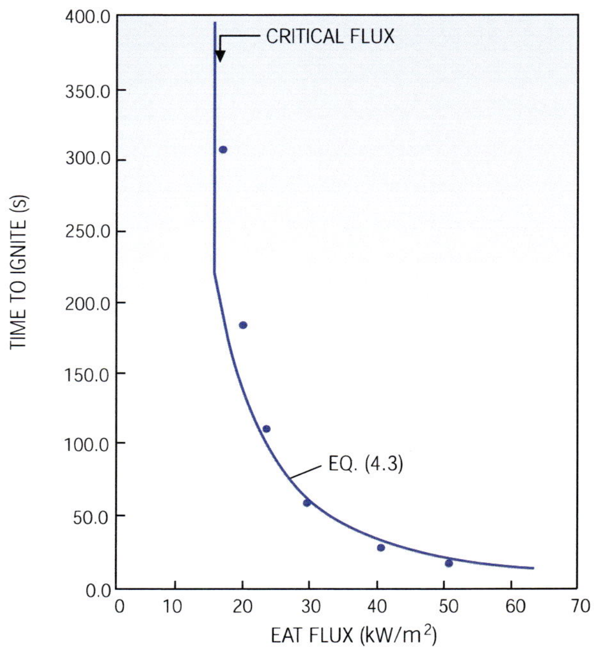

그림 4-11 1.27 cm 합판의 복사열에 의한 착화시간(Ref. 4)

표 4-3 건축 재료의 착화성

재 료	$k\rho c$ $(kW/m^2K)^2 s$	T_{ig} (℃)	$\dot{q}''_{critical}$ (kW/m^2)
Plywood, plain (0.635 cm)	0.46	390	16
Plywood, plain (1.27 cm)	0.54	390	16
Plywood, FR (1.27 cm)	0.76	620	44
Hardboard (6.35 mm)	1.87	298	10
Hardboard (3.175 mm)	0.88	365	14
Hardboard (gloss paint, 3.4 mm)	1.22	400	17
Hardboard (nitrocellulose paint)	0.79	400	17
Particleboard (1.27 cm stock)	0.93	412	18
Douglas Fir Particleboard (1.27 cm)	0.94	382	16
Fiber insulation board	0.46	355	14
Polyisocyanurate (5.08 cm)	0.02	445	21
Foam, rigid (2.54 cm)	0.03	435	20
Foam, flexible (2.54 cm)	0.32	390	16
Polystyrene (5.08 cm)	0.38	630	46
Polycarbonate (1.52 mm)	1.16	528	30
PMMA type C (1.27 cm)	1.02	378	15
PMMA polycast (1.59 mm)	0.73	278	9
Carpet #1 (wool, stock)	0.11	465	23
Carpet #2 (wool, untreated)	0.25	435	20
Carpet #1 (wool, treated)	0.24	455	22
Carpet (nylon/wool blend)	0.68	412	18
Carpet (acrylic)	0.42	300	10
Gypsum board, (common) (1.27 cm)	0.45	565	35
Gypsum board, (common) FR (1.27 cm)	0.40	510	28
Gypsum board, wall paper	0.57	412	18
Asphalt shingle	0.70	378	15
Fiberglass shingle	0.50	445	21
Glass reinforced polyster (2.24 mm)	0.32	390	16
Glass reinforced polyster (1.14 mm)	0.72	400	17
Aircraft pamel, epoxy fiberite	0.24	505	28

Source : From Ref. 4

Summary

고체와 액체의 점화는 공기 중에서 기화된 연료의 혼합으로 시작된다. 연료 증기의 적정 농도에서 혼합물은 연소 하한계에서 작은 에너지원에 의한 착화 (인화) 또는 충분한 온도에 의하여 자체 발화 (자동발화)한 후 화염전파가 가능해진다.

고체의 점화시간을 예측하는 두 가지 방법이 있다. 이 방법은 열유속을 받는 얇은 재료 (종이 섬유 등) 또는 두꺼운 재료에 적용된다. 얇은 재료인 경우에는 물질의 ρcl의 영향을 받고, 두꺼운 재료에서는 주로 $k\rho c$의 영향을 받는다. 열적 성질의 기호들은 다음과 같다.

ρ : 밀도
c : 비열
k : 열전도도
l : 두께

액체 연료에서는 인화점으로 알려진 최저 표면온도에서 점화가 일어난다. 인화점은 표면에서 증발된 연료의 연소하한농도에 상응한다.

연습문제

1. 층류화염의 성냥불이 화염의 접촉면에 약 $60kW/m^2$의 열을 가하고 있다. 이러한 조건에서 Douglas Fire particleboard를 착화시키는데 필요한 시간을 계산하여라.

2. 실내구석에 있는 작은 쓰레기통 화재에서 $40kW/m^2$의 열유속으로 목재 판넬에 열이 가해지고 있다. 목재 판넬은 painted hardboard이다. 판넬이 착화되는데 걸리는 시간을 구하여라.

3. 두께 2인치의 polystyrene에 $30kW/m^2$의 열이 가해지고 있다. 착화에 필요한 시간을 계산하시오.

4. 물체의 두께가 얇은 경우와 두꺼운 경우 착화시간 계산식을 쓰고 그 차이점을 설명하시오.

5. 다음 설명이 맞는지 틀린지를 판단하고 그 이유를 설명하시오.
   ① 얇은 물체는 두꺼운 물체보다 쉽게 착화된다.
   ② 액체 연료는 각각 그 비점에서 착화된다.
   ③ 두꺼운 물체는 밀도가 증가할수록 착화하기 어렵다.
   ④ 고체 연료의 경우 정확한 착화온도를 측정할 수 있다.
   ⑤ 햇빛을 15배로 배가 시키면 얇은 종이를 착화시킬 수 있다.

참고문헌

1. P. H. Thomas, "The Growth of Fire−Ignition to Full Involvement", chap. 5 in *Combustion Fundamentals of Fire*, edited by G. Cox, (London: Academic Press, 1995), 281.
2. A. Atreya, and M. Abu-Zaid, "Effect of Environmental Variables on Piloted Ignition", in *Fire Safety Science, Proceedings of the 3rd. International Symposium*, edited by G. Cox and B. Langford, (London: Elsevier Applied Science, 1991), 183
3. J. G. Quintiere, "The Application of Flame Spread Theory to Predict Material Performance", *Journal of Research of the National Bureau of Standards*, 1993, No. 1 (Jan. - Feb., 1988), 61-70
4. J. G. Quintiere, and M. Harkleroad, *New Concepts for Measuring Flame Spread Properties*, NBSIR 84-2943 (Gaithersburg, MD: National Bureau of Standards, November, 1984).

Principles of Fire Behavior

CHAPTER 5

화염확산

학습목표

1. 화재 확산의 유형 설명
2. 원격가열과 착화시간 조건에서의 화염확산 이론 설명
3. 데이터가 주어진 여러 고체의 화염확산 속도 계산
4. 여러 조건에 대한 화재확산 속도의 정량적 이해

1 개요

가스연료와 공기가 혼합하여 점화가 일어난 후 화재 성장의 다음 단계는 표면화염 확산이다. 물론, 혼합가스를 통한 화염전파도 화염확산의 한 형태이지만, 여기에서는 주로 표면확대에 대해 고찰해보기로 한다. 표면확대에는 액체나 고체연료가 포함된다. 이들 연료의 기화 영역은 착화점으로부터 확장된다. 이러한 확산은 항상 일어나는 것은 아니다. 그래서 실험을 마친 물질에 대해서는「비 자체전파」물질로 분류한다. 그렇지만, 이들 물질은 특별한 실험에서만 전파되지 않기 때문에 다른 화재 초기 조건에서도 전파가 일어나지 않는다는 것을 의미하는 것은 아니다. 이러한 분류의 오류로 종종 화재 사고의 위험을 경험하기도 한다.

> **노트**
> 중력과 바람의 영향은 화염확산과 일반적인 화재성장에 대단히 중요하다.

5장에서는 연료 표면이나 삼림의 잡목과 같은 다공성 연료에서 어떻게 화염이 확대되는가를 설명한다. 고체화재의 경우, 화재는 불꽃연소뿐만 아니라 훈소를 통하여서도 확대될 수 있다. 이론과 공식이 제시되었다고는 하지만 이들을 실제로 적용하기란 어려운 일이다. 그렇지만, 이 과목을 통하여 여러 형태의 화재확산 속도를 정량적으로 예측할 수 있을 것이다.

2 정의

화염확산이란 화재에서 경계면이 이동하는 과정이다. 점화 과정이 지속적이라면 원거리 점화도 포함될 수 있다. 많은 화재에서 고체나 액체 연료의 화염확산 예를 볼 수 있다. 명확히 말하면, 이는 연소영역의 확대를 의미한다. 화염확산은 화염이 확대되는 것이 아니라 연료를 휘발시키거나 공급하는 영역이 확대되는 것이다. 우리가 일반적으로 이해하고 있는 화재확산이란 개념은 보다 포괄적인 의미를 갖는다. 화재확산은 표면화염확산, 훈소의 성장, 예혼합화염 전파에서의 화구(fire ball) 등을 포함하는 연소 과정에 적용된다.

> **노트**
> 화염확산율 혹은 속도는 화재위험성 평가에 중요한 역할을 한다.

일반적으로 화염확산과 화재성장에서의 중력과 바람의 영향은 중요하다. 화재의 부력이나 대기상의 바람으로 인한 유동은 화염확산을 촉진하거나(순풍, wind-aided) 저지할 수(역풍, opposed-flow) 있다. 그림 5-1은 이러한 유형을 나타낸 것이다. 화염확산 속도는 경계면의 위치 x_p에 대한 이동속도로 정의된다. x_p는 열분해(pyrolysis) 또는 기화영역을 나타낸다. 확대되는 열분해 경계면 이후에 유염연소하거나 연소가 중지된 또 다른 경계면이 있을 수 있다. 이들 두 면 사이의 구역을 주화염 또는 열분해 구역이라 한다. 이 열분해 구역의 연소와 열분해 속도는 화재에서 1차적인 위험한 변수와 관계된다. 이 변수를 연소속도(burning rate)라 정의하는데, 이는 화재시 온도, 가시도, 독성 및 부식성을 설정하는데 직접 관련된다. 따라서, 화염확산속도는 화재위험성 평가에 중요한 역할을 한다.

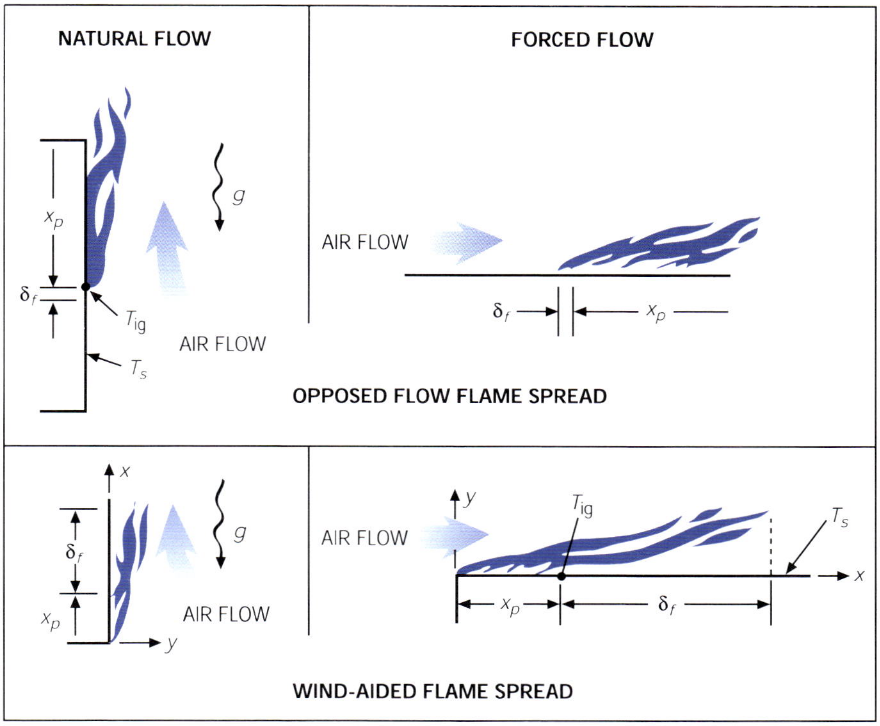

자연 기류 : 단순히 부력에 의한 흐름
강제 기류 : 기상학적 바람 또는 송풍에 의한 흐름
역 풍 : 화염전파 방향에 반대로 부는 공기흐름
순 풍 : 화염전파 방향과 같은 방향으로 부는 공기 흐름

그림 5-1 화염확산의 유형

3 이론

발화온도에 대한 개념은 간단하게 화염확산을 설명하는 핵심이며, 물리적으로도 정확하게 표현된다. 화염확산에서는 인화온도가 적용되는데 이는 점화원(화염자체)이 항상 존재하기 때문이다. 그림 5-1을 다시 보면 발화온도 T_{ig}에서 위치를 x_p로 표시하였다. 화염으로부터 직접 가열에 의한 영향을 받지 않는 부분의 온도는 T_s로 표시한다. 표면을 따라 화염 열전달에 영향을 받는 거리는 δ_f로 표시한다. 일반적으로, 화염은 다양한 방법으로 앞부분을 가열해 가는데 이는 확대 유형, 즉 방향과 바람, 그리고 고체 또는 액체연료의 특성에 영향을 받는다. 이 과정은 그림 5-2에 설명되어 있으며, 이는 지속적인 화염확산을 설명한 것이다. 관찰자는 위치 x_p의 화염면 위에 올라서서, 새로운 연료가 화염 면을 향해 확대속도 V로 다가오는 것을 보거나, 정지된 연료 속으로 화염이 확대되는 것을 본다. 화연확대속도 공식은, 새로이 가열된 연료를 온도 T_{ig}까지 상승시키는 에너지 공급 속도는 연소구역에 대한 순수 열전달 속도 $\dot{q}$와 같다는 것을 의미한다. 그러므로 확대에 대한 수지식을 다음과 같이 표현할 수 있다.

[필요 에너지 율] = [열 공급 속도]

$$\rho VAc(T_{ig} - T_s) = \dot{q} \tag{5-1}$$

ρ : 연료의 밀도
c : 연료의 비열
A : 단면적(wl)
T_s : 연료의 온도 (화염온도범위 외)

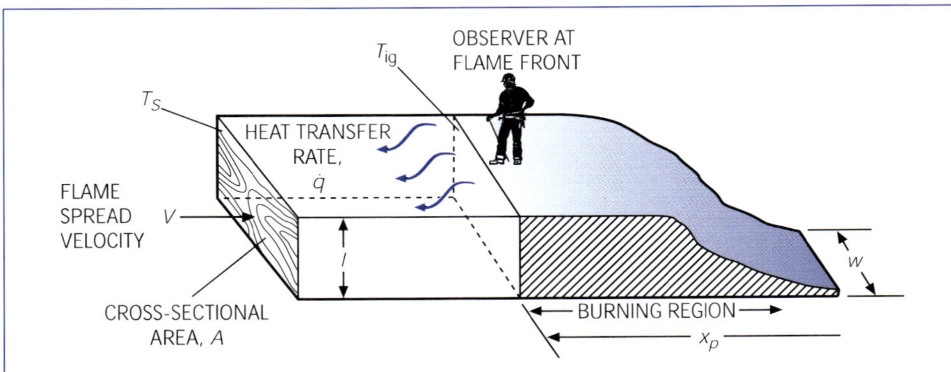

그림 5-2 화염확산 모델

따라서 화염확산속도는,

$$V = \frac{\dot{q}}{\rho c A (T_{ig} - T_s)} \quad (5\text{-}2)$$

대다수 화염확산의 구체적인 사례는 좀더 신중하게 $\dot{q}$와 A를 설명함으로써 이 식으로부터 유도되어질 수 있다. 우리는 근사식들을 검토하게 되는데, 이들은 이 책에서 다루는 범위 이외의 좀더 복잡한 식들과도 잘 맞는다. 이 공식들은 개략적인 계산을 위한 방법으로 검토되어야 하며 모든 조건에서 높은 정확성이 보장되지는 않는다. 다시 말하면, (화염의) 방향, 바람, 연료의 특성에 따라 차이가 생긴다는 뜻이다.

4 고체 표면에서의 확대

고체 표면에서 확대되는 경우 가장 중요한 열전달 속도는 그림 5-1에서와 같이 길이 δ_f에 있는 표면에서 나타나는 것을 알 수 있다. 따라서,

$$\dot{q} = \dot{q}'' \delta_f w \quad (5\text{-}3)$$

$\dot{q}''$: 화염면의 열유속
w : 연료의 넓이 (폭)
A : 흐름면적(wl)
l : 연료의 두께

식 (5-3)을 식 (5-2)에 대입하면,

$$V = \frac{\dot{q}'' \delta_f}{\rho c l (T_{ig} - T_s)} \quad (5\text{-}4)$$

다시 그림 5-1을 참고하면, V는 위치 x_p의 이동속도이다. 방향과 자연기류 또는 강제기류의 조건들이 가열되는 거리 δ_f와 화염의 열유속 $\dot{q}''$에 영향을 준다. 벽면 아래쪽으로의 확대에 대해 나타난 측정치는 가열되는 거리(δ_f) 1 mm에 걸쳐 열유속이 거의 70 kW/m^2이다. 벽면 위쪽으로 화염이 전파하는 경우, 열유속은 발광(發光)성 화염 영역을 통해 0.2～2 m까지 확장되는 화염에 대해 일반적으로 25 kW/m^2이다. 후자의 결

과는 벽의 재료에 관계없으므로, 가솔린에 적신 나무 벽이거나, 단순 나무 벽이던 간에 화염으로부터 벽면으로의 초기 열유속은 대략 25 kW/m^{2}이다.

고체착화에 대해서는 반드시 고체의 두께를 구분하여야 한다. 화염으로부터의 표면 열전달은 단지 일정한 깊이만을 관통할 수 있다. 일정 깊이에서의 가열은 표면의 초기 온도 T_s에서 발화온도 T_{ig}까지 표면을 가열하는 시간동안 일어난다. 사실, 이 가열시간이 확대되는 화염의 열유속에 의한 점화시간이 된다.

얇은 고체($l < 2$ mm)의 점화시간 t_{ig}는 식 (4-2)에 따르며 식 (5-4)와 같이 표현된다.

$$V = \delta_f / t_{\text{ig}} \tag{5-5}$$

얇은 고체의 발화시간은 다음과 같기 때문이다.

$$t_{\text{ig}} = \frac{\rho c l\,(T_{\text{ig}} - T_s)}{\dot{q}''}$$

두꺼운 고체의 경우, 전체 두께 l은 점화시간 동안 가열되지 않는다. 이 점화시간은 식 (4-3)에 주어진 것과 마찬가지로,

$$t_{\text{ig}} = \frac{\pi}{4} k\rho c \left[\frac{(T_{\text{ig}} - T_s)}{\dot{q}''} \right]^2$$

3장의 열전도에 관하여 검토된 내용에서(식 4-3), 시간 내에 가열된 실제 깊이는 $4\sqrt{\alpha t_{\text{ig}}}$로 계산할 수 있다. 여기에서 α는 열확산계수로서 $k/\rho c$이다. 두꺼운 고체에 대한 확대속도는 이 두꺼운 고체의 발화시간이 사용된 식 (5-5)에 의해 구한다. 대개의 화염확산 문제들은 식 (5-5)의 형식에 맞출 수 있다. 해답은 화염 열전달에 의해 가열되는 길이 δ_f와 점화시간 t_{ig}에 따라 결정된다.

종이를 바른 석고보드와 같은 복합재료는 그 발화시간과 확대길이를 결정하는데 있어 하나의 두꺼운 물질로 간주하여야 한다. 비록 보드 위에 있는 종이는 물리적으로 얇지만($l < 2$ mm), 종이와 석고보드의 결합으로 두꺼운 물질로 간주된다. 왜냐하면, 연소되는 종이에 의한 화염 열전달이 석고보드로 전도될 것이기 때문이다. 그러나 만일 종이가 보드에서 떨어지면 종이는 얇은 물질처럼 발화, 확산될 것이다.

하향 또는 측 벽면으로의 확산

두꺼운 고체일 때 벽 표면에서 아래로 향하거나 측면으로 화염이 확대되는 경우, δ_f 와 $\dot{q}''$의 조합은 [예컨대 $(\dot{q}'')^2\delta_f$], 공기흐름과 연료에 의존한다. 정지된 공기 중에서의 확대인 경우, 이 조합은 오직 연료에만 의존하는 것으로 파악되었으며, 연료의 화염확산 특성으로 고려될 수 있다. 이 특성을 Φ라고 하면,

$$V = \frac{\Phi}{k\rho c\,(T_{ig} - T_s)^2} \tag{5-6}$$

역풍 형태의 화염확산은 오직 표면온도가 임계값 이상일 때만 일어날 것이다. 이런 데이터는 ASTM E 1321 (Standard Test Method for Determining Ignition and Flame Spread Properties)[1]로부터 구할 수 있다. 그림 5-3은 이런 형태의 표면 화염확산에 대한 전형적인 예이다. 확산에 필요한 최소온도(120℃) 이하에서는 확산이 일어나지 않는다. 이 온도 이상에서는 표면온도가 상승할수록 확대속도가 증가된다.

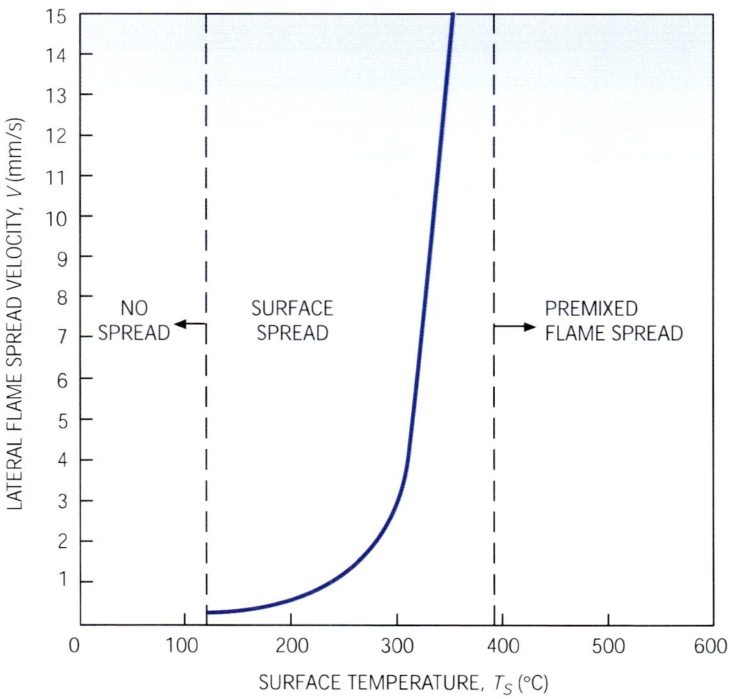

그림 5-3 정지된 공기 중에서 합판의 측면 화염확산 속도

이것은 ASTM E 1321의 경사진 외부의 복사 패널 버너로 가열 실험에서 일어난다. 실제 화재 시에는 실내에 있는 뜨거운 연기로부터의 열전달에 의해 이런 현상이 일어난다. 화염은 측면이나 아래쪽으로 확산되는 면의 전면에 위치한 아주 작은 구역 (∼1 mm)을 가열한다. 상대적으로, 연기는 화재의 에너지 방출속도에 영향을 받는 온도 T_s까지 벽을 가열한다. 이 표면온도가 증가함에 따라, 표면화염은 좀 더 빠르게 벽을 발화온도(390℃)까지 가열할 수 있다. 그림 5-3에서와 같이 합판 벽으로 된 실내에서 화재가 일어났다고 가정하자. 어떤 점에서 화재는 합판을 점화하는데 충분한 열유속(점화를 위한 임계 열유속 이상)을 갖는다. 측면 또는 아래쪽으로의 화염확산을 위한 실내화재 조건으로 합판은 확대를 위한 최소온도인 120℃까지 가열되어야 한다. 이때, 확산속도는 불과 0.33 mm/s이지만, $T_s = 300$℃일 때는 3 mm/s이다. 이는 모든 연소대상물에 대하여 실내화재 조건이 어떻게 화재확산을 가속시키는가를 보여준다. 식 (5-6)은 합판의 표면온도가 점화온도인 390℃에 도달할 때 속도가 무한대로 빠르게 된다는 것을 시사한다. 이런 가정은 합판이 발화온도에 도달할 때 표면으로부터 열분해 된 연료기체가 연소한계 내에 있게 될 것이기 때문에 옳지 않다. 결과적으로, 화염은 적절한 예혼합화염 속도(대략 30∼100 mm/s)로 표면 근처의 가스혼합물을 통하여 전파될 것이다.

정지된 공기 중에서 측면으로의 화염확산에 대한 ASTM E 1321 실험으로부터 구한 일반적인 데이터가 표 5-1에 나와 있다. 이 데이터는 그림 5-3에 예시된 것처럼 그림을 그리는데 사용할 수 있다. 이 데이터는 그 조성이 정확하게 같지 않거나, 난연재가 포함될 수 있기 때문에 유사한 물질에 대해 일반화하여서는 안 된다. 그러나 데이터는 일반적으로 통상의 건설재나 실내의 마감재를 대표하는 것이다. T_{ig}와 $k\rho c$값들은 착화와 화염확산에 대한 다른 계산에 이용할 수 있지만, Φ와 $T_{s,\min}$은 오직 정지된 공기 중에서 측면으로의 확산 조건에만 적용된다.

상향 또는 순풍에서의 확산

바람과 같은 방향으로의 화염확산을 보통 순풍(wind-aided)에서의 화염확산이라고 부른다. 벽면에서 상부로의 화염확산이나 정지된 공기 중에서 천장 하부로의 화염확산 역시 순풍확산으로 표현된다. 이러한 경우 바람은 단지 화재 자체에서 야기되는 부력 때문에 발생한다. 화염확산을 일으키기 위하여 필요한 가열은 주로 주변의 확장된 발광화염으로부터 표면까지의 열전달에 의해 이루어진다. 그림 5-1에 나타난 바와 같이 화염은 거리 δ_f까지 확장되며, 이 거리는 연소의 정도에 따른다. 화염길이는 기본적으로 화재를 일으키는 에너지 방출속도에 좌우되는데 이는 7장에서 설명하기로 한다.

표 5-1 ASTM E 1321에 나타난 측면 화염전파속도 자료

재 료	T_{ig} (℃)	$k\rho c$ $\left(\frac{kW}{m^2K}\right)^2 s$	Φ $\left(\frac{kW^2}{m^3}\right)$	$T_{s,min.}$ (℃)
Wood fiber board	355	0.46	2.3	210
Wood hardboard	365	0.88	11.0	40
Plywood	390	0.54	13.0	120
PMMA	380	1.0	14.4	< 90
Flexible foam plastic	390	0.32	11.7	120
Rigid foam plastic	435	0.03	4.1	215
Acrylic carpet	300	0.42	9.9	165
Wallpaper on plasterboard	412	0.57	0.8	240
Asphalt shingle	378	0.70	5.4	140
Glass reinforced plastic	390	0.32	10.0	80

Source : From Ref. 2

수직 벽면에서 상부로 향하는 화염확산에 대한 시나리오를 검토해 보기로 하자. 벽에 근접하여 발화된 화염이, 충분한 열유속으로 가열된 길이 x_p 전체에 대하여 그 벽을 가열한다. 그 지점에서 화염으로부터 조성된 연료와 점화된 벽면이 화염길이 x_f를 만든다. 화염의 연장부 δ_f는 $x_f - x_p$이다. 화염확산이 개시될 때의 속도는 식 (5-5)에서 구할 수 있고, 발화온도(T_{ig})는 그 순간의 화염 열유속에 의존한다. 벽면 화재가 계속 확대됨에 따라 점화화염의 영향이 점점 작아지며, 실제로 점화화염은 소멸될 것이고 벽도 점차 소멸될 것이다. 이러한 소멸에 따라 화염높이 x_f는 감소될 것이다. 이와는 달리 벽 재료는 지속적으로 x_f를 증가시키기에 충분한 연료를(예를 들어 벽지를 바른 석고보드와 합판을 비교했을 때) 가질 수도 있다. 만일 x_f가 직접 x_p에 의존한다면 x_f가 x_p를 초과하기 때문에 화염속도는 가속될 것이다. 이런 이유로 상향확대 또는 순풍확대화염은 일반적으로 점화화염의 성질과 벽의 연소특성에 의존한다. 물론 이런 상향화염확산 시나리오가 실내에서 일어난다면 연기층이 T_s를 증가시킬 것이고, T_s는 하향 또는 측향 확대에서와 같이 표면속도를 증가시킬 것이다. 그러나 δ_f가 1 mm 이하로 작고 거의 일정한 하향확대와는 달리, 상향확대에서는 δ_f가 급속히 증가 또는 감소하는데 이는 화염높이 x_f에 영향을 주는 연소와 흐름의 특성 때문이다. 결과적으로 벽에서의 상부확대, 천장에서의 하부확대 또는 환기 덕트에서의 공기의 흐름에 의한 확대들은 모두 다르다. 이러한 각각의 경우에 대한 완벽한 방정식을 작성하기는 아직까지 불가능하다. 따라서 이 경우에도 개략적인 식으로 식 (5-5)를 이용할 수밖에 없다.

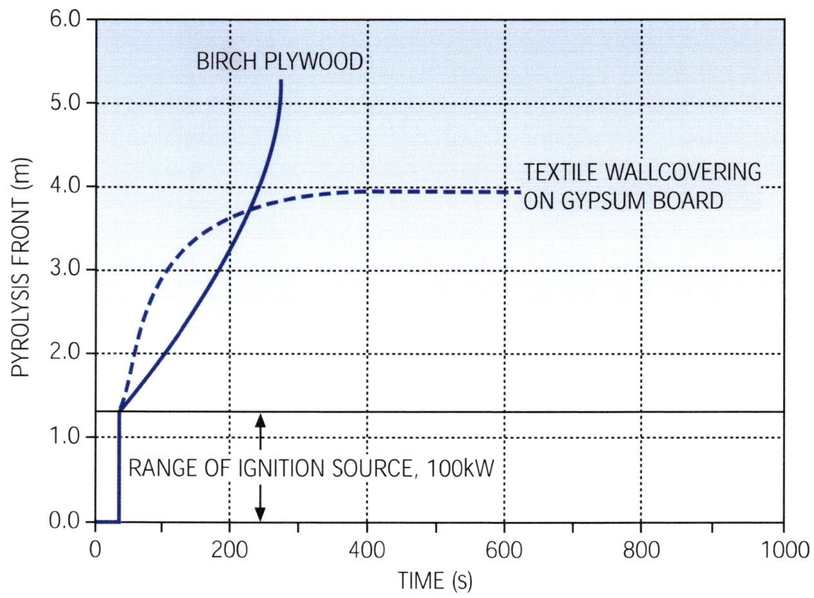

그림 5-4 100 kW line source를 사용한 벽면 상부로 화염확산 계산의 예(Ref. 3)

노트
벽 위, 천장 아래 혹은 환기덕트 내를 흐르는 공기흐름에 의한 화염확산은 모두 다르다.

δ_f가 일정한 역풍(opposed-flow)확대의 경우와는 달리, 이러한 순풍에 의한 경우에서는 δ_f가 일정하지 않은데, 이는 δ_f가 화염의 전파에 따라 변화할 것이기 때문이다.

화염확산은 가속되기도 하고 정지하기도 한다. 그림 5-4는 벽의 한 모서리에서 점화 열유속이 40 kW/m^{2}인 100 kW의 점화원에 대한 상향 확대의 예이다. 일반적으로 상부로의 전파속도는 1～200 cm/s의 범위가 된다.

5 다공성 고체 배열을 통한 확산

화염확산은 삼림의 잡목이나 목재 부스러기와 같은 다공성 고체연료를 통하여 일어날 수 있다. 도시의 정돈된 주거지 사이에서 발생하는 순풍 화염확산의 경우도 이런 부류의 화염확산으로 고려할 수 있다. 이런 종류의 확대인 경우 확대의 원인이 되는 전면의 열유속은 외부 표면확대가 아닌, 배열 내부에서 일어나는 것이다. 열유속이 면적 wl에 걸쳐 작용하는 확산속도와 함께 정열된다는 것을 그림 5-5에서 검토해 보기로 한다.

그림 5-5 다공성으로 배열한 물체의 연소 화염확산

배열물체의 연료질량을 배열 물체 체적으로 나눈 값을 용적밀도 ρ_b라고 정의할 때, 만일 연료의 각 요소들이 균일하게 가열될 수 있는 얇은 것이라면, 식 (5-2)로부터 $A = wl$이므로, 배열된 연소물체에 대하여 다음과 같은 속도 식을 얻을 수 있다.

$$V = \frac{\dot{q}''}{\rho_b c(T_{ig} - T_s)} \tag{5-7}$$

산림 물질에 대한 열유속과 열적 특성은 거의 일정하며, V는 ρ_b에 반비례한다. 이는 다양한 두께의 목재에서는 사실인 것으로 알려져 있다. Thomas[4)]에 의하면,

$$V = C/\rho_b \tag{5-8}$$

V : m/s

ρ_b : kg/m^3

C : 가공되지 않은 연료 약 0.07 kg/m^{3}과, 직경이 3 cm인 나무토막 0.05 kg/m^{3}인 경우의 상수

다공성 배열물체의 순풍화염확산에 대하여, Thomas[5]는 식 (5-8)에서 다음 식을 유도하였다.

$$V = (1 + V_\infty)\, C / \rho_b \tag{5-9}$$

V_∞ : 풍속 (m/s)

그림 5-6과 5-7은 종류가 다른 다공성 목재의 연료 배열에 대하여, 이 간단한 식이 정확하다는 것을 보여주고 있다. 식 (5-9)는 풍속 4 m/s 이내에서는 대략적으로 잘 맞는다. 대형화재에 대한 일본의 도시화재 데이터를 그림 5-7에 나타내었는데 이 데이터를 그래프로 그리기 위해 주거지 용적밀도를 10 kg/m^{3}으로 하였다. 그림 5-8은 1995년에 발생한 일본 고베시 지진에 따른 화재확산의 결과를 나타낸 것이다.

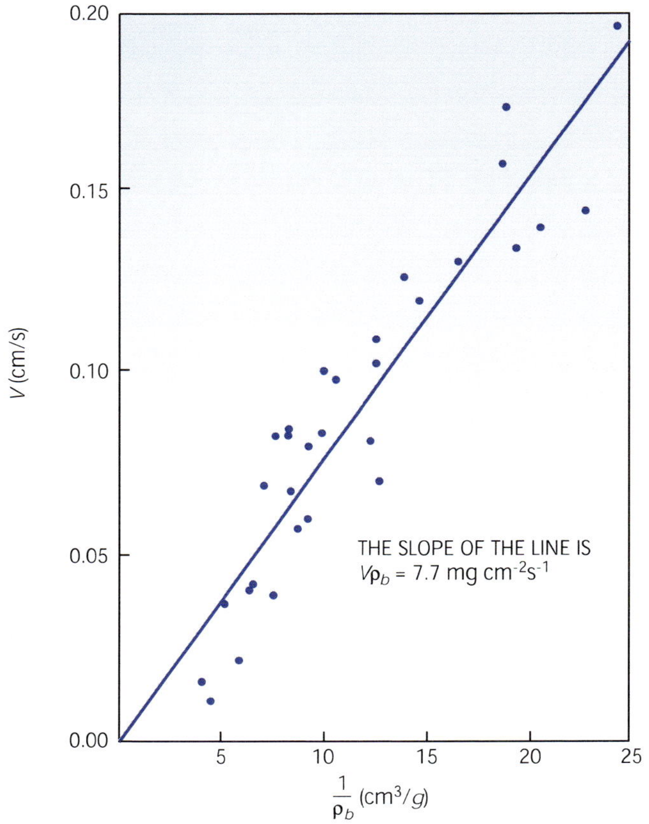

그림 5-6 화재확산에서 용적 밀도의 영향(Ref. 4)

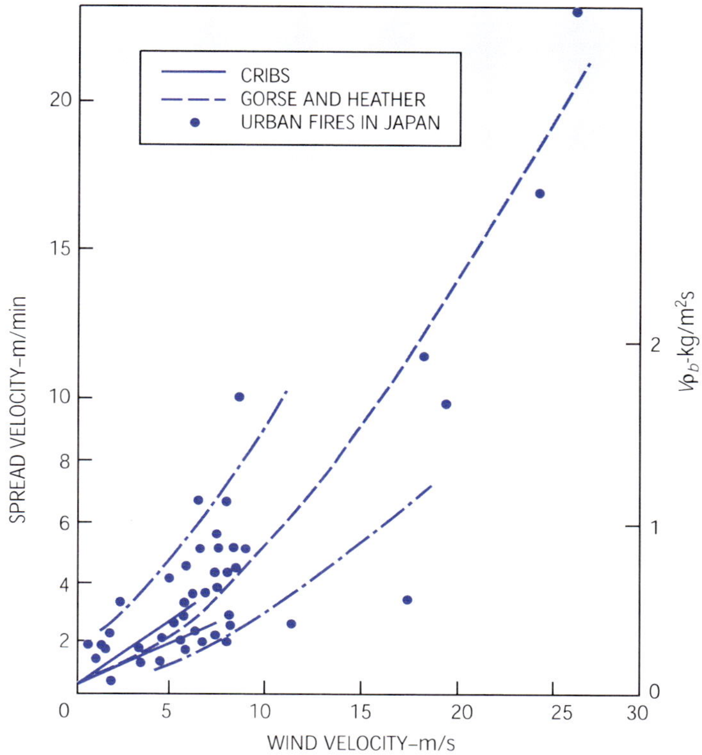

그림 5-7 화재확산 속도의 비교(Ref. 5)

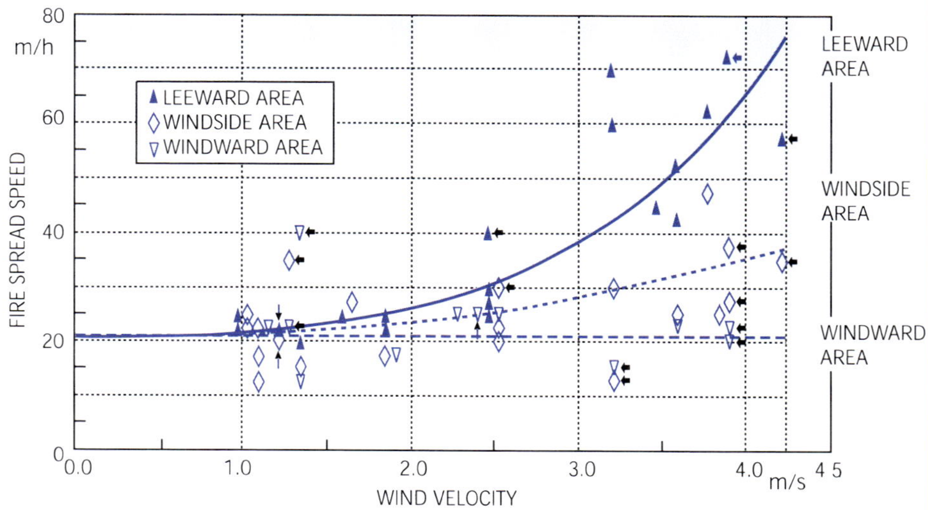

그림 5-8 일본 고베시 지진 후 화재확산에 대한 바람의 영향(Ref. 6)

6 액체에서의 확대

액체에서의 표면화염확산은 고체의 표면화염 메커니즘과 유사하다. 그러나 액체인 경우에는 화염 확대로 인해 액체 내부에 움직임이 일어날 수 있는 것이 다르다. 화염 아래에 있는 액체의 표면이 상승 기류의 차가운 액체보다 더 뜨겁다는 사실은 화염확산 과정에 영향을 미칠 수 있는 부력 흐름을 일으킨다. 또한 이러한 운동은 점성 또는 표면장력 효과에 의하여 액체에 영향을 줄 수 있다. 표면장력의 변화는 액체의 표면화염 확산이 고체와 다르게 되는 주요 메커니즘이다. 왜냐하면 표면장력은 온도에 따라 감소하기 때문에 액체가 차가울수록 점화온도 T_{ig}에서의 증발위치 x_p의 면은 더 높은 표면장력을 갖게 된다. 액체 표면을 따라 T_{ig}와 T_s 사이의 거리 δ_f만큼 전도된 열은 표면장력을 낮추고, 이 결과 화염을 더 차가운 영역으로 끌어들인다. 즉, 화염이 진전됨에 따라 뜨거운 액체의 이동이 따르게 된다. 여기에서는, 바람이 없는 경우의 수평액면 위 화염확산에 대하여 설명하기로 한다. 액면 상에서의 순풍확대에서는 표면의 화염 열유속이 지배적이기 때문에 이러한 표면장력 효과가 중요한 메커니즘이 아닐 것이다. 정지된 공기 중에서의 액면 위 화염확산에서는 표면장력 효과는 화염 전면의 액체를 통한 열전달의 주요 원인이 된다. 이러한 액체의 열전달은 공기와의 경계면에서 일어나는 표면 열전달을 증가시킨다. 따라서, 식 (5-2)로부터 액체의 화염확산속도는 전반적으로 고체와 비교되는 성질상 고체의 화염 확대 속도보다 커진다. 이러한 증가는 액체연료에서의 부력과 표면장력 때문이다.

그림 5-9는 메탄올(직경 2.6 cm×깊이 1.0 cm)의 액면에 대한 Akita7)의 실험 결과이다. 메탄올의 점화온도는 인화점 (11℃)과 같다. 이 온도에서 표면에는 존재하는 연료와 공기 혼합기체는 점화용 화염이나 작은 스파크에 의해 점화될 수 있다. 화염속도는 처음의 액체온도 T_s에 대하여 그린 결과 합판에 대한 그림 5-3과 비슷하다. 이 값이 명확하게 다른 것은 액체 확대에 적용되는 맥동류 영역 때문이다. 여기에서 확대속도는 그림과 같이 최대값과 최소값 사이에서 변동될 수 있다. 또한 그림 5-9에서는 인화점 이상의 온도에서 예혼합된 기상의 속도가 분명하게 나타나는 것을 알 수 있다. 이러한 결과는 그림 5-3의 합판인 경우에는 나타나지 않았다.

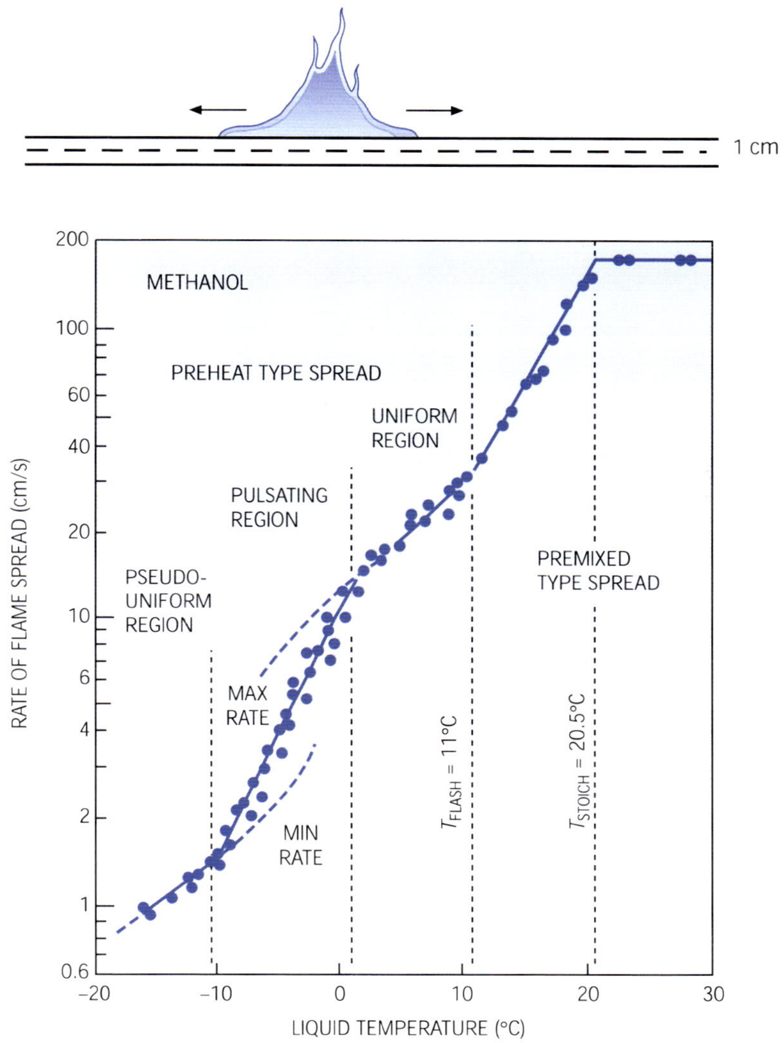

그림 5-9 온도함수로서의 Pool 화재확산 속도(Ref. 7.)

7 일반적인 화재확산 속도

노트
화염확산은 화재성장의 복잡한 현상이기 때문에 정량적 분석이 쉽지 않다.

지금까지 살펴본 바와 같이, 화염확산은 화재성장의 복잡한 현상이기 때문에 정량적 분석이 쉽지 않다. 공식은 있지만, 공식에 필요한 여러 변수들과 연료 특성에 관한 정보가 부족한 실정이다. 표 5-2는 화재확산 속도를 알기 위하여 필요한 일반적인 값들이다. 비록 공식을 사용하지 않더라도 이 표의 데이터만으로 화재확산 현상을 특정 짓는데 유용할 것이다.

표 5-2 일반적인 화염확산 속도

확대 유형	속 도 (cm/s)
훈 소	0.001 ~ 0.01
두꺼운 고체에서 측면 또는 하향 확대	0.1
숲이나 산림부스러기를 통한 바람에 의한 확대	1 ~ 30
두꺼운 고체에서의 상향 확대	1.0 ~ 100
액면에서의 수평 전파	1.0 ~ 100
예혼합화염	10 ~ 100 (층류) 약 10^5 (폭굉)

8 표준 실험방법

화염확산을 기초로 한 여러 실험방법이 나와 있는데, 이들 중 몇 가지 방법에 근거하여 미국 화재안전 규정이 제정되었다. 이들 실험의 대부분은 확대를 평가하기 위한 상대적인 지수를 도출하고는 있으나 화염확산 계산을 위한 기초 데이터로 활용되기에는 부족한 실정이다. 이 실험 가운데 몇 가지는 실제 화재 시나리오를 반영하지 못할 수 있어 오류를 일으킬 수 있다. 화재안전을 규제하는 중요한 역할을 수행하여 왔고 실험적 데이터를 통해 입증된 여러 실험 방법을 표 5-3에 예시하였다. Steiner tunnel test (ASTM E 84)는 천장 덕트의 순풍화염확산 실험이다. 이 실험에서는 적색 참나무의 연소속도에 대한 백분율로 표현되는 화염확산속도로 일반화하여 나타낸다. 비록 ASTM E 162는 하향 화염확산 실험이지만 이 측정법은 ASTM E 84의 결과와 유사한 지수를 나타낸다. ASTM E 648은 실제 공학적 용어로 표현한 몇 가지 실험 가운데 하나이다.

이 측정법은 바닥 재질 위의 수평적 화염확산에 요구되는 최소 열유속을 제공하였다. 이와는 대조적으로, ASTM E 1321은 규제를 목적으로 사용할 수는 없지만, 화염확산 계산을 위한 공학 데이터를 생성하며, 이 같은 데이터를 표 5-1에 열거하였다. 화염확산을 예측하는데 요구되는 충분한 공학 데이터를 직접적으로 제공하는 표준 실험은 없다고 말할 수 있다. 이 표준 실험의 부족은 새로운 물질의 화재성장 위험평가와 그 적용에 있어 심각한 문제이다.

표 5-3 표준 화염확산 시험

ASTM Designation: E 84	건축 재료의 표면 연소특성 표준시험방법
ASTM Designation: E 162	복사열원을 이용한 재료의 표면 착화성 표준시험방법
ASTM Designation: E 648	복사열원을 이용한 바닥재의 임계 복사열유속 표준시험방법
ASTM Designation: E 1321	재료의 착화와 화염전파 측정을 위한 표준시험방법

Summary

화재확산은 가스상의 연료에서 10 cm/s의 속도로 시작하여 밀폐영역에서 10^5 cm/s 에 이르는 폭굉까지 일어날 수 있다. 한편, 표면화염 확산속도는 특히 바람이 있는 경우, 액체나 고체에서 1~100 cm/s에 달할 수 있다. 하향 또는 측면확산은 아주 낮은 속도이고, 훈소는 대부분 0.001~0.01 cm/s 사이에 있다. 이러한 모든 속도는 화재성장과 연소영역의 확대 원인이 된다. 연소영역의 확대는 화재로 인한 위험과 손실에 직접적으로 관련된다.
화재확산에서 중요한 요소를 설명하고 계산을 위한 틀을 제공하기 위하여 많은 이론을 기술하였다. 화재확산은 연료, 연료의 방향, 바람, 확대의 방향 및 기타 요소 등 많은 요인에 의하여 좌우된다. 화재확산 속도는 점화시간에 대한 가열된 거리의 비율로 설명할 수 있다. 가열된 거리는 화재의 직접 열유속의 영향 범위에 의해 좌우된다. 이는, 그 같은 간단한 이론이 화재확산의 수많은 상황에 어떻게 적용될 수 있는지를 보여주는 것이다.

연습문제

1. 단단한 판자로 된 성냥에 관한 데이터가 다음과 같다.

k = 0.2 w/m · K
ρ = 550 kg/m^3
c = 2.5 J/g · ℃
Φ = 12 kW^2/m^3
T_{ig} = 350℃

실온이 20℃일 때 화염으로부터 50 kW/m^{2}의 열유속이 가해질 때 다음의 화염확산 속도를 계산하여라.
① 가열거리(δ_f)가 1.5 mm일 때 하향 확대 속도
② 열분해 전면으로 화염이 2 cm 확대될 때 상방향 화염확산 속도

2. 고형 플라스틱 폼의 벽 안쪽 면이 착화되었다. 화염의 열유속은 25 kW/m^{2}이고 수초 후 착화 위치로부터 1.5 m까지 진행되었다. 표 5-1을 사용하여 상방향 화염확산 속도를 계산하여라.

3. 다공성 고체물질이 다공성이 아닌 것에 비하여 화염확산 속도가 빠른 이유를 식과 함께 설명하여라.

4. 상방향 화염확산 속도가 하향 화염확산 속도 보다 빠른 이유를 설명하여라.

5. 다음 설명이 맞는지 틀린지를 판단하고 이유를 설명하시오.
   ① 두께는 화염확산 속도에 영향을 미치는 요소가 아니다.
   ② 화재의 고온연기로 가열될수록 실온에서 보다 화염확산 속도는 빨라진다.
   ③ 액체연료의 화염확산 속도는 수평으로 있는 고체 물질의 화염확산 속도와 같다.
   ④ 숲 속의 전체 밀도나 다공성은 산불 확대속도의 중요한 변수이다.
   ⑤ 바람은 화염확산 속도를 바꿀 수 없고 불을 꺼지게 할 뿐이다.

참고문헌

1. "Standard Test Method for Determining Material Ignition and Flame Spread Properties", ASTM E 1321, in *1996 Annual Book of ASTM Standards, Sec. 4, Construction*, (West Conshohocken, PA: American Society for Testing and Materials, 1996).
2. J. G. Quintiere, and M. Harkleroad, *New Concepts for Measuring Flame Spread Properties*, NBSIR 84-2943 (Gaithersburg, MD: September 1980, National Bureau of Standards, November, 1984).
3. J. G. Quintiere, "A simulation model for Fire Growth on Materials Subject to a Room-Corner Test", *Fire Safety Journal* 20 (1993): 313-339.
4. P. H. Thomas, "Some Aspects of the Growth and Spread of Fire in the Open", *Forestry* 20, no. 2 (1967): 139-164.
5. P. H. Thomas, "Rates of Spread of Some Wind-driven Fires", *Forestry* 44, no. 2 (1971): 155-175.
6. Y. Nagano, "Fires" in *Comprehensive Study of the Great Hanshin Earthquake*, UNCRD Research Report Series No. 12 (Nagoya, Japan: United Nations Centre for Regional Development, H. Kaji, Director, 1995), 117.
7. K. Akita, "Some Problems of Flame Spread Along a Liquid Surface", *Fourteenth Symposium* (International) on Combustion (Pittsburgh, PA: The Combustion Institute, 1973), 1075-1084.

Principles of Fire Behavior

CHAPTER 6

연소속도

학습목표

1. 에너지방출속도에 영향을 미치는 요소의 설명
2. 연소속도와 에너지방출속도 예측 공식의 실행
3. 기화열과 연소열의 정의
4. 실제 가연물의 에너지방출속도 선택이나 구성

1 개요

화재 삼각형이 화재의 성질을 설명하는데 도움이 되지만 그림 6-1에서 설명된 것처럼 점화, 화염확산, 연소속도는 화재성장의 연소 3요소를 형성한다. 점화는 화재성장의 시작이며, 화염확산 이론은 화재 경계의 정도를 정의할 수 있게 하며, 연소속도는 이 경계 내에서 연료의 소모 정도를 알 수 있게 해준다. 이 장에서는 자체 화염의 열에 의해 어떻게 연소하고, 액체 또는 고체물질 어떻게 기화하는가를 설명하고자 한다. 연소속도 이론은 이미 나와 있으나, 각각의 물질에 상응하는 실질적 데이터를 요구한다. 여기에서는 이들 데이터를 어떻게 사용할 것인가에 대하여 설명할 것이다.

그림 6-1 화재 성장의 3요소

2 정의와 이론

노트
연료의 질량감소속도(공급된 연료)와 질량연소속도(산소와 반응하는 연료)의 상호구분은 대단히 중요하다.

연소속도 (Burning Rate)란 화재 시 단위시간당 소비되는 고체 또는 액체 연료의 질량으로 정의된다. "탄다"는 것은 산소와의 반응을 뜻한다. 대형 구조물의 화재에서, 연료는 증발할 수는 있지만 제한된 산소로 인하여 즉시 연소하지는 않는다. 그러므로 (연료가 공급되는) 화재에서 연료의 질량감소속도 (mass loss rate, 공급되는 연료의 양)와 질량연소속도 (mass burning rate, 산소와 반응하는 연료의 양)는 서로 구분되어야 한다. 이 장에서, 단일 물질의 연소에 관하여 고찰할 때, 이 두 가지는 같은 의미로 사용하였다. 만약 실물 크기의 접시에서 알코올을 태운다면, 화염으로부터의 열은 액체를 증발시키는 원인이 될 것이고, 액체 질량 감소는 전 시간에 걸쳐 나타날 것이다. 감소된 질량을, 이 질량이 감소되는 시간으로 나눈 값이 연소속도 $\dot{m}$이고, 통상 g/s로 나타낸다.

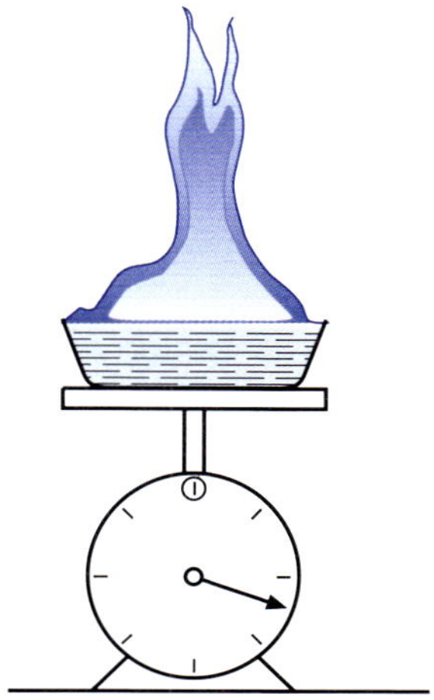

그림 6-2 연소 속도의 측정

그림 6-2에서와 같이 접시에서 알코올을 점화시키기 위해서는 적어도 인화점 이상이 되어야 한다. 일단 표면 전체에서 확산화염이 형성되면, 표면온도는 비등점까지 상승한다. 온도의 상승이 진행되는 동안, 증발속도 또는 연소속도 또한 이에 따라 증가한다. 이와 같은 변화 또는 비정상 연소속도가 연료 연소의 전형적인 과정이다.

보통, 연소속도는 연료의 물성, 방향 또는 모양, 연소면적에 영향을 받는다. 연소면적은 점화와 화염확산에 의해 조절된다. 연소면적을 벗어난 연소속도는 정상이 아니며 균일하지도 않을 것이다. 균일성의 특성을 정량적으로 표현할 수 있는데, 각 지점이 어떻게 연소하는가를 설명하는 단위면적당 연소속도 또는 질량연소유속 (mass burning flux) $\dot{m}''$으로 나타낼 수 있다. 만약, 이 면적을 각각의 표면 질량유속 $\dot{m}''$과 관련되는 작은 표면으로 분할하면, 각각의 표면적에 상응하는 $\dot{m}''$의 곱은 전체 연소속도가 된다.

기화열, L (kJ/g)

단위면적당 질량연소속도 즉, 질량연소유속($\dot{m}''$)을 예측하는 일반적인 식은 다음과 같다.

$$\dot{m}'' = \frac{\dot{q}''}{L} \tag{6-1}$$

$\dot{q}''$: 연료표면에 대한 순수 열유속 (화염으로부터 나오는 실제 열유속)
L : 기화열 (heat of gasification : Latent heat)

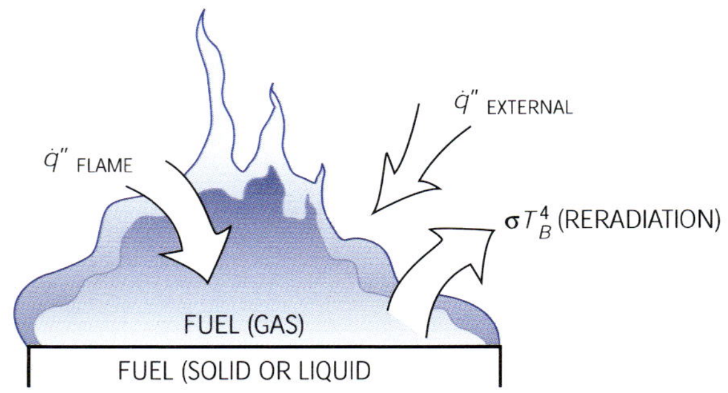

그림 6-3 연소를 일으키는 열유속의 요소들

순수 열유속은 주로 표면 위의 화염에 기인하지만, 다른 복사열원에 의하여 증가될 수 있다. 이 외부의 복사원은 화재 시 가열된 실내 또는 화로에서 통나무의 상호작용과 같은 연료의 형상에 따라 자연적으로 일어날 수 있다. 또한, 이들 복사원은, 재료에 대한 화재시험에서도 발생하여 재료의 연소를 촉진하기도 한다. 순수 열유속은 그림 6-3에서와 같은 표면에서의 열유속 요소의 대수합이다. 표면으로부터 방사된 복사 에너지 때문에 재복사(reradiation)라는 용어를 사용한다. 액체의 표면에서는 비등점에서 재복사가 될 것이다. 탄화하지 않는 열가소성 플라스틱은 액체와 유사한 거동을 한다. 그러나 열경화성 플라스틱, 목재 등의 탄화하는 물질들은 탄화하여 단열층을 생성하기 때문에 표면온도가 증가하는 것으로 나타난다. 식 (6-1)은 액체연료와 탄화하지 않는 열가소성 플라스틱의 안정적인 연소에 관하여 정확하게 설명한 것이지만, 이는 단지 탄화하는 물질에 대한 최대 질량유속의 평가일 뿐이다. 얇은 액체 풀 또는 액체연료로 포화된 고체에서 이 방식은 질량유속 값을 과대평가 하게 된다. 왜냐하면 액체의 기층으로 열이 손실되기 때문이다. 또한, 목재에 가솔린을 부은 것과 같은 것에서는 가솔린이 먼저 소진되고, 그 과정에서 가솔린에 적신 목재를 냉각시키기까지 한다.

기화열량 L은 고체 또는 액체연료를 기화하는데 요구되는 에너지이다. 이는 액체연료에 대한 열역학적 특성으로서, 아주 정확하게 표현될 수 있다. 고체, 특히 탄화하는 고체의 기화열량 L은 시간에 따라 변화할 수 있으므로 대략의 평균값으로 표현된다. 왜냐하면 탄화체가 얼마간의 에너지를 보유하기 때문이다. 액체연료와 탄화하지 않는 열가소성 플라스틱은 각각 수초에서 수분 내에 안정적인 연소에 도달하지만, 탄화하는 물체는 빠르게 최대 열유속에 이른 뒤 천천히 쇠퇴하게 된다. 이 쇠퇴는 탄화물질의 단열 특성에 의한 것이다. 뒤에, 화염이 소진되는데 따라 탄화물질의 직접 산화가 수반된다. 이 간단한 공식의 정황으로 미루어, 탄화물질의 경우 L은 단지 아주 개략적인 물성일 뿐이다. 그럼에도 불구하고, 식 (6-1)은 질량유속의 정량적 평가 도구로서 간단하지만 적합한 방법을 보여주고 있다. 불행하게도, 순수 열유속 $\dot{q}''$, 정확히 말하여 화염열유속의 실제 적용은 쉽지 않다.

전형적인 질량유속의 범위는 5～50 g/m^2-s이다. 대개 5 g/m^2-s 이하의 값에서는 소염된다. 식 (6-1)에서 직접 나타난 바와 같이, 외부 가열은 질량유속을 증가시킬 수 있다. 이와 같은 외부 가열은 실내화재시 형성된 피드백 고리가 연소를 촉진함으로써 발생한다. 왜냐하면, 대기 중 산소의 증가는 화염온도의 증가로 연결되고, 그로 인한 화염열유속이 그에 상응하는 질량유속을 증가시킬 것으로 생각되기 때문이다.
그러므로 대기 중 산소농도가 높은 곳에서 발생한 불길이 산소농도가 낮은 곳에서 발생한 불길보다 훨씬 크다. $\dot{m}''$< 5 g/m^2-s인 경우, 산소가 고갈되면서, 그리고 증발하는 수분이 표면열유속을 감소시킴으로써 소화될 수 있다. 놀랍게도, 이러한 소화현상을 설명할 수 있는 간단한 이론이 없는 실정이지만, 경험에 의한 5 g/m^2-s의 최소값은 좋은

표 6-1. 여러 가지 연료의 기화열

연 료	기화열 L (kJ/g)
액 체	
Gasoline	0.33
Hexane	0.45
Heptane	0.50
Kerosene	0.67
Ethanol	1.00
Methanol	1.23
열가소성 플라스틱	
Polyethylene	1.8～3.6
Polypropylene	2.0～3.1
Polymethylmethacrylate	1.6～2.8
Nylon 6/6	2.4～3.8
Polystylene foam	1.3～1.9
Flexible polyurethane foam	1.2～2.7
탄화 생성물	
Polyvinyl chloride	1.7～2.5
Rigid polyurethame foam	1.2～5.3
Whatmsn filter paper No. 3	3.6
Corrugated paper	2.2
Woods	4～6.5

Source : From Ref. 1, 2

기준이 된다. 물로 냉각하여 화재를 진압하는 것은 대개 이러한 질량유속의 감소에 의한 소화이다. 그러므로 식 (6-1)로 연소속도 효과의 범위를 설명할 수 있다.

표 6-1에 대표적인 기화열 값을 열거하였다. 이 값은 다양한 자료로부터 선정하여 일반적으로 열거한 것이다. 물질의 화학 첨가제와 물리적 형태(과립, 포, 고체)는 고체연료의 L 값에 영향을 줄 수 있다. 실제, 화학적 난연제는 기화를 보다 어렵게 함으로써 고체연료의 L을 증가시킬 수 있다. 그래서 순수 액체연료에 대한 L 값은 정확한 물성이다. 그러나 탄화물질과 같이 열화과정이 보다 복잡해지면 L은 과정의 근사값이 된다. 고체연료에서 근사값 L은 식 (6-1)에 따른 가열실험에 의해 추론된다. 일반적으로, 표 6-1에서 볼 수 있는 바와 같이 L 값은 액체 (< 1 kJ/g), 열가소성 플라스틱 (1～3 kJ/g), 탄화물질 (2～6 kJ/g) 순으로 증가하는 경향이 있다.

화염이 있는 상태에서, 액체연료는 표면이 비등점에 도달한다. 그러므로 가솔린은 표면에서 약 30℃, 메탄올은 12℃, 등유는 232℃임을 알 수 있다. 고체연료의 기화온도는 순수 액체에 비하여 정확하지 않지만, 연소할 때 표면온도는 일반적으로 탄화하지 않는 열가소성 플라스틱은 250～400℃에, 탄화되는 물질은 400～500℃에 이른다.

3 최대 연소유속

식 (6-1)이 연소속도를 정량적으로 설명하는 도구로서 유용하지만, 실용적으로 제한이 따른다. 그 주요 문제는 열유속의 항을 어떻게 설명할 수 있나 하는 것이다. 연소속도는 연료와 그 방향, 형상에 영향을 받는다. 2 m가 넘지 않는 벽의 연소에서, 벽 화염의 열유속은 대략 25±5 kW/m^{2}로 일정하게 나타난다. 이 값은 벽 화재의 연소속도를 예측하기 위한 방법을 제공한다. 예를 들어, 기화온도가 380℃인 나일론 6/6의 벽이 연소한다고 할 때 그 화염에 대하여 열유속을 30 kW/m^2 이라 가정하면, 재복사 표면 열유속은,

$$\sigma T^4 = 5.67 \times 10^{-11} \frac{\text{kW}}{\text{m}^2\text{K}^4}(380+273)^4$$

$$= 10.3\ \text{kW/m}^2$$

그러므로, 순수 열유속 $\dot{q}'' = 30 - 10.3 = 19.7$ kW/m^{2}이다. 왜냐하면 기화열 L은 2.4 kJ/g과 같기 때문이다.

$$\dot{m}'' = \frac{\dot{q}''}{L} = \frac{19.7}{2.4} = 8.2\ \mathrm{g/m^2\text{-}s}$$

이 예는 벽 화재에서 질량연소유속을 계산할 수 있는 방법을 설명하고 있다.

벽 화재와는 형태가 다른 화재인 경우, 구체적인 실험에 의한 데이터 없이는 손쉽게 $\dot{q}''$을 예측할 수 없다. 그림 6-3과 같은 수평 연소를 검토하여 보기로 한다. 액체연료에 대한 다양한 실험이 실시되었는데, 이들 실험에서 액체 풀의 직경이 중요하다는 것을 알았다. 그림 6-4는 메탄올에 대한 일반적인 질량연소유속 곡선이다. $d < 5$ cm의 아주 작은 직경에서, 화염의 특성은 거의 2,000℃에 달하는 아주 얇은 화염이 있는 층류이다. 이 범위에서 직경이 증가함에 따라 화염면은 표면으로부터 멀리 이동하여, 열유속과 질량유속을 감소시키게 된다. 직경 5～20 cm의 범위에서, 화염 열전달은 난류에 가까워서, 평균 난류 화염온도는 약 800℃가 된다. 3장에서 살펴본 바와 같이, 대류 열전달 계수는 대략 5～10 W/m^2-℃인데, 이는 일정한 화염 열유속을 기껏 8 kW/m^{2}로 계산한 것이다. 그러므로, 이 직경 범위에서 질량연소유속은 거의 일정하다. 그러나 직경이 5～20 cm보다 더 커지면 난류화염의 크기와 두께가 증가하고, 이 두꺼운 화염으로

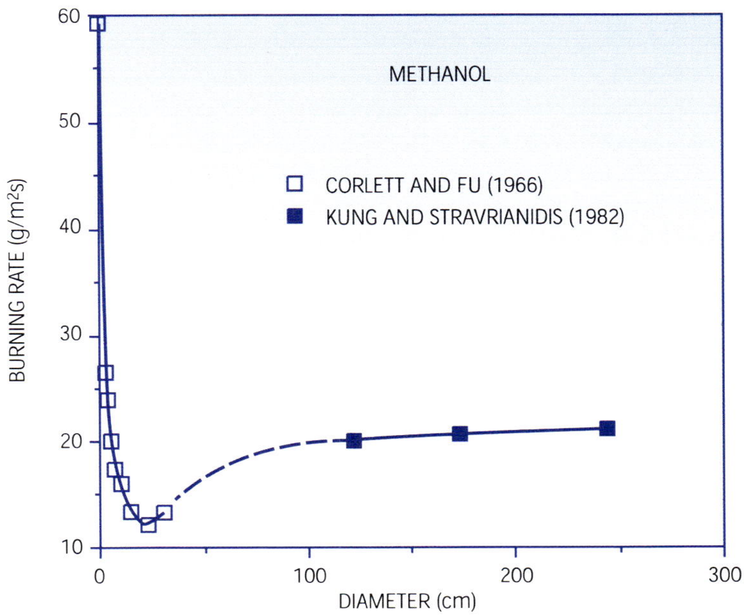

그림 6-4 직경을 함수로 한 메탄올 풀 화재의 질량연소유속(Ref. 3, 4)

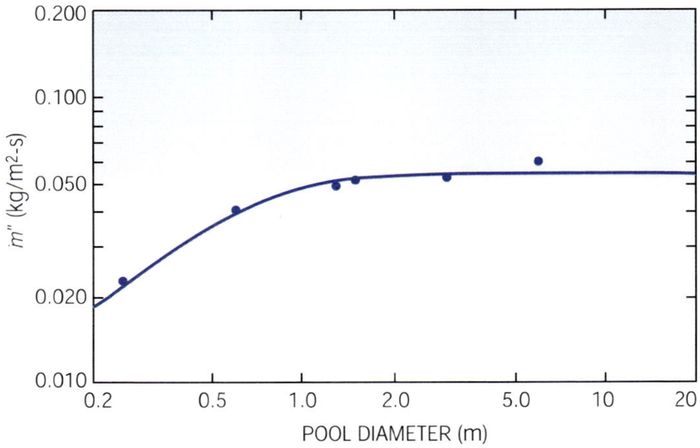

그림 6-5 가솔린 풀 화재의 질량연소유속(Ref. 5)

표 6-2 최대 연소속도 값

연 료	$\dot{m}''$ (g/m^{2}s)
Liquified propane	100～130
Liquified natural gas	80～100
Benzene	90
Butane	80
Hexane	70～80
Xylene	70
JP- 4	50～70
Heptane	65～75
Gasoline	50～60
Acetone	40
Methanol	22
Polystylene (granular)	38
Polymethyl methacrylate (granular)	28
Polyethylene (granular)	26
Polyepropylene (granular)	24
Rigid polyurethame foam	22～25
Flexible polyurethame foam	21～27
Polyvinyl chloride (granular)	16
Corrugated paper cartons	14
Wood crib	11

Source : From Ref. 1

부터 부가되는 열복사유속을 증가시키는 원인이 된다. 그러나 3장에서 살펴본 바와 같이, 화염복사는 화염 복사율이 1일 때 최대값에 도달한다. 따라서 질량연소유속은 최대값이 된다. 이 값은 연료의 탄화 특성에 좌우되지만, 일반적으로 직경 1～2 m인 화재에서 형성된다. 유사한 결과로서, 직경이 20 cm 이상일 때의 가솔린에 대한 값이 그림 6-5에 나와 있다. 최대 질량연소유속 값은 약 55 g/m^2-s에 이른다. 이러한 최대값은 고체연료에서와 마찬가지로 다른 액체연료에 대해서도 실험을 통해 정해졌다. 이 최대 질량연소유속은 여러 자료를 바탕으로 하여 표 6-2에 나타내었다. 이들 값이 고체연료에 대하여 아주 개략적인 값이라 할지라도, 최악의 연소 조건을 계산하는 기초가 되고 있다.

4 에너지 방출속도

에너지 방출속도(energy release rate, $\dot{Q}$)는 화재와 관련하여 가장 중요한 값이라 할 수 있을 것이다. 화재의 크기는 kW로 측정하며, 기호 $\dot{Q}$로 나타낸다. 에너지 방출속도는 다른 요소와 비교할 때 직접적으로 화재의 크기와 손상 가능성을 나타낸다. 에너지 방출속도는 화염높이와 직접 관련되며, 또한 3장에서와 같이 화재 주위의 복사열유속과 직접 관련되는 것을 알았다. 화재가 성장하여 플래시오버가 일어날 수 있는 모든 가능성은 이 $\dot{Q}$와 관련된다.

에너지 방출속도는 다음과 같이 질량연소유속을 이용하여 구할 수 있다.

$$\dot{Q} = \dot{m}'' A \Delta H_c \tag{6-2}$$

A : 기화되는 면적
ΔH_c : 유효 연소열

노트
연소열이란 기화반응에 의하여 단위 질량 당 방출된 화학적 에너지를 말한다.

유효 연소열은 이론적인 연소열과 서로 다르게 사용된다. 왜냐하면 전자는 화재 시 화염 형성기에 적용되기 때문이다. 연소열이란, 기화반응에 의하여 단위 질량 당 방출된 화학적 에너지를 말한다. 목재와 같은 고체에 대해서는 산소열량계(oxygen bomb)라 부르는 장치에서 이 값을 측정할 수 있다. 이 장치에서는 모든 가연물의 연소 후 에너지와 질량의 감소를 측정할 수 있다. 이 때 무기물질인 재만 남게 된다. 일반적으로, 이론적 연소열은 약 19 kJ/g이 될 것이다. 만약 일반적인 화재조건에서 목재에 대하여 같은 방법으로 측정한다면, 연소가 종료될 때까지 ΔH_c는 대략 13 kJ/g이 될 것이며,

탄화물의 훈소상태에서 ΔH_c는 대략 30 kJ/g이 될 것이다. 목재와 같은 일반적인 재료에 대한 연소과정이 그림 6-6에 나와 있다. 여기에서, 연소가 종료될 때까지 유효 연소열에 대한 관계를 생각해 보기로 한다. 탄화층이 형성되면, 질량손실이 5 g/m^{2}s 또는 그 이하일 때 화염은 결국 중지하고 말 것이다. 그리고 산화에 의한 훈소는 탄화물질을 소모하는데, 이는 대단히 느리다. 보통 탄화물질과 연소시 불완전한 생성물, 예컨대 그을음과 일산화탄소는 모두 화염이 진행되는 동안 연소열을 감소시킨다. 화학적 첨가제

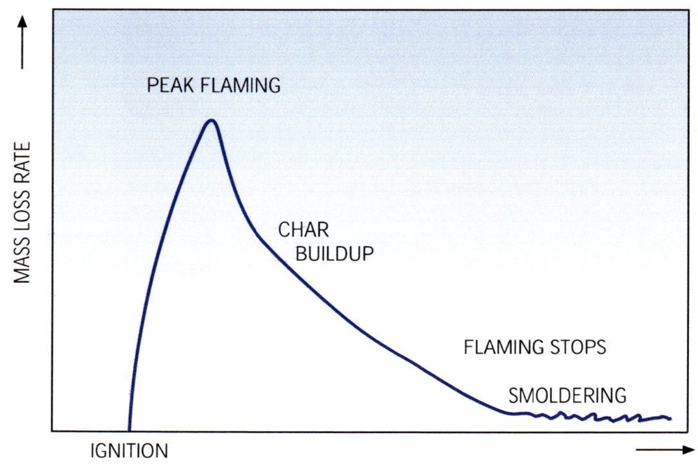

그림 6-6 목재의 연소 과정

표 6-3 유효 연소열, ΔH_c (kJ/g)

Methane	50.0	Ethanol	26.8
Ethane	47.5	Methanol	19.8
Ethene	50.4	Polyethylene	43.3
Propane	46.5	Polypropylene	43.3
Carbon monoxide	10.1	Polystyrene	39.8
n - Butane	45.7	Polycarbonate	29.7
c - Hexane	43.8	Nylon 6/6	29.6
Heptane	44.6	Polymethylmethacrylate	24.9
Gasoline	43.7	Polyvinyl chloride	16.4
Kerosene	43.2	Cellulose	16.1
Benzene	40.0	Glucose	15.4
Acetone	30.8	Wood	13～15

Source : From Ref. 1

노트
액체연료는 고체연료에 비하여 위험하다.

(지연제) 또한 일정한 기능을 수행할 수 있으므로, 각각의 물질에 대한 ΔH_c를 정확히 측정해야 한다. 유효 연소열은 가스와 액체연료에 대하여 최대값으로, 탄화물질에 대해서는 최소값으로 나타내는 경향이 있다. 표 6-3에 그 값이 수록되어 있다.

ΔH_c와 L의 비는 화재 위험도 평가에서 중요한 변수가 된다. 왜냐하면, 이 값은 연료의 기화에 요구되는 에너지 당 방출된 에너지를 나타내주기 때문이다. 표 6-1과 6-3에서와 같이 액체연료는 고체연료보다 더 위험하다는 것을 알 수 있다.

에너지 방출속도의 예측

예 단위면적당 질량 감소율과 열 발생율을 계산하시오.

조건 : 연료는 1) 목재, 2) 폴리스티렌, 3) 헵탄, 4) 가솔린이고, 연료는 직경 1 m의 풀에서 연소된다. 나무는 클립으로 생각하고 계산한다. 단위면적당 최대 연소속도는 상대적으로 큰 풀 화재로 간주하고 이러한 연료가 연소될 수 있는 화염으로부터의 실제 열유속을 계산한다. 그림 6-7은 이와 같은 풀 화재의 동적인 형상을 나타낸 것이다.

1) 목재. 클립에 관한 Tewarson의 데이터에서 (표 6-2 참조) $\dot{m}'' = 11\text{g/m}^2\text{s}$
(주 : 이것이 실제 목재클립 또는 적재된 팔레트라면 노출면만 고려하여야 한다. 대신, 여기에서는 윗면에 대해서만 고려한다.)

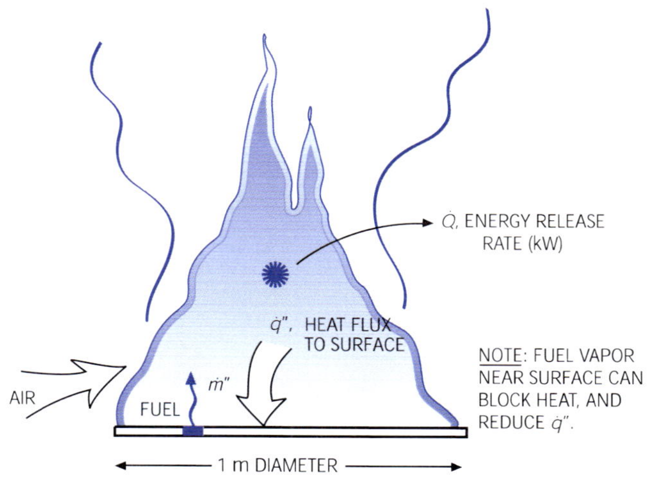

그림 6-7 연소 형상의 예

$$A = \frac{\pi}{4}D^2 = \frac{\pi}{4}(1\mathrm{m})^2 = 0.785\mathrm{m}^2$$

$$\dot{Q} = \dot{m}'' A \Delta H_c$$

$$= (11\,\mathrm{g/m^2s})(0.785\,\mathrm{m^2})(15.0\,\mathrm{kJ/g})$$

$$= 130\,\mathrm{kJ/s} = 130\,\mathrm{kW}$$

※ Tewarson은 목재(Douglas fir)의 기화열이 1.82 kJ/g이 된다고 하였다. 다른 문헌에서는 목재의 숯과 기화열이 연소과정에 따라서 변하기 때문에 기화열이 2～5 kJ/g의 범위에 있다고 제시되었다.

실제 화염의 열유속은

$$\dot{q}'' = \dot{m}'' L = (11\,\mathrm{g/m^2s})(1.82\,\mathrm{kJ/g}) \quad (L : \text{표 6-1 참조})$$

$$= 20\mathrm{kW/m^2}$$

2) 폴리스티렌. Tewarson의 데이터로부터 (표 6-2 참조)

$$\dot{m}'' = 38\mathrm{g/m^2s}$$

$$\dot{Q} = \dot{m}'' A\,\Delta H_c$$

$$= (38\,\mathrm{g/m^2s})(0.785\,\mathrm{m^2})(39.85\,\mathrm{kJ/g})$$

$$= 1{,}189\,\mathrm{kW}$$

$$\dot{q}'' = \dot{m}'' L = (38\,\mathrm{g/m^2s})(1.72\,\mathrm{kJ/g}) \quad (L : \text{표 6-1 참조})$$

$$= 65\mathrm{kW/m^2}$$

3) 헵탄. 표 6-2에서 ΔH_c는 65～75의 범위 값으로 나와 있다. 여기에서는 높은 값 75를 선택하여 계산한다.

※ 아래의 각기 다른 자료를 참고로 수록한다.

Tewarson	[SFPE]	$\dot{m}'' = 65 \sim 75\,\mathrm{g/m^2s}$
Barrauskas	[SFPE]	$\dot{m}'' = 101\,\mathrm{g/m^2s}$
Mudan & Croce	[SFPE]	$\dot{m}'' = 76\,\mathrm{g/m^2s}$

$$\dot{Q} = \dot{m}'' A\,\Delta H_c$$

$$= (75\,\mathrm{g/m^2s})(0.785\,\mathrm{m^2})(44.6\,\mathrm{kJ/g})$$

$$= 2{,}626\,\text{kW}$$

$$\dot{q}'' = \dot{m}''L = (75\,\text{g/m}^2\text{s})(0.5\,\text{kJ/g}) \qquad (L\ :\ \text{표 6-1 참조})$$

$$= 38\text{kW/m}^2$$

4) 가솔린. Tewarson의 데이터로부터 (표 6-2의 중간 값 선택)

$$\dot{m}'' = 55\text{g/m}^2\text{s}$$

$$\dot{Q} = \dot{m}''A\,\Delta H_c$$

$$= (55\,\text{g/m}^2\text{s})(0.785\,\text{m}^2)(43.7\,\text{kJ/g})$$

$$= 1{,}887\,\text{kW}$$

$$\dot{q}'' = \dot{m}''L = (55\,\text{g/m}^2\text{s})(0.33\,\text{kJ/g}) \qquad (L\ :\ \text{표 6-1 참조})$$

$$= 18\text{kW/m}^2$$

※ 재료별 직경 1 m의 풀 화재 자료

	$\dot{m}''$ [g/m²s]	$\dot{Q}$ [kW]	$\dot{q}''$ [kW/m²]
목 재	11	130	20
폴리스티렌	38	1,189	65
헵 탄	75	2,650	38
가솔린	55	1,887	18

위의 계산 결과는 이들 4가지 연료에 대한 위험성의 상관관계를 명쾌하게 예증하고 있다. 직경 1 m의 상대적으로 작은 면적임에도 불구하고, 액체연료는 화재 시 일반적인 거실에서 쉽게 플래시오버에 이를 수 있음을 나타내고 있다. 폴리스티렌은 심각한 위협이 되겠지만, 그러한 크기의 목재화재는 관리가 가능할 것이다. 그러나 가솔린 화재의 순수 열유속 18 kW/m^{2}는 폴리스티렌 화재의 65 kW/m^{2}와 비교가 된다. 이 값은 식 (6-1)과 표 6-1로부터 계산이 가능하다. 이들 열유속의 차이는 이론으로 이를 예측하는데 한계가 있음을 뚜렷이 보여준다. 그 차이는 직관적인 것과 반대이다. 왜냐하면 가솔린 화재의 위력($\dot{Q}$)이 더 크기 때문이다. 이러한 차이는 복사로 인한 흡수 때문인 것으로 설명된다. 즉, 연료 표면 가까이에서 생성된 다량의 기화 가솔린은 화염의 복사를 차단하는 구름처럼 작용한다.

5 에너지 방출속도의 실험적 결과

어떤 물품의 연소속도를 (혹은 에너지 방출속도) 결정하기 위한 실제적인 방법은 직접 측정하는 것이다. 이 측정은 점화의 방법 특히, 초기 화재성장 시간에 영향을 받는다. 물질이 연소하는 동안 질량의 감소를 측정하기 위하여 저울 등을 사용할 수 있다. 또한, 연소생성물을 배기 덕트로부터 채집하여 산소농도를 측정함으로써 에너지 방출속도를 결정할 수 있다. 이러한 장치를 산소소비 칼로리미터(oxygen consumption calorimeter)라고 한다(그림 6-8).

이 장치의 주요 작동 원리는, 단위 질량의 산소 소모에 따른 연소열은 광범위한 일반적인 연료에서 거의 일정(13 kJ/g)하다는 것이다. 에너지 방출속도는 기록된 산소 소모량의 비율로서 직접 알 수 있다. 그림 6-9는 실내가구에 대한 측정 예이다. 일반적으로, 성장곡선의 전반부는 점화 과정에 좌우되며 $\dot{Q}$ 값이 급격히 증가하는 것은 가구의 화염확산과 연소속도 등 전체적인 화재성장 때문이다. 최고 에너지 방출속도로부터의 감소는 가구의 여러 부분이 소진(burnout)되는 것을 반영하고 있다. 곡선의 폭 정확히 말하여 곡선 아래의 면적은 연소될 수 있는 연료의 합계를 나타낸다.

노트

연소속도 혹은 에너지 방출속도를 결정하기 위한 실질적인 방법은 오직 직접 측정하는 것이다.

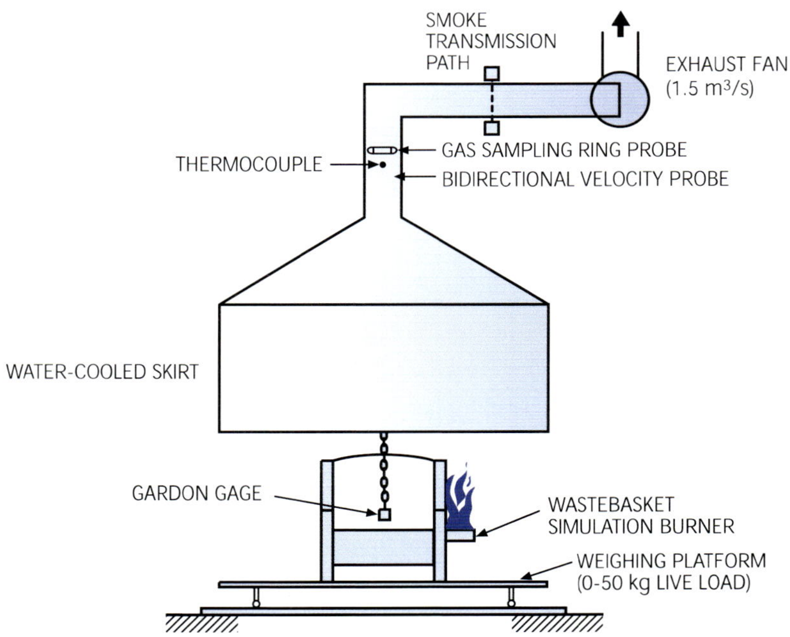

그림 6-8 산소소비 열량계(Ref. 5)

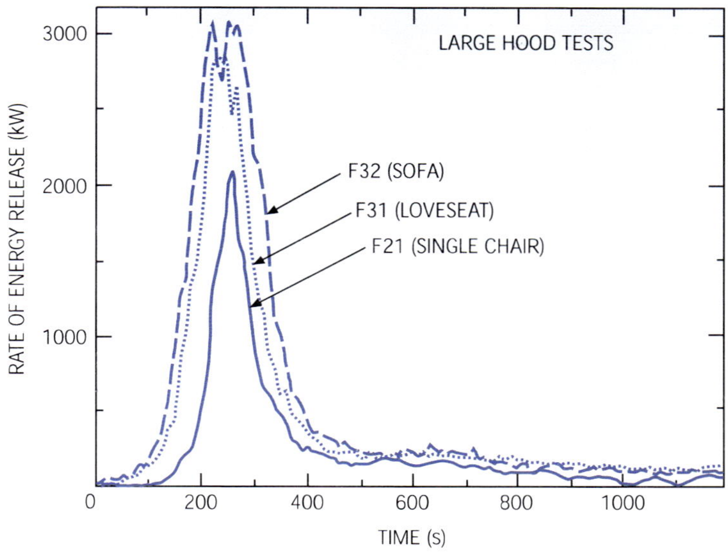

그림 6-9 일반적인 실내의자의 에너지 방출속도 측정결과(Ref. 5)

에너지 방출속도를 측정하는 가장 간단한 방법은 물질의 연소에 따른 질량 감소속도를 측정하는 것이다. 식 (6-2)에서, $\dot{Q}$는 각 물질별 연소열에 이 질량 감소속도를 곱하여 구하는 것을 알았다. 표 6-4는 몇 가지 실제 물질에 대한 최대 연소속도 값이다.

표 6-4 대표적인 최대 연소속도 값(g/s)

Small waste containers (18～40ℓ)	3～6
Large waste containers (70～1200ℓ)	5～10
Chairs, wood and upholstered	10～60
Sofas	20～100
Beds	20～140
Closet	～40
Office	～90
Bedroom	～130
Kitchen	～190
House	～30,000

Source : From Ref. 6

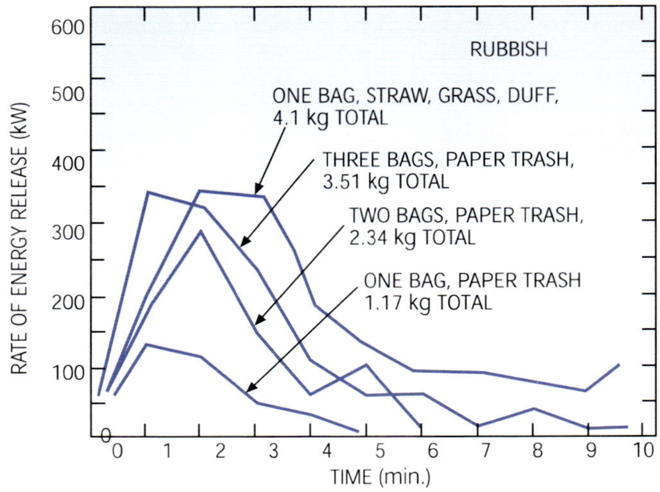

그림 6-10 대표적인 쓰레기의 열 방출속도(Ref. 5)

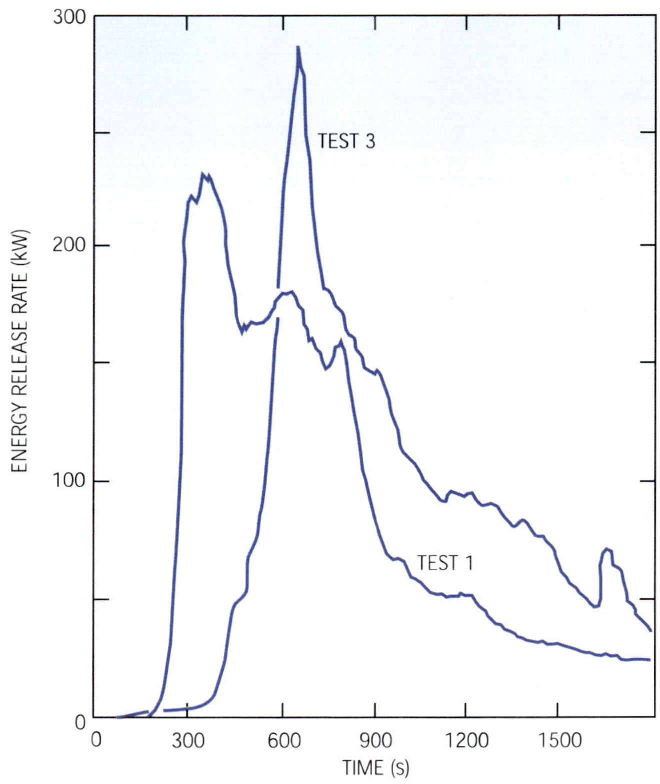

그림 6-11 텔레비전 세트의 열방출 속도 실험 결과(Ref. 5)

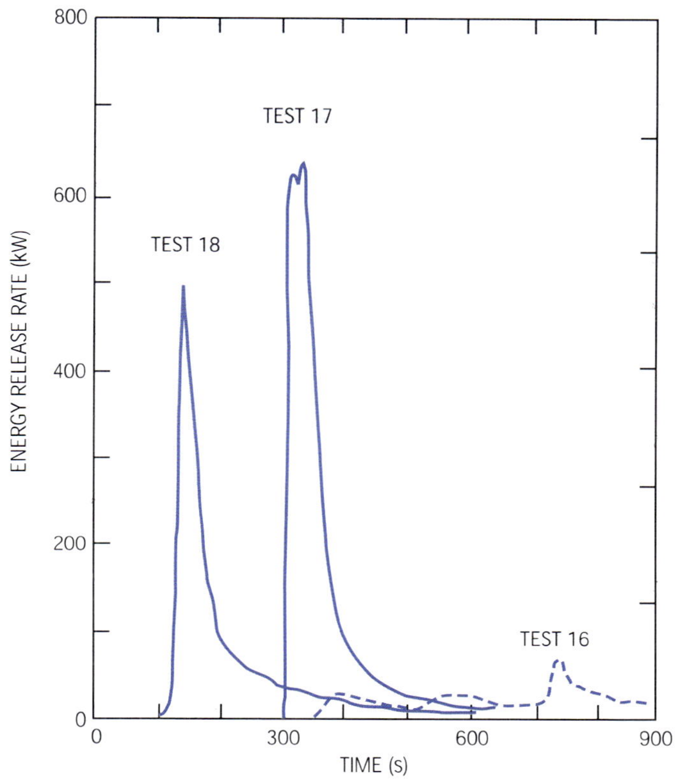

그림 6-12 크리스마스트리의 열 방출속도 실험결과(Ref. 5)

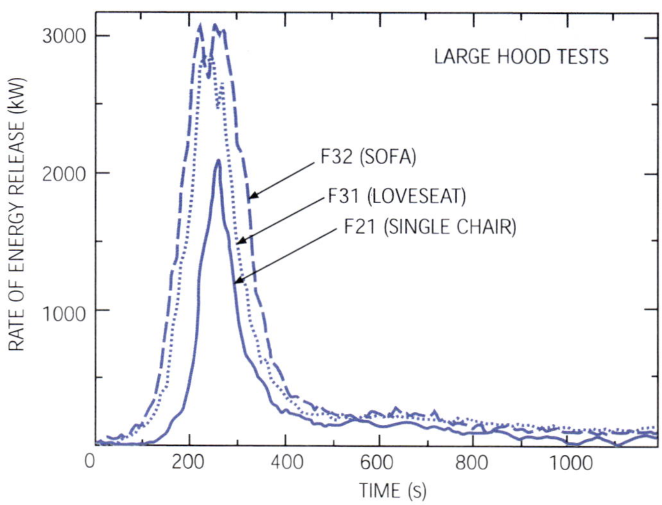

그림 6-13 일반적인 실내의자의 에너지 방출속도 측정결과(Ref. 5)

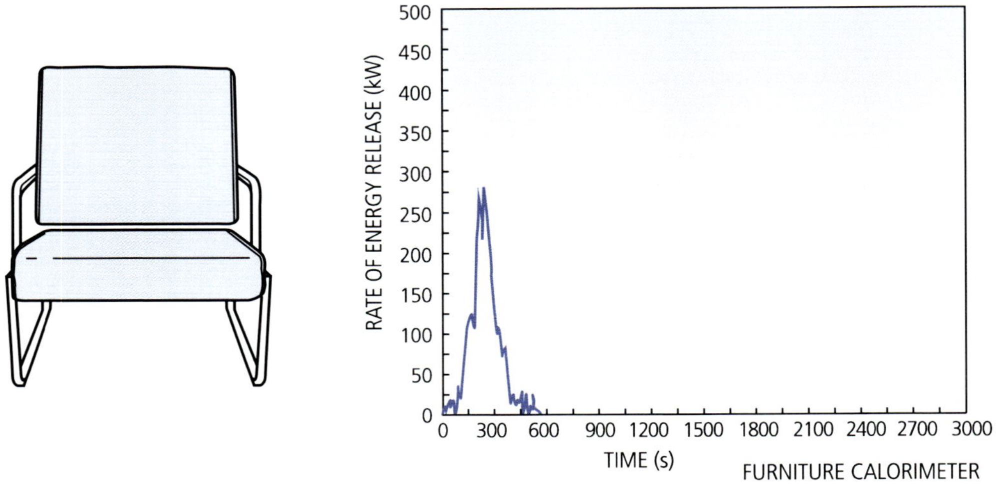

그림 6-14 실내의자의 열 방출속도 실험 결과(Ref. 8)

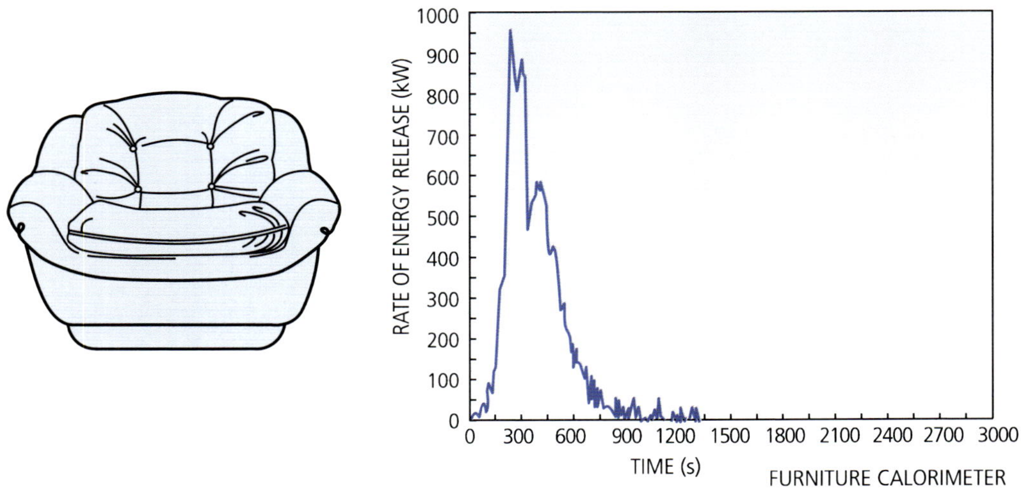

그림 6-15 실내의자의 열 방출속도 실험 결과(Ref. 8)

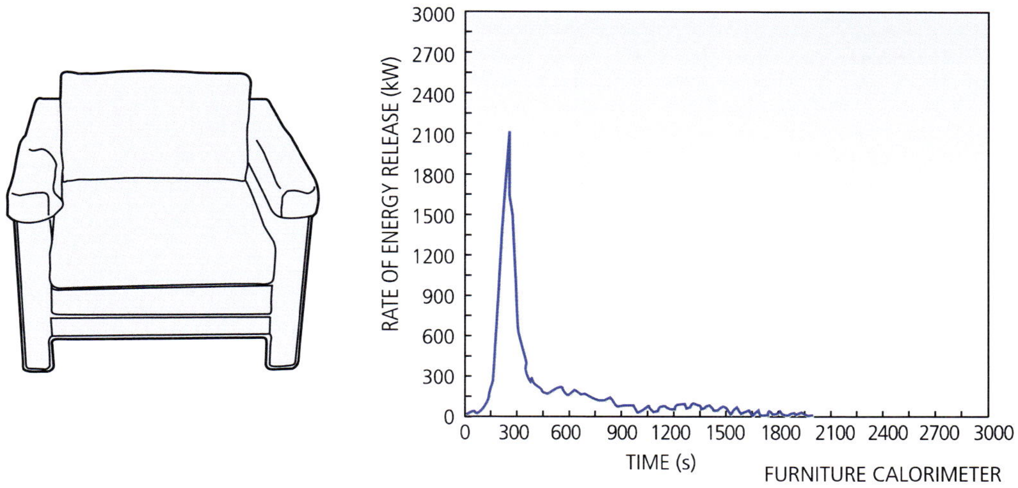

그림 6-16 실내의자의 열 방출속도 실험 결과(Ref. 8)

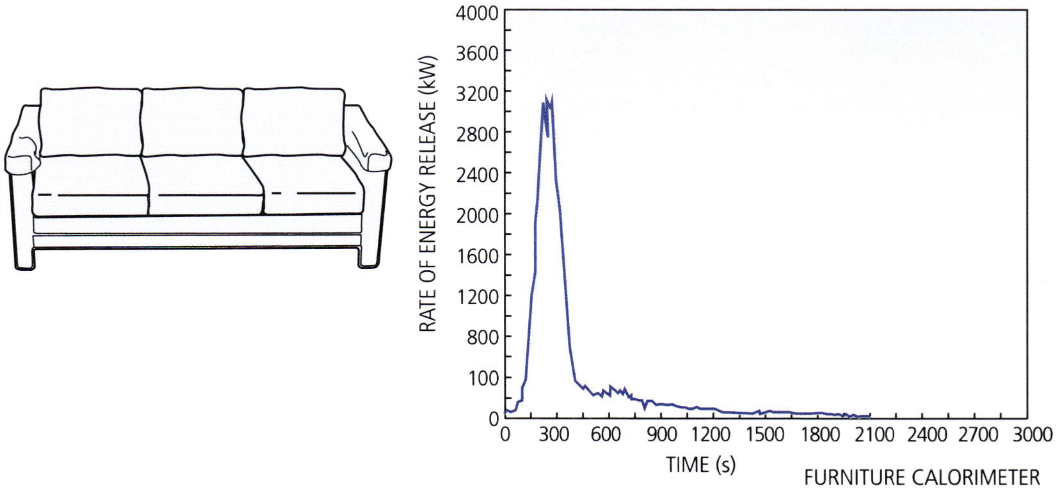

그림 6-17 소파의 열 방출속도 실험 결과(Ref. 8)

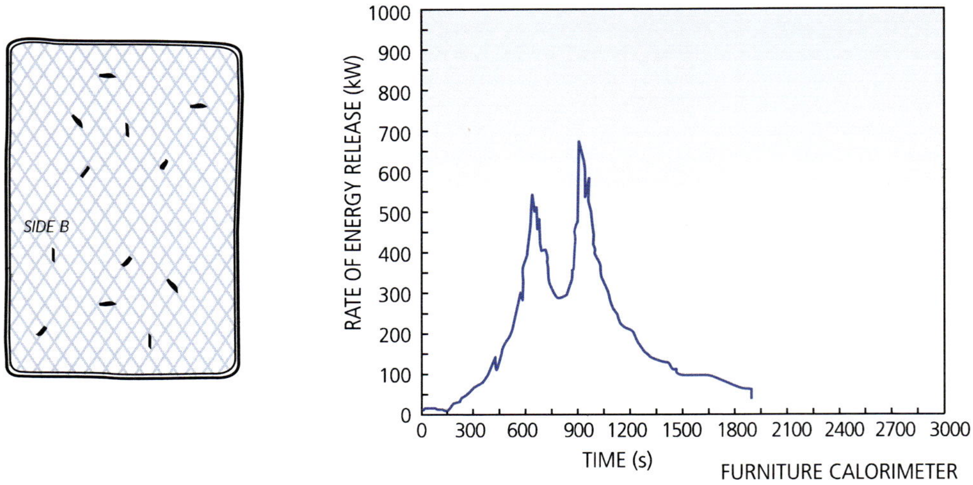

그림 6-18 매트리스의 열 방출속도 실험 결과(Ref. 8)

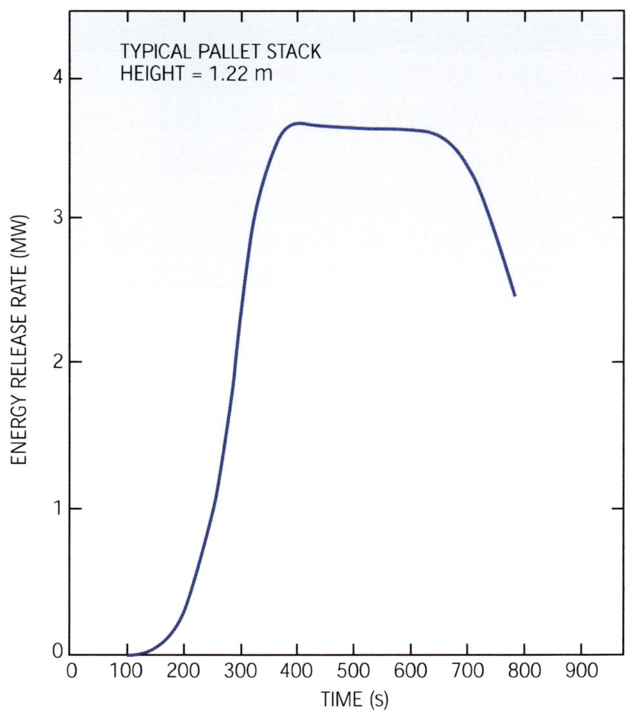

그림 6-19 적층된 목재 팔레트의 열 방출속도(Ref. 5)

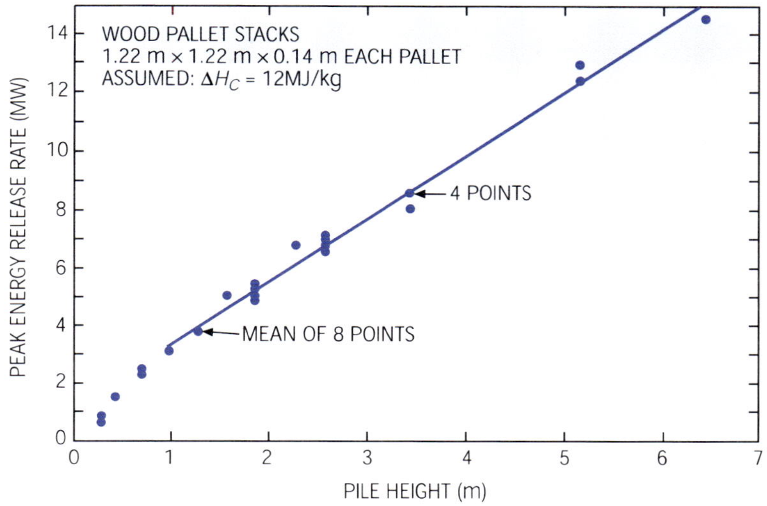

그림 6-20 적층 높이에 따른 파레트의 연소속도 의존성(Ref. 5)

그림 6-10에서부터 그림 6-20은 쓰레기, 텔레비전, 크리스마스트리, 포장의자, 팔레트 등에 대한 실험적 에너지 방출속도 값이다.

위의 결과는 일반적인 단일 물질의 범위에서 연소 거동의 변화를 보여주고 있다. 이 변화는 많은 요소 즉, 크기, 재질, 점화원의 특성, 방염효과 등에 의해 일어날 수 있다. 표 6-4에서와 같이 이들 수치는 일반적인 범위 값을 나타내고 있다. 물질이 어떻게 연소하는가를 정확히 알기 위해서는, 그림 6-8과 같은 장치에서 실험을 하여야 한다. 표 6-5는 일상용품이 바닥 위에 적치된 창고에서의 일반적인 실험값이다. 이들은 측면 확산이 없는 고정바닥에 대한 최대값으로 해석하여야 할 것이다.

6 화재성장속도

앞에서 살펴본 바와 같이, 화재성장속도는 경계면으로 정의되는 화염속도, 전 면적에 걸친 질량유속 등 점화 과정에 좌우된다. 가구, 일상용품 등과 같은 물질에서는 간단한 공식으로 이 복잡한 과정을 예측할 수 없다. 그렇지만, 각각의 성분과 형상이 다르기 때문에 특정의 성장시간이 있다. 다시 말해 어떤 품목은 일단 점화하면 130초 이내에

표 6-5 생필품 창고의 화재 거동: 적치된 면에서 플래시오버 시의 에너지 방출속도

물 품	$\dot{Q}$/ Floor Area Covered (MW/m^2)
Methanol	0.72
Diesel	1.9
Kerosene	2.2
Gasoline	2.2
Wood pallets, stacked 1.5 ft high	1.3
Wood pallets, stacked 5 ft high	3.7
Wood pallets, stacked 10 ft high	6.6
Wood pallets, stacked 15 ft high	9.9
Mail bags, filled, stored 5 ft high	0.39
PE letter trays, filled, stacked 5 ft high	8.2
PS insulation board, rigid foam, stacked 14 ft high	3.1
PU insulation board, rigid foam, stacked 15 ft high	1.9
PS tubs rested in cartons, stacked 14 ft high	5.1
FRP shower stalls in cartons, stacked 15 ft high	1.2
PE bottles in cartons, stacked 15 ft high	1.9
PS toy parts in cartons, stacked 15 ft high	2.0
PE trash barrels in cartons, stacked 15 ft high	2.9
Cartons, compartmented, stacked 15 ft high	2.2
PVC bottles packed in cartons, compartmentd, stacked 15 ft high	3.3
PP tubs packed in cartons, compartmentd, stacked 15 ft high	4.2
PE bottles packed in cartons, compartmentd, stacked 15 ft high	6.1
PS jars packed in cartons, compartmentd, stacked 15 ft high	14.0

Source : Based on data from Ref. 7

1 MW에 도달한다. 다른 물질에 있어서는 80초가 걸린다. 이러한 데이터가 수집되어 왔으며 화재 분석에 유용하다. 또한, 화재성장속도는 시간의 자승에 비례한다는 것을 알았으며 이에 대한 설명은 화염확산속도가 전 시간동안 일정하다는 것이다. 만일 화재성장속도가 화재 자체에 의존한다면, 성장속도는 t^2이 아닌 지수항(e^t)이 될 것이다. 그럼에도 불구하고 실험을 통한 화재성장속도는,

$$\dot{Q} = \alpha t^2 \tag{6-3}$$

α : 물품종류에 따른 상수

만약 t_1이 1 MW에 이르는 특성시간이라면, $\alpha = 1\ \mathrm{MW}/t_1^2$이 된다. 이와 같은 성장속도의 표현은 초기 잠복기간을 무시한 경험적 데이터에 적합하다. 그림 6-21에서 이를 설명한다. 표 6-6은 측면 화재확산의 제한이 없는 일상용품의 t^2화재에 상응하는 화재성장시간(t_1)을 열거한 것이다. 실제로는 그림 6-10에서 6-19에 나타나 있는 연소곡선의 쇠퇴 과정의 어느 시점이 표시되어야 한다. t^2과의 관련성은 유용한 것으로 증명되어, 화재 감지기의 분석을 위한 NFPA 72B와, 제연시스템의 설계를 위한 NFPA 92B에 적용되었다. NFPA에서는 성장 시간을 다음과 같이 분류하였으며, 이는 그림 6-22에 설명되어 있다.

slow	$t_1 = 600\mathrm{s}$
medium	$t_1 = 300\mathrm{s}$
fast	$t_1 = 150\mathrm{s}$
ultrafast	$t_1 = 75\mathrm{s}$

전체적인 성장과 쇠퇴 과정을 설명하기 위한 실제 적용은 그림 6-5와 6-6을 조합한 것이다. 초기 성장은 표 6-5의 바닥면적에 대하여 플래시오버에 이르는 속도가 t^2으로 상승하는 것으로 고려될 수 있다. 특정 속도에서 연료가 모두 소모되었을 때 연소는 멈춘다.

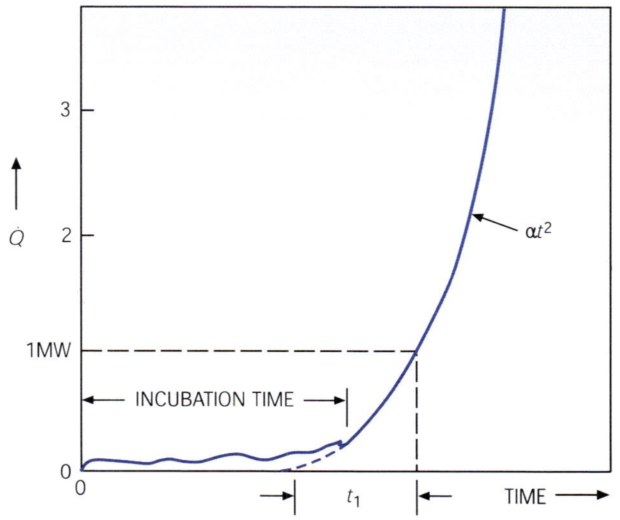

그림 6-21 t^2에 대한 화재 성장곡선(Ref. 7)

표 6-6 t^2 화재에서 1 MW 도달 시간

물 품	t_1 (s)
Wood pallets, stacked 1.5 ft high	155～310
Wood pallets, stacked 5 ft high	92～187
Wood pallets, stacked 10 ft high	77～115
Wood pallets, stacked 16 ft high	72～115
Mail bags, filled, stored 5 ft high	187
Cartons, compartmented, stacked 15 ft high	58
Paper, vertical rolls, stacked 20 ft high	16～26
Cotton, polyester garments in 12 ft high rack	21～42
"Ordinary combustibles", rack storage, 20 ft high	39～262
Paper products, densely packed in cartons, rack storage, 20 ft high	461
PE letter trays, filled, stacked 5 ft high on cart	189
PE trash barrels in cartons, stacked 15 ft high	53
PE bottles packed in compartmented cartons, 15 ft high	82
PE bottles in cartons, stacked 15 ft high	72
PE pallets, stacked 3 ft high	145
PE pallets, stacked 6-8 ft high	31～55
PU mattress, single, horizontal	115
PU insulation board, rigid foam, stacked 15 ft high	7
PS jars packed in compartmented cartons, stacked 15 ft high	53
PS tubs nested in cartons, stacked 15 ft high	115
PS insulation board, rigid foam, stacked 14 ft high	6
PVC bottles packed in compartmented cartons, 15 ft high	8
PP tubs packed in compartmented cartons, 15 ft high	9
PP & PE film in rolls, stacked 14 ft high	38
Distilled spirits on barrels, stacked 20 ft high	324～398

Source : Based on data from Ref. 7

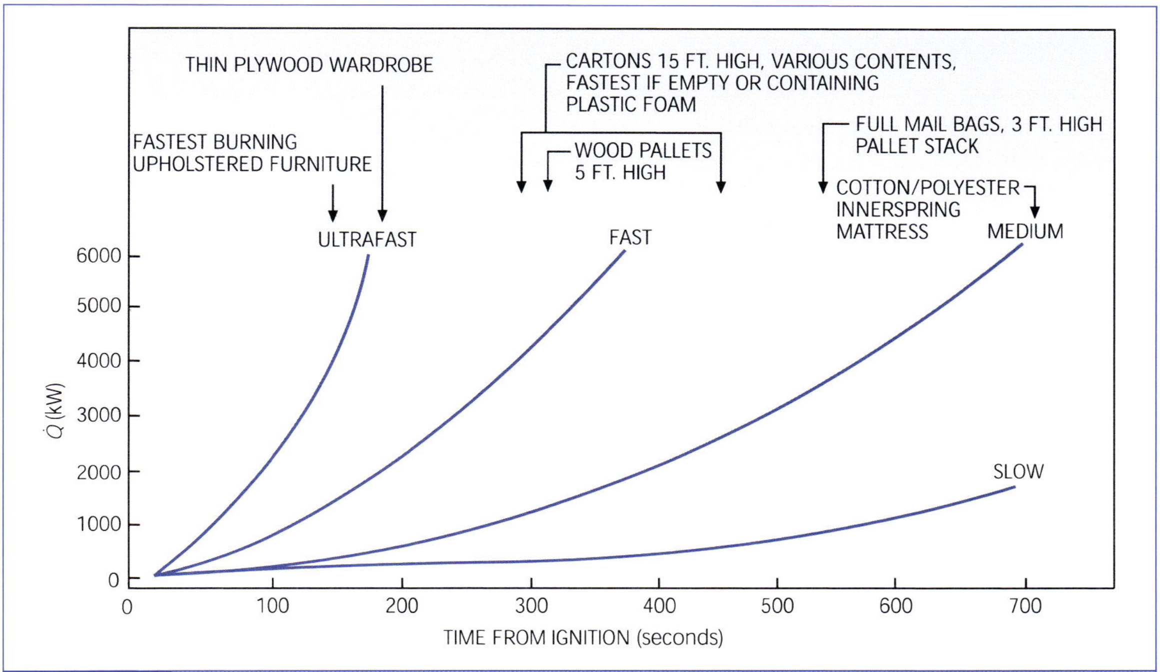

그림 6-22 t^2 화재의 범위(Ref. 9)

Summary

발화 후 화재는 화염 확산에 의하여 전체 면적으로 확산한다. 재료나 물품에 대한 연소속도(또는 연료 공급 속도)는 일반적으로 g/m^2s으로 나타내는 질량유속($\dot{m}''$)을 알면 측정할 수 있다, 일반적으로 표면에서의 질량유속은 5~50 g/m^2s 범위에 있으며, 그 값이 5 이하인 것은 소화된다. 특히, 높게 쌓아올린 물품에서는 이 값이 더 높게 나타날 것이다. 기화열의 특성은 연료를 가스화 하는데 얼마만큼의 에너지가 소요되는가로 측정하는 것이고, 연소열은 그 물질이 연소할 때 얼마나 많은 에너지를 방출하는 가이다.

표면에서의 질량연소유속을 계산하는 간단한 이론이 나와 있다. 이 값은, 물질의 화염 열유속을 기화열로 나누어 얻을 수 있다. 일부 데이터가 있기는 하지만, 주어진 연료에 대한 화염열유속의 예측은 현대과학에서 미치지 못하고 있다. 그러나 연료 또는 실제 연소하는 물질에 대한 최대 질량연소유속에 대해서는 많은 데이터가 존재하고 있다. 대형 열량계로부터 얻어진 에너지방출속도 데이터는 계산을 위한 자료로 제공되고 있다. 에너지 방출속도(연소속도)는 화재 위험성과 관련하여 가장 중요한 지표이다. 즉, 연소속도 값은 주위 물질에 대한 발화 가능성, 실내에서의 플래시오버 가능성, 화재를 진화하는데 필요한 물의 공급속도 등과 밀접한 관계가 있다.

연습문제

1. PMMA는 전시장의 창이나 박물관과 화랑 등의 전시용품 상자로 자주 사용된다. 2 m^2의 PMMA 표면에 30 kW/m^2의 열이 가해지면서 연소될 때 에너지 방출속도를 구하여라.
   PMMA의 기화온도는 350℃로 가정하고 표 6-1과 6-3을 이용하시오.

2. 높이가 5ft이고 가로와 세로가 각각 6ft인 목재 팔레트가 착화되어 타고 있다. 표 6-5와 6-6을 이용하여 다음 사항을 계산하여라.
   ① 최대 에너지 방출 속도
   ② 1 MW 화재로 성장하는데 필요한 시간
   ③ t^2 에너지 방출속도 그래프(화재성장곡선)

3. 목재, 폴리에틸렌, 헥산, 휘발유의 각각에 대하여 직경 2 m의 pool 화재를 가정하고 에너지 방출속도를 계산하여라. 목재는 crib 상태로 가정하라.

4. 산소소비 칼로리미터(Oxygen Consumption calorimeter)를 이용한 에너지 방출속도 측정 원리를 설명하시오.

5. 화재 성장 시간에 따른 화재성장속도를 4단계로 나누어 설명하시오.

6. 다음 설명이 맞는지 틀린지를 판단하고 이유를 설명하시오.
   ① 실내 가연물이 화재에 휩싸여 발생된 모든 가스 상태의 연료는 실내에서 연소된다.
   ② 연소속도는 연소하는 물질의 무게 변화를 측정하여 계측할 수 있다.
   ③ 기화열과 연소열은 통상적으로 같다.
   ④ 화재 성장은 언제나 시간의 제곱에 비례한다.
   ⑤ 난류화염의 열유속(heat flux)은 온도처럼 모든 연료에 대하여 거의 같다.

참고문헌

1. A. Tewarson, "Generation of Heat and Chemical Compounds in Fires", Chap 3-4 in *SFPE Handbook of Fire Protection Engineering*, 2nd. ed. edited by P. J. DiNenno (Quincy, MA. National Fire Protection Association, June 1995).
2. J. G. Quintiere, G. Haynes, and B. T. Rhodes, "Applications of a Model to Predict Flame Spread over Interior Finish Materials in a Compartment", *Journal of Fire Protection Engineering* 7, no. 1 (1995): 1-14
3. R. C. Corlett, and T. M. Fu, "Some Recent Experiments with Pool Fires", *Pyrodynamics* 4 (1966): 253-269.
4. H. C. Kung, and P. Stravrianidis, "Buoyant Plumes of Large-Scale Pool Fires", in *Nineteenth Symposium (International) on Combustion* (Pittsburgh, PA: The Combustion Institute, 1982), 905-912.
5. V. Babrauskas, "Burning Rates", Chap. 3-1 in *SFPE Handbook of Fire Protection Engineering*, 2nd. ed., edited by P. J. DiNenno (Quincy, MA: National Fire Protection Association, June 1995).
6. J. Quintiere, "Growth of Fire on Building Compartments", in *Fire Standards and Safety*, ASTM STP 614, edited by A. F. Robertson (West Conshohocken, PA: American Society for Testing and Materials, 1977), 131-167
7. G. Heskestad, "Venting Practices", sec. 6, Chap. 10 in *Fire Protection Handbook*, 17th ed., edited by A. E. Cote and J. L. Linville (Quincy, MA: National Fire Protection Association, 1991), 6.105-6.106.
8. D. Gross, *Data Sources for Parameters Used in Predictive Modeling of Fire and Growth and Smoke Spread*, NBSIR 85-3223 (Gaithersburg, MD: National Bureau of Standards, September 1985).
9. "Guide for Smoke Management System in Malls, Atria, and Large Areas", *National Fire Codes*, Vol. 10, NFPA 92B, 1991 ed., (Quincy, MA: National Fire Protection Association, 1995), 92B-30.

Principles of Fire Behavior

CHAPTER 7

화재플룸

학습목표

1. 화염높이의 계산
2. 화재온도의 예측
3. 화재플룸의 거동 설명
4. 부력의 의미 설명

1 개요

모든 화재에는 부력이 수반되며, 이는 흐름형태와 화염성질을 결정한다. 이 흐름형태는 불의 성장을 지배하고 공급되는 공기를 흡수하며 또한, 불에서 발생하는 연기의 특성을 나타내고 있다. 바람이 있는 조건에서조차도 부력은 불의 거동에 중요한 역할을 한다. 본 장에서는, 수평 표면 즉 바닥면에서의 대칭화재에 대해서만 고려하기로 하는데 이러한 형태를 일반적으로 "Pool Fire"라고 부르며 전형적인 액체연료의 누출화재 형태이다. 바람의 영향을 고려하지는 않았지만, 1m/s의 잔잔한 바람으로도 화염의 방향을 상당히 바꿀 수 있으며, 회전하는 흐름은 화재 소용돌이를 일으킬 수 있다. Pool Fire에서, 화염의 높이와 가스의 온도를 살펴보기로 한다.

2 난류화재플룸

화재플룸(Fire plume)은 화염의 부력에 의해 화염 위에 형성되는 고온의 연소생성물이 화원 위로 상승하는 것을 말하며 부력(Buoyancy)은 밀도 차이에 의하여 유체가 상승하는 힘이다. 밀도는 가스온도에 반비례하므로, 화재플룸의 온도는 주위 공기보다 상대적으로 높기 때문에 가스를 상승시키는 힘이 된다 (그림 7-1 참조). 만약, 뜨거운 플룸이 주위의 공기온도로 냉각된다면 부력은 0이 되어 플룸은 상승을 멈춘다. 이러한 조건은 연기가 가득한 실내에서의 담배 연기가 층을 형성하는 원인이 되거나, 온도 역전(逆轉)에 의한 대기 오염의 증가 요인이 된다.

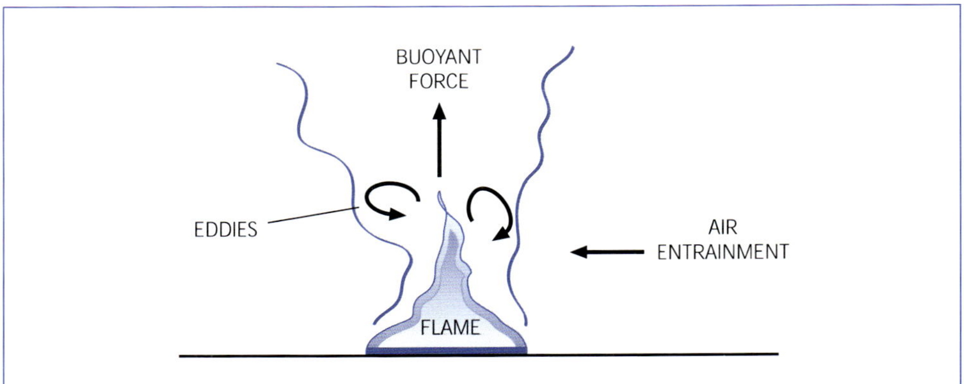

그림 7-1 부력과 플룸의 설명

부력현상으로 플룸 안의 고온 가스가 상승하면서 차가운 공기는 화재플룸 속으로 유입되는데 이 흐름의 과정을 유입(entrainment)이라고 하며(그림 7-1 참조), 이 속도는 화염높이(flame height)와 화재플룸의 특성을 결정한다. 이와 같이 화재는 공기의 흐름과 서로 영향을 주는 상관관계에 있다.

흐름은 층류와 난류로 구분되며 층류의 흐름은 잔잔하고 규칙적이다. 촛불은 층류이지만, 가열된 가스의 플룸은 화염 위 약 1피트에서 난류가 된다. 이러한 특성은 촛불을 빛으로 투영한 스크린 상에서 관찰할 수 있다. 이와 같이 요동하는 플룸의 밝고 어두운 상은 고주파 난류를 의미한다. 난류화염 내에서 반응대의 고주파 동작은 일정 지점에서 수백 회의 진동을 일으킨다. 이들 초당 10 cycle(10 Hz) 이상의 고주파와 겹쳐 발생하는 큰 규모의 요동은 부력과 유체 마찰의 직접적인 결과이다. 그 부력이 플룸 유체를 상승할수록 더 차가운 가장자리 속도가 느려지고 아래로 떨어지게 된다. 이 결과 소용돌이(eddy)가 생성되며 그림 7-2에서 보여주는 것처럼 연료 용기 직경의 크기를 비교할 수 있다. 이들 소용돌이는 플룸의 가장자리를 따라 상승하면서 회전하는데 이는 의심할 여지없이 유입에 영향을 미친다.

부력을 갖는 모든 플룸에서 나타나는 큰 소용돌이 난류는 연소하는 플룸에서 화염높이에 지대한 영향을 미친다. 이들 난류화염은 확산화염이지만, 연료와 산소를 함께 가져오는 확산과정은 난류의 흐름을 타게 된다. 바깥쪽 소용돌이는 그들 사이에서 상승하는 와류(vortex)를 생성하며, 고주파 난류는 그림 7-3에서와 같이 형상을 일그러뜨린다. 이 연소하는 소용돌이가 상승하기 때문에, 연료가 소진할 때까지 화염은 확장되고 새로운 소용돌이는 이전의 화염 높이까지 화염을 가져온다. 이에 따라, 화염은 최대치에서 최소치로 요동한다. 그림 7-3은 그 최대 높이가 최소 높이의 약 2배 정도인 것을 보여주고 있으며 비록 0.3 m 직경의 버너에서 소용돌이의 생성주기가 3 Hz 이지만, 높이의 차이는 부력이 있는 난류 화염의 전형적인 모습을 보여준다.

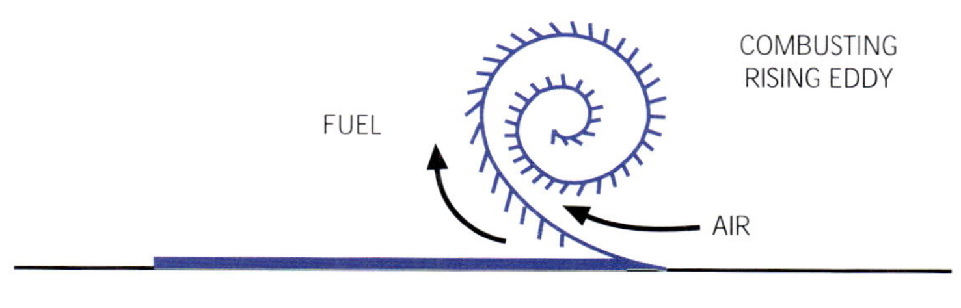

그림 7-2 난류 연소의 소용돌이

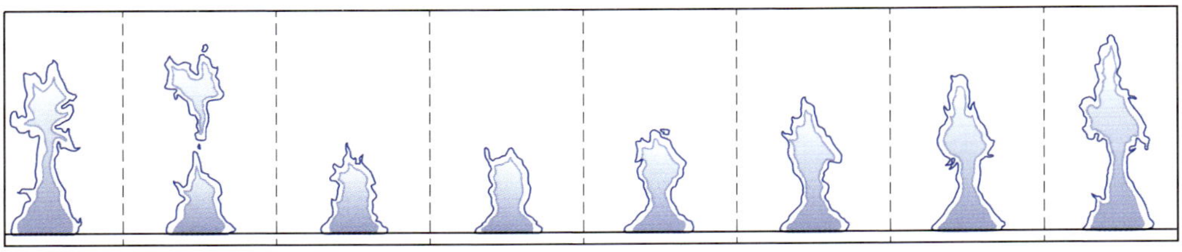

그림 7-3 직경 0.3m 화재에서 약 0.3초의 주기를 갖는 화염의 연속적 형상(Ref. 1)

화염높이와 플룸온도에 대하여 다룰 때, 화염은 비정상류이고, 고주파와 느린 소용돌이임을 유념하여야 한다. 화염높이에 대한 공식은 단지 일반적인 평균값으로서, 주기적인 화염의 이탈을 고려한 것은 아니다. 또한 플룸의 기저로부터 외부 소용돌이의 생성과 이탈의 주기는 (vortex shedding, 와류 발산) 화염의 하부 직경 D에 영향을 받는다. 화재의 직경이 D일 때 이 와류의 발산 주기는 대략 식 (7-1)과 같이 계산된다.

$$f = 1.5/\sqrt{D} \tag{7-1}$$

10 cm의 화염은 1초에 5번 와류 발산을 하겠지만, 100 m의 야지 화재에서는 매 10초마다 와류가 발생할 것이다. 그림 7-4는 소용돌이를 설명하는 직경 약 10 m인 액체연료 화재의 사진이다. 소용돌이의 크기는 용기 직경에 비교될만한 반면 고주파 난류는 훨씬 작은 크기를 갖는 것에 주목할 필요가 있다. 이 사진은 그을음이 연소하지 않는 화염이 가장자리까지 이 소용돌이에 의해 운반된 검은 그을음에 의해 화염이 삼켜진 모습을 보여주고 있다.

3 화염높이

본 장의 이후에는, 대칭되는 원형의 수평 연료면 화재에 대해서만 고려하기로 한다. 이러한 형태를 일반적으로 풀 화재(pool fire)라고 부르며 액체연료의 전형적인 화재 형태이다. 그러나, 바닥에서 연소하면서 대칭을 이루는 다른 연료형태에서도 그 결과는 거의 같다. Line fire와 wall fire와는 다른 정량적인 특징을 나타내지만, 정성적으로는 유사하다. 또한 바람의 영향 없이 부력만으로 상승하는 난류 화재에 대해 주로 고려한다. 그렇지만, 우선 고려하여야 할 것은 정량적인 관계를 얻기 위한 조건의 범위이다.

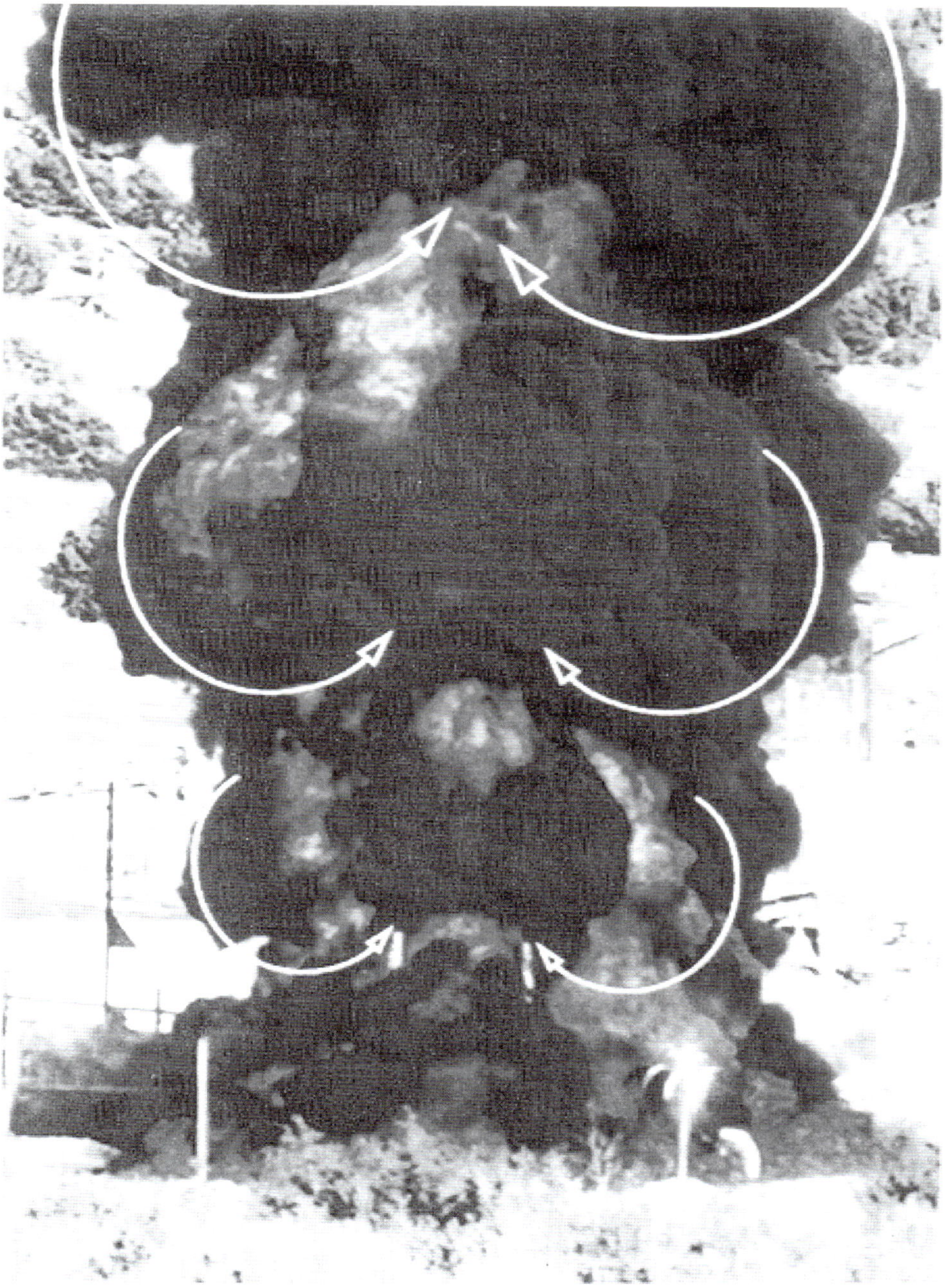

그림 7-4 대규모 액체 연료 화재에서 소용돌이 및 와류 현상의 사진 (D−10 m)
(Courtesy of L. A. Gritzo, Sandia National Laboratories.

분출화염(Jet Flames)

직경이 D인 파이프에서 유출되는 출구측 속도 V_e인 가스연료를 생각해보면 주어진 연료와 고정된 파이프 직경에서, 점화된 가스는 그림 7-5에서와 같이 V_e의 증가에 따라 화염 길이가 증가하는 층류화염이 될 것이다. 출구 속도가 증가할 수록 최대로 직경의 약 200배 길이까지 층류 화염이 유지된다. 출구 속도가 더욱 높아지면 흐름은 난류가 되고, 주어진 연료와 파이프의 직경에서 화염 길이는 고정된다. 이 현상은 유입과정의 직접적인 결과이다. 화염길이의 예측을 위한 기초는 모든 연료가 소진될 때 화염은 사라진다는 것이다. 왜냐하면 연료는 기저에서 공급되며, 연소 과정의 끝은 화재플룸의 길이를 따라 유입되는 공기의 속도가 얼마나 빠른가에 의해 좌우되기 때문이다. 이 상황은 그림 7-6에서 설명되었으며, 그림 7-5의 난류로 분출되는 연료에 대한 공기의 유입 속도를 다음 식으로 나타낼 수 있다.

$$\text{유입 공기질량속도} \approx \rho_a D L_f V_e \tag{7-2}$$

ρ_a : 주위공기의 밀도
D : 파이프 출구측 직경
L_f : 화염길이

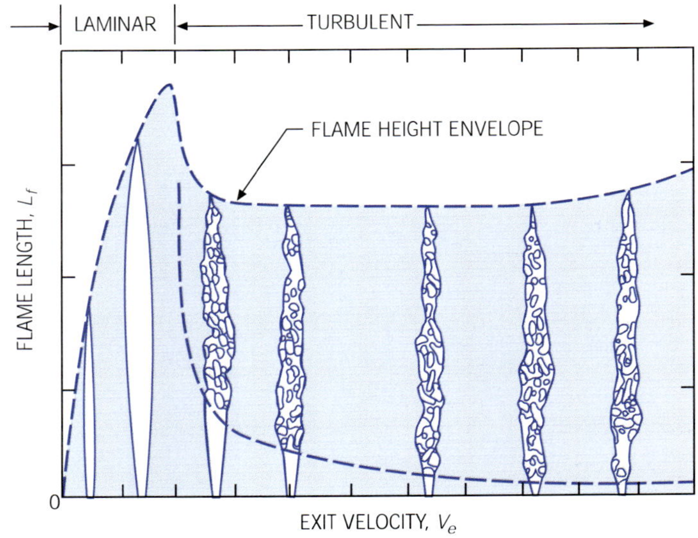

그림 7-5 고정된 직경에서 분출되는 기체 출구속도와 연료의 화염길이(Ref. 2)

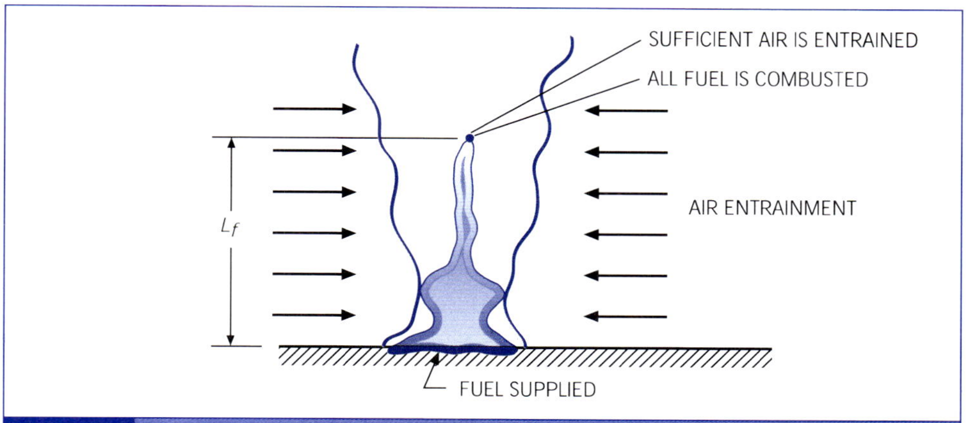

그림 7-6 공기의 유입과 화염 길이

연료 공급 속도는

$$\dot{m}_f = \rho_f V_e \frac{\pi D^2}{4} \tag{7-3}$$

ρ_f : 파이프의 출구측 가스연료의 밀도

이 두 질량흐름속도는 공기 중에서 연료가 완전 연소되기 위해서는 적어도 화학양론비 범위 안에 있어야 한다.

보통, 난류 조건에서 이 과정은 효율적이지 못하며 화학양론적 연소에 필요한 공기보다 더 많은 양의 공기가 필요할 것이다. 즉 필요 이상의 공기를 요구하게 되며 또한 그 과정을 저농도 연료 연소라 한다. 여기에서 화학양론비는 완전 화학반응을 위해 정해지는 연료에 대한 공기질량비를 말한다. 양론비를 식 (7-2)와 (7-3)에 적용하면,

$$\frac{\rho_a D L_f V_e}{\rho_f \frac{\pi}{4} D^2 V_e}$$

이를 풀어서,

$$\frac{L_f}{D} \approx \frac{(\rho_f) s}{\rho_a} \tag{7-4}$$

이 결과는 난류분출화염의 길이가 주어진 직경에서 주어진 연료(밀도 ρ_f, 화학양론비 s)에 대하여 어떻게 일정하게 되는가를 설명한다. 이와 같은 난류분출화염은 출구의 속

도가 부력으로 인한 화염속도보다 훨씬 높을 때 개시된다. 고압 가스라인의 파열과 같은 사고를 이와 관련지을 수 있다. 다음 절에서 이 차이를 명확하게 정량화할 것이다.

풀화재 화염(Pool Fire Flames)

만약 고체 또는 액체연료에서 증발하는 연소가스의 "출구" 속도를 조사한다면 매우 낮은 것을 알 수 있으며, 이는 분출속도로 간주할 수 있는 범위가 아니다. 예를 들어, 6장에서 가솔린 풀화재에 대한 최대 연소 질량유속은 55 g/m^2-s임을 알았다. 이는 기화 가솔린의 밀도는 공기의 약 2배이기 때문이다. 이 증기의 속도는 대략 다음과 같이 계산된다.

$$V_e \approx \frac{55\,\mathrm{g/m^2\text{-}s}}{2000\,\mathrm{g/m^3}} \approx 3\,\mathrm{cm/s}$$

이 속도는 계속적인 공기 유입과는 관계가 없다. 그 유입은 연소와 그에 따른 부력의 결과로 인한 화재플룸 속도의 실질적인 증가 때문이다.

이 상승흐름의 속도를 계산해보기로 하자. 이 속도에 대한 간단한 설명은 상대적 부력의 위치에너지가 운동에너지로 변환되는 것이다. 화재플룸의 단위 가스체적에 대한 에너지 변환을 그림 7-7에서 설명하고 있다. 높이 z, 중력가속도 g에서 단위 체적당 상대적 위치에너지는,

$$(\rho_a - \rho)\, g\, z$$

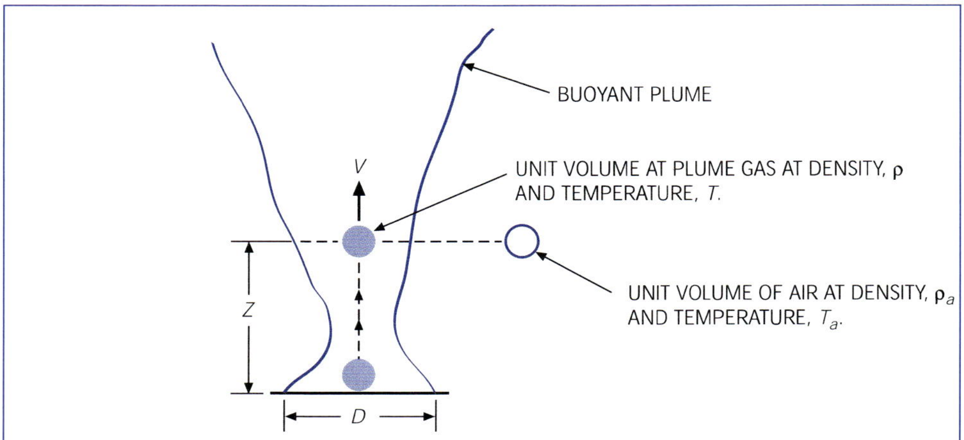

그림 7-7 화재 플룸에서 부력의 위치 에너지의 운동에너지로의 교환

그리고 단위체적에 대한 운동에너지는(운동 개시 에너지는 무시) 아래와 같다.

$$\rho \frac{V^2}{2}$$

이들 에너지를 같다고 할 때 플룸의 속도는,

$$V = \sqrt{\frac{2(\rho_a - \rho) g z}{\rho}}$$

또는

$$V = \sqrt{\frac{2(T - T_a) g z}{T_a}} \tag{7-5}$$

여기서 $T/T_a = \rho_a/\rho$, 즉, 온도는 밀도에 반비례한다. 중력가속도가 g = 9.81 m/s^2 이므로 $z = 1$ m, $(T - T_a)/T_a = 1$일 때 이 속도는 대략 4.5 m/s이다. 그러므로 화염높이가 1 m인 가솔린 화재의 경우, 화재플룸 속도는 증발속도 (즉, 3 cm/s)의 100배 이상이 된다. 이 화재플룸 속도는 공기의 유입을 조절한다.

식 (7-4)와 유사한 절차에 의하여, 식 (7-5)의 플룸속도에 비례하는 공기 유입속도를 제외하면, 부력을 갖는 화염의 화염높이 식을 얻을 수 있다. 그 식은 다음과 같다.

$$\frac{L_f}{D} \approx Q^{*2/5}$$

이 양 Q^*는 난류화재의 특성에 관한 무차원의 수로서, 다음과 같이 계산된다.

$$Q^* = \frac{\dot{Q}}{\rho_a \, c_{pa} \, T_a \sqrt{gD} \, D^2} \tag{7-6}$$

ρ_a : 공기 밀도 (1.2 kg/m^3)
c_{pa} : 공기 비열 (1.0 kJ/kgK)
T_a : 공기 온도 (293 K)
$\dot{Q}$: 화재의 에너지 방출속도 (kW)
D : 풀의 직경 (m)
g : 중력가속도 (9.81 m/s^2)

위의 단위를 대입하여 정리하면,

$$Q^* = \frac{\dot{Q}(\text{kW})}{1101\,[D(\text{m})]^{5/2}} \tag{7-7}$$

6장의 직경 1 m인 가솔린 화재에서, $\dot{Q}$=1,887 kW일 때 Q^*값은 1.7이다. 일반적인 자연화재에서 Q^*값의 범위는 직경이 큰 화재인 경우 0.5에서 적재된 목재 팔레트의 경우 100으로 각각 나타난다.

식 (7-6)은 Q^*가 플룸의 명목상 흐름에너지에 대한 연소에너지의 비율임을 시사하고 있다. 그렇지만 2/5승의 값을 선택하였을 때 분자는 길이의 차원이다.

$$Q^{*2/5} = \frac{(\dot{Q}/\rho_a\, c_{pa}\, T_a \sqrt{g}\,)^{2/5}}{D} \tag{7-8}$$

즉, 분자는 화재시 연소특성 길이를 나타내며, 화염길이와 직접 관련된다.

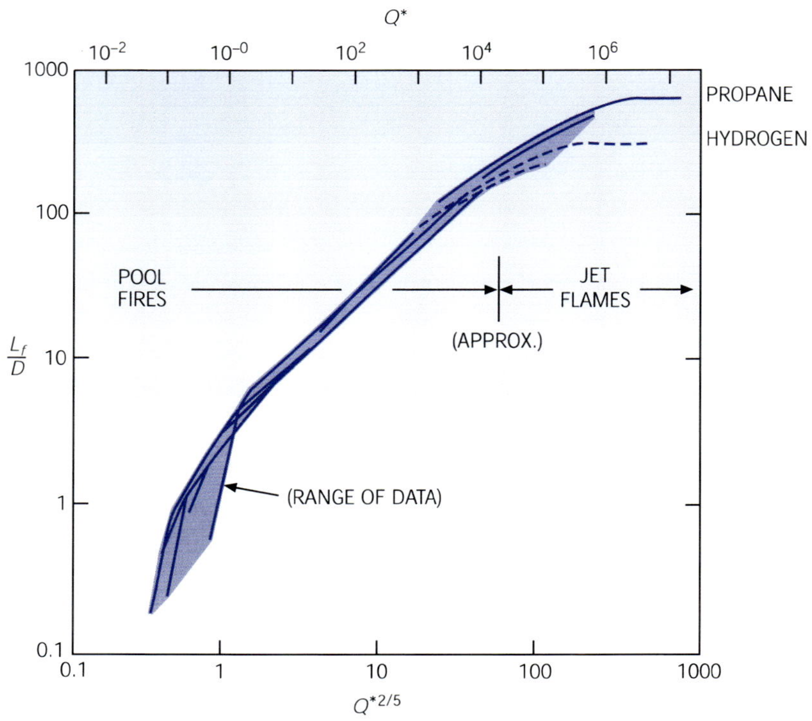

그림 7-8 대칭화재 조건 범위에서 Q^*에 대한 화염의 길이(Ref. 3)

그림 7-8은 Q^*값이 낮은 화재(대형화재)에서 부력이 중요하지 않은($\sim Q^* = 10^6$) 분출화염까지 전 범위에 걸친 실험결과이다. 순수하게 부력을 갖는 풀화재의 거동과 분출화염의 개시 사이의 경계는 대략 $Q^* \sim 10^4$이다. 대부분의 자연화재 범위인 $0.5 \leq Q^* < 100$에서, 상대적으로 간단한 공식 (Heskestad[4])을 이용하여 평균 화염높이를 예측할 수 있다.

$$L_f = 0.23\,\dot{Q}^{2/5} - 1.02\,D \tag{7-9}$$

$\dot{Q}$: kW, L_f : m, D : m

화염높이가 위 두가지 요소에 의하여 요동할 수 있다는 점을 상기할 때, 식 (7-9)는 기껏해야 불확실 정도를 반영한 것이라 할 수 있다. 대개 Q^*값이 0.5보다 작을 때 가장 큰 불확실성이 존재한다. 다음 절에서, 식 (7-9)가 최대 화염높이에 더 적합하다는 것을 알 수 있을 것이다.

4 화재플룸의 온도

난류화재플룸 내에서 온도는 플룸의 폭에 따라 변화하는데, 플룸의 중심부가 가장 높고 가장자리로 갈수록 대기온도에 가까워진다. 난류상승화재 플룸의 높이 z를 따라 그어진 중심선을 최대온도로 간주하여야 한다. 높이의 변화는 z가 연소지역($z \leq L_f$) 내에 있는가, 비연소지역($z > L_f$)에 있는가에 따라 달라진다. 이들 수직 온도의 변화를 간단한 공식으로 설명할 수 있는가에 대하여 고려할 수 있다. 전 연소지역에서, 화염은 화염으로부터의 복사에너지 분율 X_r의 에너지 방출속도 $\dot{Q}$를 생성한다. 이 에너지는 화염으로부터 방사되어, 연소지역의 끝($z = L_f$)에서 최대값$[(1 - X_r)\dot{Q}]$에 도달한다. 에너지 방출속도는 유입된 공기가 연료와 반응함에 따라 화염길이 전체에 분포된다. 연료는 우선 $z = L_f$인 영역에서 반응하고, 에너지 방출속도 $(1 - X_r)\dot{Q}$는 비연소 플룸지역 전체에 일정하게 남는다. 이 과정을 그림 7-9에 나타내었다.

$z \leq L_f$인 연소지역에 대하여 검토해보기로 한다. 플룸에서의 에너지 흐름속도는 높이에 따른 평균 플룸온도가 T인 조건에서 다음과 같이 표현된다.

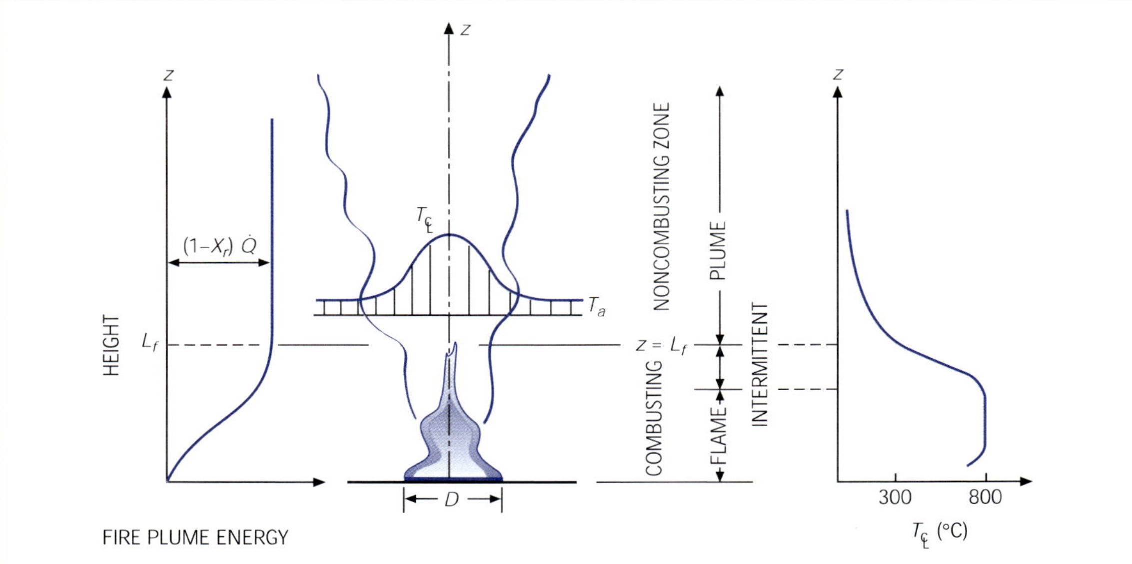

그림 7-9 화재 플룸 내의 에너지

$$\dot{Q} = \dot{m}\, c_p\,(T - T_a)\,(\mathrm{kW}) \tag{7-10}$$

c_p: 플룸가스의 비열 (kJ/g-℃)

$\dot{m}$: 플룸가스의 질량유속 (g/s)

플룸에서의 질량유속은 공기 유입속도와 거의 같다. 연소 과정에 따른 방출에너지는,

$$\dot{Q} = \dot{m}_f\, \Delta H_c\,(1 - X_r)\ (\mathrm{kW}) \tag{7-11}$$

$\dot{m}_f$: 높이 z에서의 연소반응 질량속도 (g/s)

ΔH_c : 연소열 (kJ/g)

화학양론적으로 요구되는 양보다 더 많은 공기가 화염으로 유입된다. 이는 난류가 공기와 연료의 완전한 혼합에 영향을 주고 있기 때문이다. 공기의 유입속도는 다음과 같다.

$$\dot{m} = n\, s\, \dot{m}_f \tag{7-12}$$

s : 연료와 공기의 화학양론비

n : 불충분한 혼합에 따른 화학양론적 공기 요구량의 배수

식 (7-10)과 식 (7-11)을 갖게 놓고 식 (7-12)를 대입하면,

$$T - T_a = \frac{\Delta H_c (1 - X_r)}{c_p\, n\, s} \tag{7-13}$$

$\Delta H_c / s$는 대부분의 탄화수소계 연료에서 거의 일정(3 kJ/g)하고, 공기에서의 플룸 가스 비열 $c_p \approx 10^{-3}$ kJ/gK이기 때문에,

$$T - T_a = \frac{3000 (1 - X_r)}{n} \tag{7-14}$$

이 결과는 연소지역 내의 온도가 변수 X_r을 제외하면, 연료의 형태와 무관하다는 것을 보여준다. X_r은 각각 다른 연료에 대하여 0.15～0.60의 범위가 되며, 또한 풀화재의 크기에 영향을 받을 수 있음을 알았다 (표 3-3, 3-4 참조). 대형 풀화재 또는 그을음이 많은 연료는 그림 7-4에서와 같이 냉각된 검정 그을음으로 빛을 내는 화염을 가리는 경향이 있다. 그을음의 장막은 화염의 복사를 차단하거나, X_r을 작게 하여 T를 크게 한다. 이러한 결과는 대형 풀화재에서 발견된다.

공기의 유입속도와, 연료와 공기가 효율적으로 혼합하지 못하는 것은 우선적으로 유체역학 즉, 부력과 난류의 결과이다. 결과적으로 이들 과정은 연소되는 연료에 크게 좌우되지 않는다. 비슷한 크기의 풀화재에서 여분의 화학양론적 공기의 양(n)이 일정하게 남게 될 것이다. 그 값을 정확히 측정할 수는 없으나, 실험에 의하면 5～15 사이에 있다. 이러한 값은 식 (7-14)로 계산한 것과 같은 아주 낮은 화염온도가 될 것이다. 예컨대, $n = 5$, $X_r = 0.2$이면 $T_a = 20$℃에서 $T - T_a = 480$℃ 또는 $T = 500$℃이다. 식 (7-14)는 $z \leq L_f$일 때 전체 화재플룸의 평균온도를 나타낸다.

중심선에서의 최대온도는 더 높고, 여타의 값은 범위가 넓은 풀화재에서 다음 식과 같이 연소길이 (식 7-8 참조) z와 상관관계를 이룬다.

$$\frac{T - T_a}{T_a} \sim \text{function} \frac{\mathrm{z}}{(\dot{\mathrm{Q}} / \rho_{\mathrm{c}}\, \mathrm{c_{pa}}\, \mathrm{T_a} \sqrt{\mathrm{g}}\,)^{2/5}} \tag{7-15}$$

그림 7-10은 15～60 kW인 프로판 화재에 있어 이러한 상관관계를 나타낸 것이다. 비록 데이터가 어느 정도 산만하게 분포되어 있기는 하지만, 실선은 화염, 중간, 플룸 등 3개 구역에 대한 상관관계를 명확히 보여주고 있다. 중간구역의 끝(화염의 끝 부분)은 $z / \dot{Q}^{2/5} = 0.20\,\mathrm{m/kW}^{2/5}$로서, 식 (7-9)에서의 상수 0.23과 일치한다. 이 상관

관계를 통하여, (시간-평균) 최대 난류 화염온도가 대략 800℃이고, 화염 끝 부분의 중심선 온도가 300℃를 약간 초과한다는 것을 알 수 있다. 화염구역을 지나 식 (7-10)과 (7-11)로부터는 다음 식이 나타난다.

$$T - T_a = \frac{\dot{m}_f \, \Delta H_c \,(1 - X_r)}{\dot{m}\, c_p} \tag{7-16}$$

이 식에서, T는 공기 유입속도 $\dot{m}$의 증가에 따라 빠르게 낮아지고, $\dot{m}$은 공기가 플룸 높이 전체에 유입되는 만큼 더 올라가는 것을 알 수 있다. 비 연소지역에서, 화재플룸 에너지는 그림 7-9에서처럼 일정하다. 공기유입속도는 연소와 연소 후의 온도를 결정한다.

그림 7-10이 단지 하나의 연료 형태에 대한 데이터이지만, 탄화수소계 연료에 대한 다른 실험적 결과들은 이 그래프가 거의 보편적으로 적용될 수 있음을 보여주고 있다.

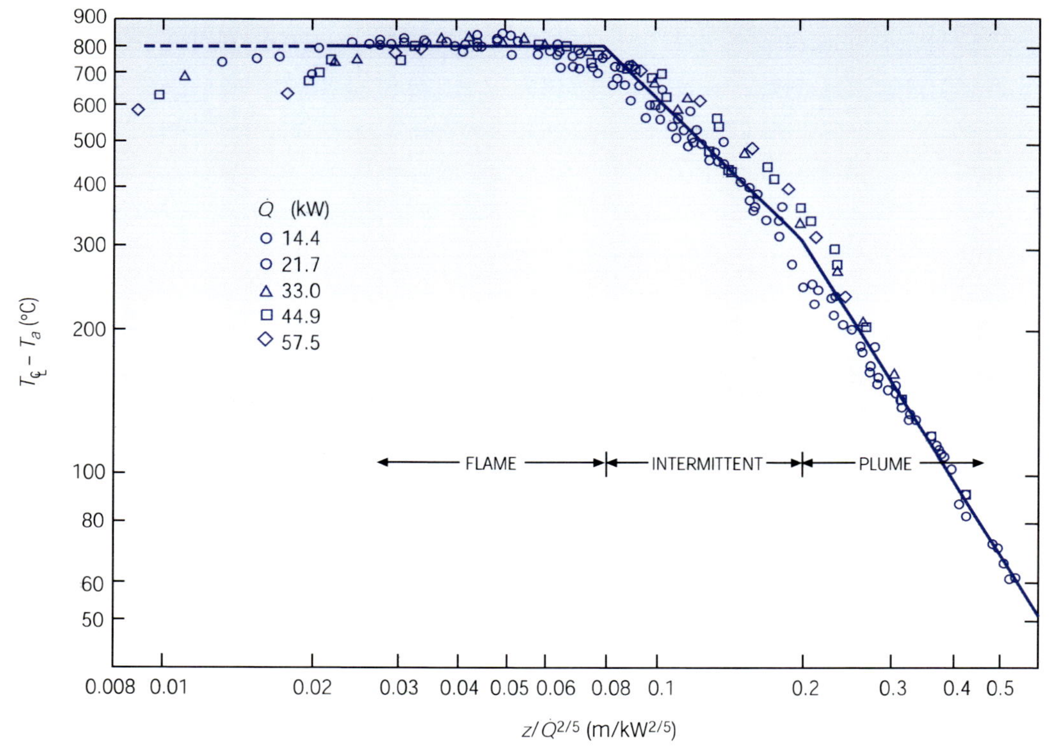

그림 7-10 화재플룸 중심선의 온도(Ref. 1)

이는 식 (7-10)의 이론과도 일치하는 것이다. 그러나 기준이 되는 풀화재 직경이 2~4 m 이상이 될 경우, 그을음은 X_r를 감소시켜 중심선 최대 난류화염온도를 최고 1,200℃까지 상승시키는 원인이 될 수 있다. 그림 7-10의 화염구역에서 이러한 고온층을 제외하면 나머지 상관관계는 계속 유효하다. 탄화수소계 연료에서 보다 중요한 것은, 난류화염온도는 연료와는 무관하게 보통의 화재 크기에 대한 대략적인 온도 800℃를 취할 수 있다는 것이다. 그러므로 가솔린과 목재화재는 온도차이가 없으나, 각각의 화염 길이는 상당히 차이가 날 것이다. 이 화염들은 유사성을 가지고 있다. 이들 화염은 늘어나고 줄어들 수 있지만, 온도 분포는 연소구역에 따라 동일하게 나타난다.

노트

탄화수소계 연료에서 난류화염온도는 각각 다르지만, 일반적으로 보통크기의 화재에서 대략 800℃를 취할 수 있다.

5 화염높이와 온도 계산

6장에서 사용되었던 직경 1 m인 (풀화재에서의) 평균 화염높이와, 다음의 4가지 연료에 대한 각각의 화재 플룸온도를 구하라 (목재, 폴리스티렌, 헵탄, 가솔린). 그림 7-11의 예를 참조하고, 식 (7-9)를 이용한다.

$$L_f = 0.23\dot{Q}^{2/5} - 1.02\,D$$

여기서 $\dot{Q}$: kW, L_f : m, D : m 이다. $\dot{Q}$ 값은 6장에서 계산하였다.

▷ 목재 $L_f = 0.23(130)^{2/5} - 1.02(1\text{m}) = 0.59\text{m}$

▷ 폴리스티렌 $L_f = 0.23(1189)^{2/5} - 1.02(1\text{m}) = 2.89\text{m}$

▷ 헵탄 $L_f = 0.23(2650)^{2/5} - 1.02(1\text{m}) = 4.37\text{m}$

▷ 가솔린 $L_f = 0.23(1887)^{2/5} - 1.02(1\text{m}) = 3.68\text{m}$

연 료	온도(℃)
목 재	745
폴리스티렌	405
헵 탄	355
가솔린	375

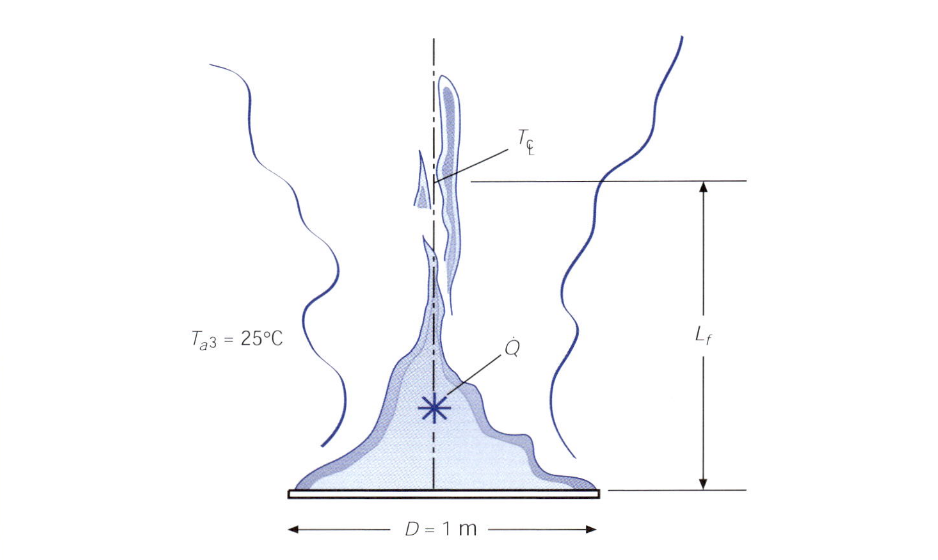

그림 7-11 $z = L_f$ 에서 L_f와 T_{CL}의 계산을 위한 그림

온도는 그림 7-10 (MaCaffrey의 도표)에서 구할 수 있다. 화염의 복사에 의하여 약간의 차이가 있을 수 있지만, X_r과 상관없이 모든 연료에 대하여 이 도표를 사용할 수 있다. 다음 표의 플룸온도는 중심선 $z = L_f$ 에서 $X_r = 0$로 계산한 값이다.

목재의 경우는 연속적인 화염 영역의 결과를 의미하는 반면 다른 결과들은 화염 선단부의 온도를 의미한다. 목재크립을 사용하는 경우에는 결과가 다르게 나올 수 있는데, 그 이유는 이들 풀화재 공식이 목재크립의 높이를 제대로 반영하지 못하기 때문이다.

난류화염온도의 특징

풀화재(또는 기타 화재형상)에 대한 난류화염온도, 특히 탄화수소계 연료에서는 연료의 종류에 상관없이 최대 약 800℃로 거의 일정하다는 것을 알았다. 공기 중에서 연소하는 탄화수소계 연료에 대한 단열화염온도(adiabatic flame temperature)의 문헌 값은 대략 2,000~2,300℃로 나와 있으며, 층류화염온도의 측정값은 1,800~2,000℃이다. 그런데 난류화재는 왜 800℃ 또는 최고 1,200℃일까? 이를 이해하기 위하여, 무엇을 어떻게 측정하여야 하는가를 알아야 할 것이다.

단열화염온도는 그 연소 과정에서 도달할 수 있는 예상 최대온도이다. 단열은 완전한 절연 즉, 반응대에서 열손실이 전혀 없는 상태를 의미한다. 제2장에서 살펴본 바와 같이, 촛불화염은 층류 확산화염의 대표적인 사례이다. 촛불화염의 상태는 가늘고 비교적 안정적이다. 촛불화염은 가늘어서, 복사에 의한 열손실이 많지 않기 때문이다. 우선, 열손실은 가스를 통한 전도에 의해 발생한다. 그러므로 그 온도는 단열화염온도보다 약간 낮아지는 것을 알 수 있을 것이다. 1,800℃에서 2,000℃의 값은 이와 같은 층류화염의 일반적인 온도이다. 만약 냉각 혹은 희석을 통해, 온도가 약 1,300℃까지 내려간다면 소화될 가능성이 높다. 그러면, 어떻게 난류화염이 존재하는가?

그림 7-12는 층류와 난류화염에 대한 측정 과정을 나타낸 것이다. 고정된 위치에서 탐침(探針)으로 화염온도를 측정한다. 정지상태인 층류화염에서는 상대적으로 측정이 용이하다. 요동하는 난류화염은 그렇지가 못하다. 탐침은 공기 또는 연료 측에서 화염의 안팎에 있을 수 있다. 이 그림은 전 시간대에 걸쳐 탐침이 출력하는 일반적인 궤적을 표현한 것이다. 아무리 작은 탐침이라 하더라도 요동하는 화염에서는 충분히 빠르게 반응하지 못할 수 있기 때문에 최대 및 최소 온도를 실제로 측정하는 일은 용이하지 않다. 평균시간 또는 평균온도가 그림 7-12에 나와 있다. 주어진 시간에 나타나는 평균온도는 800℃이다. 만약 상승하는 요동화염을 측정할 수 있다면, 1,300℃를 초과하여 난류 화염온도에 근접한 온도를 측정할 수 있을 것이다. 이 화염의 열적 위험이 시간-평균온도에 의하여 나타나는 점에 주의하여야 한다. 그 온도는 난류화염 내에 있거나 난류화염에 노출된 물질이 난류화염으로부터 감지하는 온도일 것이다.

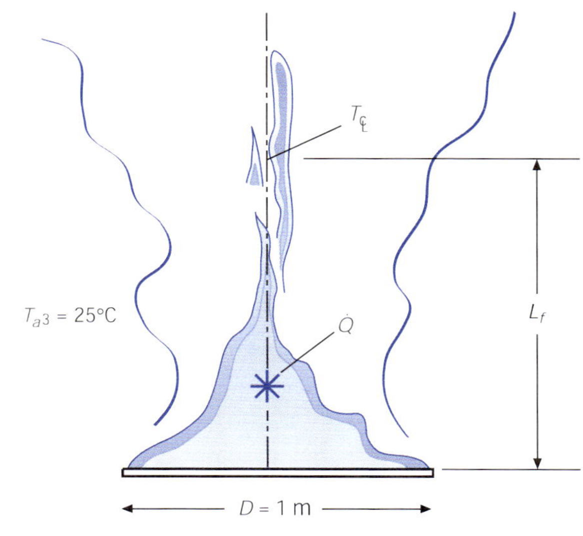

그림 7-12 화염의 온도 측정

Summary

부력 현상은 자연적인 화재 플룸에서 중요한 역할을 한다. 분출화염과 달리, 상승하는 난류 화염의 길이는 연소에 따르는 에너지 방출속도 $\dot{Q}$의 영향을 받는다. 난류 풀화재에서의 화염길이는 $\dot{Q}^{2/5}$에 비례하고, 플룸의 온도는 각각의 높이 z에 의한 $z/\dot{Q}^{2/5}$에 영향을 받는다. 난류와 층류화염 온도는 다르지만, 탄화수소계 연료에서의 화염온도는 연료의 형태에 큰 영향을 받지 않는다. 보통 크기의 난류화염에서의 최대 화염온도는 800℃를 초과하지 않는다. 연소 후 공기의 유입으로 인하여 온도가 매우 빠르게 낮아지기 때문인데, 이는 대규모 화재에서 복사열에 의한 원격점화를 제외하고 일반적인 화재인 경우 화염접촉이 화재의 필수적인 조건이기 때문이다.

연습문제

1. 500 kW급 화재의 화염 높이를 계산하여라. 용기의 직경은 1 m이고, 용기의 높이는 10 cm이다.

2. 천정에 있는 화재 감지기는 150℃에서 작동한다. 감지기가 있는 천정으로부터 바로 아래 3 m에서 화재가 났을 경우 화재 감지기 작동에 필요한 최소 에너지 방출속도를 계산하여라.

3. 직경 2 m의 목재 crib 화재 시 화염의 높이를 계산하여라.

4. 입자상 PMMA가 담겨있는 직경 1 m 용기에서 pool 화재가 발생하여 화염의 높이가 2 m가 되었다. 에너지 방출속도($\dot{Q}$)를 계산하여라.

5. 200 kW급 화재의 화염면으로부터 수직으로 각각 2 m, 3 m, 4 m, 5 m 높이에서의 온도를 계산하시오.

6. 다음 설명이 맞는지 틀린지를 판단하고 이유를 설명하여라.
   ① 난류화염의 평균온도는 800℃일지라도 요동하는 화염의 끝은 350℃ 밖에 되지 않는다.
   ② Eddy나 vortex들은 흐름의 회전부분이다.
   ③ 가솔린 화재는 목재 화재보다 더 뜨겁다.
   ④ 화염면을 떠나는 가솔린 증기의 속도는 3 m/s 또는 그 이상으로 날아간다.
   ⑤ 부력에 의한 플럼(plume)은 이론적으로 차가운 대기 속으로 계속 상승할 수 있다.

참고문헌

1. B. J. McCaffrey, *Purely Buoyant Diffusion Flames: Some Experimental Results*, NBSIR 79-1910 (Gaithersburg, MD: National Bureau of Standards, 1979).
2. H. C. Hottel and W. R. Hawthorne, "Diffusion in Laminar Flame Jets", in *Third Symposium on Combustion and Flames and Explosion Phenomena*, (Baltimore, MD: Williams & Wilkins, 1949), 254-266.
3. B. J. McCaffrey, "Flame Height", Chap. 2-1 in *SFPE Handbook of Fire Protection Engineering*, 2nd. ed., edited by P. J. DiNenno (Quincy, MA: National Fire Protection Association, June, 1995).
4. G. Heskestad, "Luminous Heights of Turbulent Diffusion Flames", *Fire Safety Journal* 5 (1983), 103-108.

Principles of Fire Behavior

CHAPTER 8

연소생성물

학습목표

1. 여러 화재 조건에서의 연소생성물 특성과 수준 이해
2. 수율 및 연기 내에서의 농도와 관계 설명
3. 연기 내 연소생성물의 위험성에 대한 정량적 이해

1 개요

앞에서 우리는 질량연소속도가 연소유속($\dot{m}''$)과 점화 및 확대에 의해 연소에 포함된 연소면적(A)으로부터 산출되는 양, 즉 $\dot{m} = \dot{m}''A$라는 것을 알았다. 이 질량연소속도($\dot{m}$)로부터 화재 화학반응의 결과로 생성되는 연소생성물을 추정할 수 있다. 또한 에너지 방출속도($\dot{Q}$)는 $\dot{m}\Delta H_c$에서 구할 수 있으며 여기에서 ΔH_c는 연소열이다. 에너지 방출속도 $\dot{Q}$는 연기 온도와 주변의 열유속을 제어하며, 주변에 직접적인 영향을 미친다. 화재 화학반응의 다른 모든 생성물은 화재 플룸에서 발산되는 연기 속에서 응결된다. 에너지 방출속도 $\dot{Q}$가 연소열 ΔH_c에 의하여 연소속도 $\dot{m}$에 비례하는 것과 같이, 기타 연소생성물의 생성 속도는 화재 화학반응에 따라 $\dot{m}$에 비례한다. 이러한 비(比)를 각각의 화학종에 대한 수율이라고 한다. 이들 연소 생성물은 탄화수소계 연료가 완전 연소할 때 발생하는 이산화탄소와 수증기를 포함하지만, 불완전 연소 혹은 보다 복잡한 연료가 연소할 때는 다른 연소생성물들도 발생될 수 있다. 이들 연소생성물은 인명, 물품, 설비 등에 다양한 손상을 끼칠 수 있다. 보통 이러한 손상은 연소생성물의 양(혹은 농도) 및 노출시간과 관련이 있다. 본 장에서는, 화학에 대한 기본 지식이 있는 것을 전제로 여러 가지 연소 생성물의 정량적 기준에 대하여 설명하고자 한다.

2 연소생성물의 범위

연소생성물의 성질은 연료의 구성과 화재 진행에 의해 결정된다. 화재는 보통 1) 예혼합 연소 2) 확산연소 3) 훈소 또는 표면산화 4) 확산 연소 또는 훈소를 일으키는 자연발화 등으로 구분할 수 있다. 본 장에서는 불꽃연소와 훈소에 대해서만 고려하기로 한다. 결국, 연소과정에서의 화학반응에 대한 설명이 필요할 것이다. 이러한 반응은 그 완결성(completeness)에 영향을 받는다. 예를 들어, 공기 중에서 메탄을 태운다고 하면 (1 몰의 공기는 0.21 몰의 산소와 0.79 몰의 질소로 이루어져 있다), 다음과 같은 화학 방정식으로 표현할 수 있다.

$$CH_4 + 2O_2 + \frac{2}{0.21}0.79N_2 \rightarrow CO_2 + 2H_2O + \frac{2.079}{0.21}N_2$$

완전연소 또는 이상적인 연소에서는 반드시 이산화탄소(CO_2)와 물(H_2O)이 생성된다. 연소 온도에서 물과 이산화탄소는 가스 상태이지만, 그 물이 차가운 표면과 접촉하면 응축수가 된다. 화학방정식에서의 각 항의 계수는(즉, CH_4 분자에서 C원자 1, H원자 4)원자는 파괴되지 않기 때문에 추론할 수 있다. 이러한 화학평형으로부터 메탄(CH_4) 16 g (메탄 1 mole은 탄소 12 g, 수소원자 각 1 g)의 연소에 필요한 공기를 계산하면

$$\frac{(4)}{0.42}\{0.21(32)+0.79(28)\}$$

또는 274.7 g임을 알 수 있다 (1 g의 공기는 0.23 g의 산소분자와 0.77 g의 질소분자로 이루어져 있다). 이 비율은 화학반응에서 모든 메탄과 산소가 완전하게 소모됨을 증명한다. 이러한 라고 한다. 즉,

$$s = \frac{275\ \text{g air}}{16\ \text{g}\ CH_4} = 17.2$$

화학양론적 공기보다 더 많은 상태를 급기과잉(overventilated) 또는 연료부족 상태라고 하며, 공기가 부족한 경우를 급기부족(underventilated) 또는 연료과잉이라고 한다.

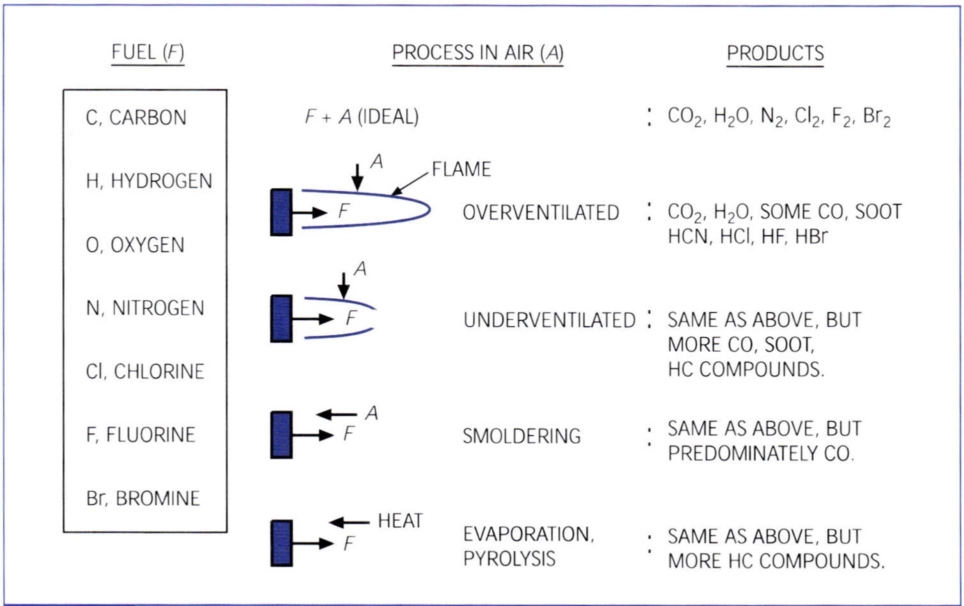

그림 8-1 화재 시 발생되는 대표적인 연소생성물

노트
훈소는 산소소모가 거의 없는 연소과정이다.

유의해야 할 것은 공기 중의 질소는 일정하며 어떤 경우에도 반응하지 않는다는 것이다. 그렇지만 질소는 화학반응의 결과 방출된 에너지에 의해 가열된다.

연소 과정에 포함되는 전형적인 연료는 수소(H)와 탄소(C)의 화합물인 탄화수소이며, 기타 물질로서 산소(O), 질소(N), 염소(Cl), 불소(F), 브롬(Br) 등이 있다. 결과적으로 연소생성물은 그림 8-1과 같은 과정에 따라 결정된다. 이상적 완전연소에서 질소, 염소, 불소, 브롬은 각각의 가스로 산출되겠지만, 어떤 연소과정에서도 반응은 완전하지 않으므로 이들 대신 보통 시안화수소(HCN), 염화수소(HCl), 불화수소(HF), 브롬화수소(HBr) 등이 생성된다. 또한, 불완전연소에서는 연료의 분해 결과로 이산화탄소(CO_2) 대신 일산화탄소(CO), 그을음(soot, 주로 탄소), 여러 종류의 탄화수소계 물질이 생성된다. 그림 8-1은 다양한 연소 진행과정에 따른 연소 생성물을 나타낸 것이다. 연소생성물은 연료뿐만 아니라 연소과정에 의존하기 때문에 화재의 진행과정을 아는 것은 대단히 중요하다. 훈소가 유지되는 데에는 아주 적은 공기가 필요하며, 훈소는 다량의 일산화탄소를 생성하는 불완전연소이다.

실내 화재 초기에는 불꽃연소가 유지될 수 있는 충분한 양의 공기가 존재한다. 만약 밀폐된 실내에서 화재가 발생하면, 공기 중의 산소가 소모되어 급기부족 상태가 되고 더 이상의 공기가 유입되지 않는다면 연소는 중지될 것이다. 작은 개부부가 있는 경우라면 적은 양이나마 공기가 유입되겠지만, 연료가 너무 많으면 역시 급기부족 상태가 될 것이다.

급기과잉 - 부족 상태의 정도를 정량적으로 나타내는 변수를 당량비 (equivalence ratio) Φ 라 하며, 이는 가용 연료량을 가용 공기량으로 나눈 값에 화학양론비 s 를 곱한 값으로 정의된다.

$$\Phi = \left(\frac{\text{mass of fuel (gas)}}{\text{mass of air}}\right) \cdot s \tag{8-1}$$

즉, 당량비 Φ 가 1보다 크면 "급기부족" 화재이다. 금속망에 의해 화염이 소멸되는 촛불화염 실험에서 살펴본 바와 같이, 화염에서 최초 연소 과정이 일어나기 전에 화염은 연료의 열분해를 일으킨다. 당량비 Φ 가 1보다 크면, 이들 분해 생성물은 완전연소가 되지 않는다. Φ 가 1보다 작으면, 충분한 공기로 완전연소가 되는데, 이 경우를 급기과잉이라고 한다. 모든 화재는 Φ 가 1보다 작은 상태로 시작하여 1보다 큰 상태에 이르게 된다. 이와 같이 연소 화학반응은 복잡하므로, 결국 각 연료에 대한 연소생성물의 성질을 정량화 하는데 실험적 데이터가 사용되어야 할 것이다.

3 수율

연료의 단위질량 당 방출되는 에너지를 연소열이라고 한 것처럼, 「연료의 단위질량 당 생성되는 각 화학종의 생성물의 양」을 "수율"라고 한다. 예를 들어 일산화탄소(CO)의 수율은,

$$y_{\mathrm{CO}} = \frac{m_{\mathrm{CO}}}{m} \tag{8-2}$$

m_{CO} : 생성된 CO의 질량
m : 연소된 연료의 질량

바꾸어, 질량 비율을 검토할 수 있다. 즉, $y_{\mathrm{CO}} = \dot{m}_{\mathrm{CO}}/\dot{m}$

$\dot{m}_{\mathrm{CO}}$: 생성된 CO 질량속도
$\dot{m}$: 질량연소속도

주어진 연료의 당량비 Φ가 1보다 작은 한 수율은 거의 일정하다는 것이 통설이지만, 연소조건이 급기부족이면 수율은 변한다.

FM사의 Tewarson[1)]이 거의 독자적으로 다양한 연료의 수율에 관한 데이터베이스를 구축하였다. 대부분이 비교적 작은 규모의 실험으로부터 도출된 것이지만, 산소의 범위와 가열조건의 범위를 망라한 이 결과는 실제 화재조건에 적용될 수 있을 것으로 본다. 표 8-1은 이 자료들 중 기체, 액체, 고체의 대표적인 연료에 대한 데이터이다. 표에서 수율은 측정된 연소열 ΔH_{eff}와 함께 이산화탄소, 일산화탄소, soot에 대하여 나타내었다. 이들은 화재 과정의 대표적인 것으로 실험적으로 도출된 값이다. ΔH_{eff}는 표 8-1에서와 같은 이상적 완전반응에 대한 이론값보다 작다. 이들 이상 값은 문헌에 나와 있으나, 반드시 특정한 화재조건에서 방출된 에너지를 나타낸 것은 아니다. 이를 비교하기 위하여, ΔH_{eff}의 이상적 값을 표 8-1에 나타내었다.

대부분의 경우, 수율 (혹은 산소가 소모될 때의 negative yield)은 이산화탄소, 물, 산소 등의 이상적 화학반응 값보다 약간 작다. 불완전연소 생성물 (예컨대 CO, soot 등)과 관련된 수율은 비교적 작지만 화재 시 손상의 주요 원인이다.

이와 더불어 연기 속에서의 가시도와 관련된 D_m의 특성을 표 8-1에 나타내었다. 이에 관하여서는 본 장의 뒤에서 고찰하기로 한다.

표 8-1 환기 조건에 따른 연료의 연소 특성

연 료	급기과잉상태						급기부족상태		
	y_{CO_2} (g/g)	y_{CO} (g/g)	y_{soot} (g/g)	ΔH_{eff} (kJ/g)			y_{CO} (g/g)		
Gases:									
Propane	2.85	0.005	0.024	43.7	46.4	0.155	0.229	0.011	-
Acetylene	2.60	0.042	0.096	36.7	48.2	0.315	NA*	NA	-
Liquids:									
Ethyl alcohol	1.77	0.001	0.008	25.6	26.8	NA	0.219	0.0098	-
Heptane	2.85	0.010	0.037	41.2	44.6	0.190	NA	NA	-
Solids:									
Wood(red oak, pine)	1.27	0.004	0.015	12.4	17.7	0.037	0.138	0.0024	-
Polymethyl methacryiate(PMMA)	2.12	0.010	0.022	24.2	25.2	0.109	0.189	0.0032	-
Polystyrene(PS)	2.33	0.060	0.164	27.0	39.2	0.335	NA	NA	-
Nylon	2.06	0.038	0.075	27.1	30.8	0.230	NA	NA	-
Polyurethane(PU)-flexible foam	1.51	0.031	0.227	19.0	27.2	0.326	NA	NA	-
Poly vinyl chloride	0.46	0.063	0.172	5.7	16.4	0.400	0.36	NA	0.400

Source : From Ref. 1 　　*N/A : 자료 없음

몇 가지 전형적인 급기부족 상태에서의 CO와 N_2에 관한 수율이 표 8-1에 나와 있으나, 이의 정확한 값은 당량비 Φ에 영향을 받는다. $\Phi < 1$인 경우, 표 8-1의 급기과잉 값을 적용하면 된다. 그리고 그림 8-2는 급기 상태에서의 수율이 당량비에 따라 어떻게 변화하는가를 보여주고 있다. 이들 데이터 또한 Tewarson[1]으로부터 인용한 것으로서, 매우 가치 있는 자료이다. 예를 들어, 이들 자료는 급기부족 연소 시 어떻게 CO가 증가하는가를 설명할 수 있다 (이러한 상태를 "환기지배형"이라고 한다). 또한, 그 결과는 CO의 수율이 연료에 영향을 받는다는 것을 나타내지만, O_2와 CO_2의 수율 (+ 혹은 −)은 당량비에 대하여 $\frac{y_{\text{under}}}{y_{\text{over}}}$로 나타날 때 본질적으로 연료와 무관하다.

예제를 다루어 보기로 한다. 6장에서 나무와 폴리스티렌의 연소유속(burning flux)을 각각 11과 38 g/m^{2}s로 계산한 바 있다. 같은 크기의 화재 즉, 2000 kW를 가정할 때, 식 (6-2)로부터,

$$\dot{Q} = \dot{m}'' A \, \Delta H_c$$

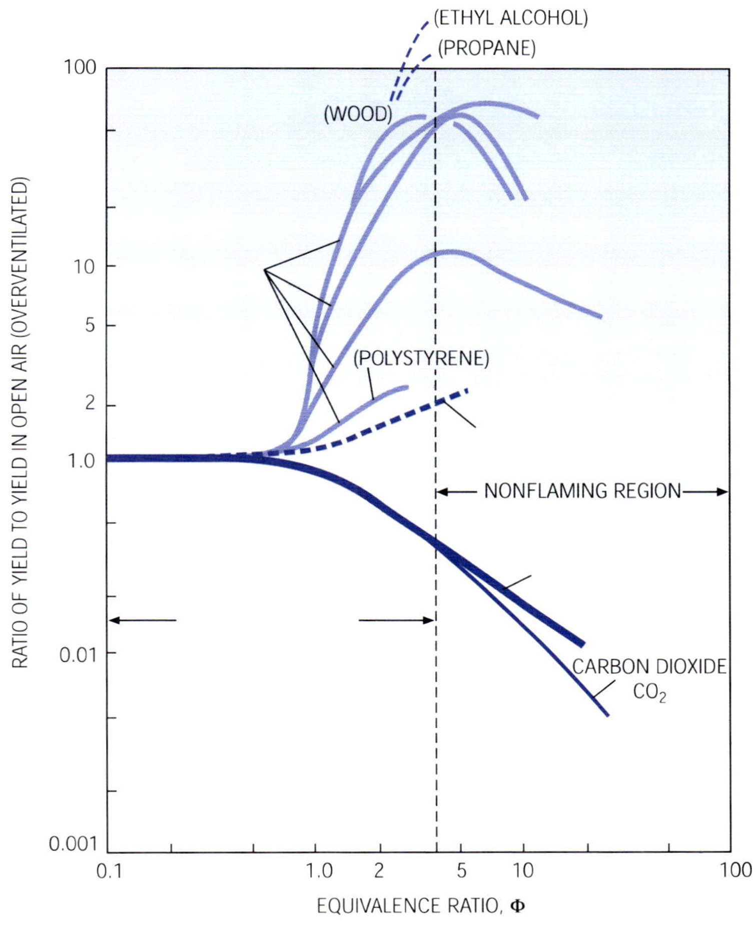

그림 8-2 몇 가지 재료의 수율에 대한 급기부족의 영향(Ref. 1)

연료면적을 포함한 것은 다음과 같이 계산할 수 있다.

$$A = \frac{\dot{Q}}{\dot{m}'' \Delta H_c}$$

목재의 경우

$$A = \frac{2000\,\text{kW}}{(11\,\text{g/m}^2\text{s})(12\,\text{kJ/g})} = 15.2\,\text{m}^2$$

폴리스티렌의 경우

$$A = \frac{2000\,\text{kW}}{(38\,\text{g/m}^2\text{s})(27\,\text{kJ/g})} = 1.9\,\text{m}^2$$

자유 연소(free-burning)인 경우 또는 개방된 창문이 많은 큰 실내에서 연소하는 경우, 급기과잉 수율이 적용된다. CO의 생성속도는 다음과 같이 계산할 수 있다.

$$\dot{m}_{\text{CO}} = y_{\text{CO}}\dot{m}''A \tag{8-3}$$

목재의 경우

$$\dot{m}_{\text{CO}} = (0.004)(11\,\text{g/m}^2\text{s})(15.2\,\text{m}^2) = 0.67\,\text{g/s}$$

폴리스티렌의 경우

$$\dot{m}_{\text{CO}} = (0.060)(38\,\text{g/m}^2\text{s})(1.9\,\text{m}^2) = 4.3\,\text{g/s}$$

나무보다 폴리스티렌에서 더 많은 CO가 생성되는 것을 알 수 있다.

그러나, 만약 유리창이 깨진 창문을 통하여 500 g/s의 공기 공급이 가능한 실내에서 화재가 발생한다면 어떻게 될까? 공기부족의 정도를 예측하기 위하여 당량비를 계산해 보기로 한다. 이 계산을 위하여 s 값이 필요하다. 다음 식에서 $\Delta H_{c,\,\text{ideal}}$를 사용한 이상적 반응으로부터 s 값을 추정하기로 한다.

$$s \approx \frac{\Delta H_{c,\,\text{ideal}}}{3\,\text{kJ/g}_{\text{air}}} \tag{8-4}$$

공기 중의 산소가 탈 때 방출되는 일정한 에너지의 개략적인 값을 이용한다. 일반적인 가연물의 경우, 연소반응에 소모되는 공기 각 g당 약 3 kJ이 방출된다.

그러므로, 목재의 경우,

$$s = \frac{17.7}{3} = 5.9\,\text{g air/g wood}$$

폴리스티렌의 경우,

$$s = \frac{39.2}{3} = 13.1\,\text{g air/g PS}$$

이에 따른 당량비 값은,

$$\Phi_{wood} = \frac{(11\,\mathrm{g/m^2s})(15.2\,\mathrm{m^2})(5.9)}{(500\,\mathrm{g/s})} = 1.97$$

그리고,

$$\Phi_{PS} = \frac{(38\,\mathrm{g/m^2s})(1.9\,\mathrm{m^2})(13.1)}{(500\,\mathrm{g/s})} = 1.9$$

그림 8.2와 표 8-1의 급기과잉 상대의 수율 값으로부터,
목재의 $\Phi = 1.97$일 때(급기부족),

$$y_{\mathrm{CO}} \approx 50(0.004) \approx 0.20$$

폴리스티렌의 $\Phi = 1.9$일 때(급기부족),

$$y_{\mathrm{CO}} \approx 2.0(0.060) \approx 0.12$$

노트
CO의 생성은 공기의 공급과 연료의 종류에 영향을 받는다.

노트
훈소 가운데 특히 면이나 폴리우레탄 폼으로 만든 매트리스, 소파 등에서는 0.2~0.3 yields의 높은 CO가 생성된다.

이와 같은 특정 화재조건의 실내에서 생성된 CO의 양은 폴리스티렌의 경우 2배 이지만, 목재인 경우 50배나 되었다. 이 예는 CO의 생성이 공기 공급뿐만 아니라 연료에 영향을 받는다는 것을 의미하는 것이다. 목재의 CO 수율 0.2에 대하여, 급기부족인 상태에서 목재의 연소속도를 11 $\mathrm{g/m^2s}$로 유지할 수 있다면 이러한 상태는 CO 생성속도를 33.4 g/s = 0.67 × 50로 나타낼 수도 있을 것이다. 그러나 목재의 연소속도 11 $\mathrm{g/m^2s}$는 다른 화재로 인하여 목재가 높은 온도로 가열되지 않는 한 발생하지 않을 것이다.

마지막으로, 면이나 폴리우레탄폼 매트리스 또는 소파와 같이 잘 알려진 훈소 화재 시나리오에서는 CO 수율이 0.2~0.3 정도로 높다는 사실에 주의해야 할 것이다.

4 농도

화원에서의 생성물을 측정함으로써 수율을 측정할 수 있다. 화재시 주된 위험은 연기의 조성과 조성물의 농도이다. 연기란 (그림 8-3에서와 같이) 화염에서 생성되어 떠다니는 기체의 흐름을 의미하며, 이 흐름은 더 이상의 화학반응 없이 지속적으로 공기와 혼합된다. 연기가 공기와 혼합된 양이 농도이다. 각 화학종의 수율과 관련하여 그에 상

관된 농도가 있다. 더욱이, 에너지 수율 ΔH_c와 관련하여, 농도와 같은 변수 온도도 정해져 있다. 몇 가지 화학종에서와 같이, 연기가 깨끗하고 차가운 표면과 접촉함으로써 발생하는 열손실로 인하여 온도는 떨어진다. 예를 들면, 수트가 쌓이고, HCl(가스)가 표면에서 응축되는 것과 같은 것이다. 이와 같은 표면 이동은 부분적인 연기속도가 빨라짐에 따라 증가하는데 이것이 연기가 빠른 속도로 분출함에 따라 수트의 두꺼운 침전물이 문틈 주변에 형성되는 이유이다.

농도는 여러 가지 방법으로 표현할 수 있으나, 질량농도(mass concentration)는 다음과 같이 정의한다.

$$Y_{\text{species}} = \frac{\dot{m}_{\text{species}}}{\dot{m}_{\text{smoke}}} = \frac{Y_{\text{species}}\dot{m}}{\dot{m}_{\text{smoke}}} \tag{8-5}$$

$\dot{m}_{\text{smoke}}$: 연기의 질량유속

일반적으로 농도는 체적분율(Volum fraction)로 나타낸다. 즉, 체적은 표준 대기 온도와 압력에서 연기가 차지하는 부피에 대한 각각의 화학종 비에 따라 정해진다. 예를 들어, 만약 각각의 화학종을 추출하여 그것을 표준 대기상태에서 팽창시키면, 그 체적과 전체 연기 혼합물로부터 추출된 체적의 비가 체적분율이다. 이러한 체적비는 다음과 같이 산출할 수 있다.

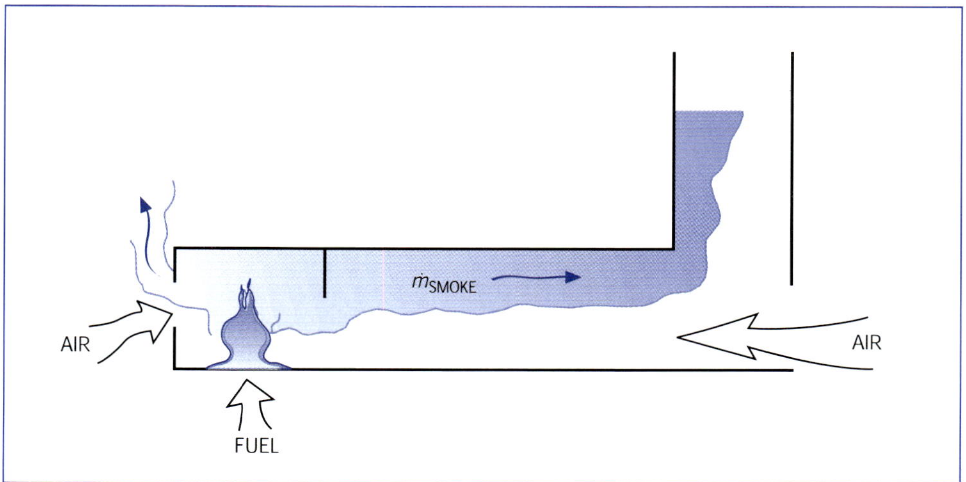

그림 8-3 화염으로부터 연기의 이동 현상

$$X_{\text{species}} = \frac{29\,Y_{\text{species}}}{M_{\text{species}}} = \frac{Y_{\text{species}}}{M_{\text{species}}/29} \tag{8-6}$$

M_{species} : 종의 몰중량
29 : 연기의 근사 몰중량(28 g/mole인 N_2가 대부분이기 때문임)

폴리스티렌의 연소에 의한 CO의 생성에 대한 앞의 예에서, 연기의 유속은 연료와 공기의 유동속도와 균형을 이루어야 하므로, $\dot{m}_{\text{smoke}} = 500 + (38\ \text{g/m}^2\text{s})(1.9\ \text{m}^2) \approx 572$ g/s.

그러므로, 식 (8-3)과 (8-5)에서,

급기과잉인 경우,

$$Y_{\text{CO, over}} = \frac{4.3\,\text{g CO/s}}{572\,\text{g/s}} = 0.0075 \text{ or } 0.75\%$$

급기부족인 경우,

$$Y_{\text{CO, under}} = \frac{(0.12)(38\,\text{g/m}^2\text{s})(1.9\,\text{m}^2)}{572} = 0.015 \text{ or } 1.5\%$$

체적농도에 상당하는 값은,

$$X_{\text{CO, over}} = \frac{(0.75\%)(29)}{(12+16)} = 0.78\%$$

그리고,

$$X_{\text{CO, under}} = \frac{(1.5\%)(29)}{(28)} = 1.56\%$$

낮은 (체적)농도는 백만분의 일(ppm)로 표현하는 것이 일반적이다. 예를 들어, 앞에서 산출한 CO의 체적비 0.0075(0.75%)은, $0.0075 = \frac{7500}{10^6}$이므로 7500ppm이 된다.

5 위험요소

화학종의 각 농도는 특정한 위험으로 나타날 수 있다. 위험요소는 인간, 설비, 재산 등에 미칠 수 있으나, 여기에서는 인간에 대한 위험에 대해서만 검토하기로 한다. 그러나 어떤 경우이든 간에, 위험요소는 농도에 노출되는 기간으로 측정된다. 임계농도 이하에서는 아무런 피해도 발생하지 않는다. 여기에서 사용하는 농도란 일반적으로 표현되는 농도이다. 농도에는 온도, 산소의 감소(오염, $0.21 - X_{O_2}$)와 CO와 같은 특별히 위험한 연소 생성물 농도 X_{CO}가 포함될 수 있다.

열에 의한 화재 손실은 작다고 해도 수트와 같은 연소생성물과 악취를 풍기는 탄화수소 등은 막대한 재산 피해를 가져올 수 있다. HCl 또는 여타의 산성가스(예컨대 HBr, HF 등)와 결합된 수트는 설비 위에 축적될 수 있으며 이 산성물을 제거하지 않으면 후에 부식으로 인한 중대한 손실을 야기할 수 있다.

독성의 영향에 관하여서는 Purser[2)]의 연구를 통하여 개괄적으로 살펴보겠다.

마취가스

> **노트**
> HCN은 CO보다 독성이 강하다.
>
> **노트**
> 화재중 CO에 의해 사람들이 죽음까지 이를 수 있다.

마취는 수면을 유발하는 상태로서, 이 상태에서는 위험으로부터의 도피 능력이 감소되고, 사망에까지 이를 수 있다. 마취상태는 CO, HCN 등의 연소 가스는 물론, 고농도 CO_2에 의해서도 일어날 수 있다. 또한, 산소의 감소에 의해서도 일어날 수 있다. 모든 동물은 인체 내에서 옥시헤모글로빈(O_2Hb)에 의하여 이송되는 산소를 필요로 한다. 페로 유입된 CO는 헤모글로빈과 결합하여 카복시헤모글로빈(COHb)을 생성시켜 산소가 헤모글로빈과 결합하는 것을 방해한다. HCN이 유입되면 세포에 영향을 미치며 또한, 산소가 인체에서 작용하는 것을 방해한다. 이러한 모든 영향은 누적되기 때문에, 만약 CO에 1/2 정도, HCN에 3/8 정도 중독되고, 1/8 정도의 산소결핍이 일어나면 사망하게 된다.

그림 8-4는 인간 등 영장류 동물이 HCN과 CO에 노출되었을 때 의식불명에 이르는 시간을 나타낸 것이다. 이 그림에서 HCN이 더 유독하다는 것을 알 수 있다. 즉, 훨씬 적은 양의 HCN으로 의식불명 상태에 이른다는 것이다. 의식을 잃게 되는 임계수준은 HCN이 90ppm이고 일산화탄소는 900ppm(또는 0.09%)이다. 이 수준 이하에서도 인체는 무력한 상태가 된다. 표 8-2는 인체 내에서 산소의 감소 또는 일산화탄소의 증가가 원인이 되어 발생하는 인체의 영향을 보여주고 있다. 무력 증상은 8～12 % 정도의 낮은 산소와 0.015～0.040 %의 일산화탄소에 해당하는 20～40 %의 COHb 상태에서 일어난다. 통상 40%의 COHb는 무력 증상을, 60%의 COHb는 치명적인 상태를 나타낸다.

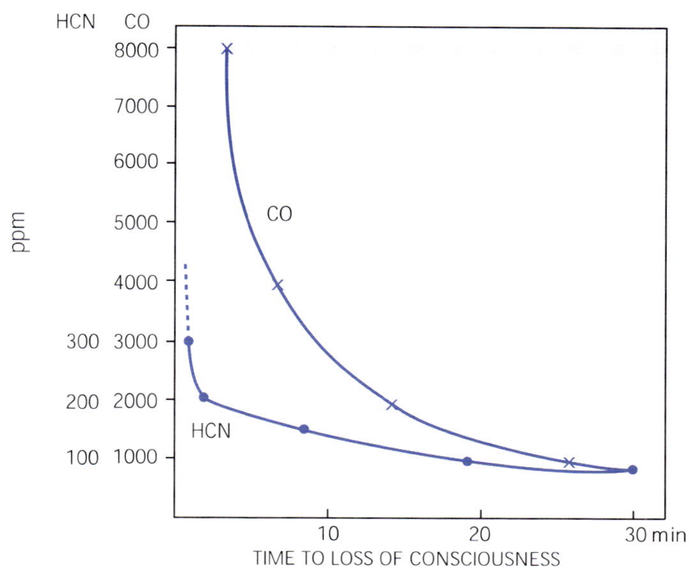

그림 8-4 CO 또는 HCN의 노출에 의한 영장류의 무의식에 이르는 시간(Ref. 2)

건강 상태 등 인체의 다양한 조건으로 인하여 이러한 수준이 정확한 것은 아니며, 사람마다 다르게 나타날 수 있다.

일산화탄소는 화재 시 인명위험의 주원인으로 지목되는데, 이는 주로 훈소화재에 오랜 시간 노출되거나(통상 1시간 이상), 신속한 화재성장으로 인한 급기부족 화재 상태에 노출되기 때문이다. 아래의 식은, COHb가 생성되는 기간 동안 CO에 노출되었을 때의 영향을 나타내는 개략적인 방정식이다.

$$\mathrm{COHb}(\%) \approx 0.33RMV \cdot X_{\mathrm{CO}}(\%) \cdot t(\mathrm{min}) \quad (8\text{-}7)$$

t : 노출시간 (min)
X_{CO} : CO농도 (v %)
RMV : 흡입률 (inhalation rate, respiration minute volume) (ℓ/m)

노트

"dose"는 임계수준 이상의 농도에서 위험을 직접 측정한 값

표 8-3은 일반적인 RMV 값을 나타낸 것이다. 식 (8-7)이 갖는 중요한 의미는 손상특성(COHb)이 노출량($X_{\mathrm{CO}}t$)과 흡입속도(RMV)에 따른다는 것이다. RMV는 인체의 활동뿐만 아니라, 화재 시 대량으로 생성되는 CO_2의 노출시간에 의해서도 영향을 받는다. 표 8-4는 RMV와 마취에 미치는 CO_2의 영향이다. 그 양 Xt를 흔히 생성물의 도스(dose)라고 한다. 도스는 보통, 임계수준 이상의 농도에서 위험을 직접 측정하는 방법이다.

표 8-2 혈액 중 산소 결핍에 따른 인체의 영향

산소농도의 감소		일산화탄소의 증가		영 향
O_2Hb(%)	X_{O_2}(%)	COHb(%)	X_{CO}(%)	
90-100	15-21	0-10	$<$0.008	없음
80-90	12-15	10-20	0.008-0.015	피로감
60-80	8-12	20-40	0.015-0.54	몽롱함, 메스꺼움, 마비
50-60	6-8	40-50	0.04-0.06	신경쇠약, 질식, 실신
30-50	3-6	50-70	0.06-0.3	수분 이내 무의식, 사망 가능
0-30	0-3	70-100	$>$0.3	수초 이내 무의식, 치명적

표 8-3 70 kg 체중인 남자의 RMV(ℓ /min)

RMV	활동
8.5	휴 식
25	가벼운 일
50	중노동, 달리기

Source : Ref. 2

표 8-4 대기압 상태에서 인체에 미치는 CO_2 농도의 영향

흡입공기 중 CO_2 농도	영 향
0.04	대기 중 농도
0.5	안전한계, 장기 노출
1.8-2.0	30-50% 호흡 증가
2.5-3.0	100% 호흡 증가
4.0	300% 호흡 증가
5.0	몽롱함, 독성 증세,
7.0-9.0	15분 이내 무의식 상태
10.0-30.0	10분 이내 무의식 상태 이후 사망

Source : Ref. 2

탄화수소계 연료의 화재시 대기 중의 연기는 CO_2와 CO를 함유할 수 있고, O_2를 감소시킨다. 이들이 축적되어 체내의 산소결핍을 야기하여 마취를 일으킨다. 질소가 함유된 연료에서는 HCN이 생성될 것이며, 이 또한 마취를 유발한다. 측정에 따르면, CO가 사망의 주원인이며, HCN 또한 치명적이다. CO_2와 O_2가 위험한 상황이 될 시간이면 CO와 HCN의 독성은 이미 나타난 상황이다.

자극성 가스

자극성 가스는 HCl, HF, HBr 등 산성가스와 목재에서 생성될 수 있는 acrolein formaldehyde와 같은 탄화수소 부산물이다. 이들 가스는 눈과 호흡기에 통증을 유발하지만, 호흡 시에는 치명적이지 않고 노출 후에 더욱 치명적일 수 있다. 폐의 손상으로 하루가 지나 사망할 수 있으며, 또한 이들 가스는 RMV를 감소시키는 경향이 있다.

연기 가시도

연기 가시도는 화재 시 열에 의한 피해 이전에 발생할 수 있는 첫 번째 영향이 될 것이다. 빛은 주로 그을음이나 타르의 응축물에 의한 연기에 의해 감쇄된다. 그을음은 연기를 검게 하며, 충분한 공기 중에서 가열로 인하여 생성된 타르는 연기를 회색으로 만든다. 연기 중에서 (빛의 흡수와 산란으로) 가시도가 감소되는 정도를 감광계수 κ_s 라고 하고, 측정단위는 m^{-1}이다. 감광계수는 빛의 도달거리 l에서 감소된 광도 I를 계산하는데 쓰인다. 본래의 광도 I_o는 연기에 의해 다음과 같이 감소된다.

$$I = I_o \exp(-\kappa_s l) \tag{8-8}$$

연기 중에서 볼 수 있는 능력을 투시도 L_v라고 하며, 이는 감광계수 κ_s와 관계된다. 그림 8-5는 이들의 다양한 관계를 나타낸 것이다.

L_v는 연기 속에서 사물을 보고 인지할 수 있는 최대거리를 나타낸다. 질량 광밀도(mass optical density, D_m)의 크기는 연기 중의 고체 또는 액체 미립자의 수율과 직접 관계가 있다. 이러한 성질은 쉽게 측정되며, 표 8-1에 표기하였다.

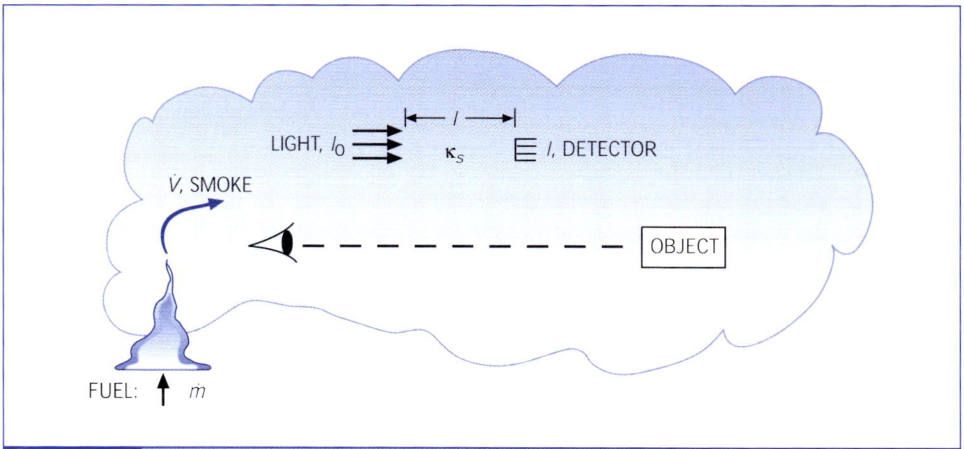

그림 8-5 연기에 의한 빛의 감쇄와 가시도

감광계수 κ_s는 연기 미립자의 농도에 영향을 받으며, 주어진 연소속도($\dot{m}$)와 연기 체적유속($\dot{V}$)에 대해 계산될 수 있다. 연기가 유동하는 경우에 대하여는

$$\kappa_s = \frac{\dot{m} D_m}{\dot{V}} \tag{8-9a}$$

또 연기의 흐름이 없는 경우에 대하여는

$$\kappa_s = \frac{m D_m}{V} \tag{8-9b}$$

이며, 여기서 m은 밀폐된 체적 V에서 연소된 연료의 양이다.

급기부족 상태의 실내에서 발생한 폴리스티렌 화재의 예를 연장하여 검토하기로 한다. 연기가 일반적인 공기 온도로 냉각되었다고 가정할 때, 혼합가스의 밀도는 약 1.0 kg/m^3이므로,

$$\dot{V} = \frac{\dot{m}_{smoke}}{\rho} = \frac{572\,g/s}{1\,kg/m^3 \times 10^3\,g/kg} = 0.572\,m^3/s$$

표 8-1로부터 급기과잉 상태의 $D_m = 0.34\ m^2/g$이다. 식 (8-9a)로 부터,

$$\kappa_s = \frac{(38\,g/m^2s)(1.9\,m^2)(0.34\,m^2/g)}{0.572\,m^3/s}$$

$$\kappa_s = 42.9\,m^{-1}$$

$\Phi = 1.9$인 급기부족 상태를 검토하면, $D_m \propto y_s$로 가정할 수 있다. 그 때, 그림 8-2로부터 D_m은 y_s에서와 같이 약 1.5배 증가하였다.

κ_s의 각 값의 경우, 각 값에 대응하는 가시도가 있으며 그림 8-6으로부터 대략

$$L_v = C_v / D_o$$

D_o : 단위 도달거리 당 광학밀도 ($2.3\kappa_s$)

C_v : 사물의 조도에 의하여 결정 (범위 1~4)

그림 8-6에 나타난 결과의 범위는 여러 형태의 화재 시 사람들에게 연기 속에서 사물을 식별해 보도록 한 수많은 실험을 통하여 보완된 자료이다. 그 결과가 아주 정확하

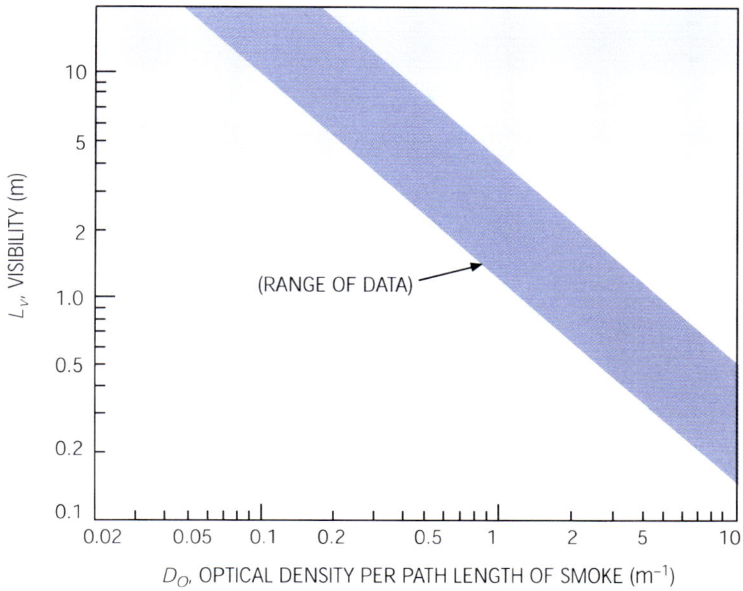

그림 8-6 빛의 통과 길이에 대한 광밀도로서의 연기 가시도(Ref. 3)

지 않을 수도 있지만 대단히 실용적이다. 폴리스티렌에 관한 예제로 돌아가서 연기의 가시도는,

$$L_v \approx (4 \sim 1)\,/\,42.9^{-1} = 0.023 - 0.093\,\mathrm{m}$$

환산하면, 약 2~9 cm가 된다. 즉, PS 화재의 가시도는 낮은 것으로 나타나고 있다. 목재화재의 경우 $\Phi = 0.87$임을 주목해야 할 것이다.

$$\kappa_s = \frac{(11\,\mathrm{g/m^2 s})(15.2\,\mathrm{m^2})(0.037\,\mathrm{m^2/g})}{\left(\dfrac{500 + (11)(15.2)}{10^3}\right)\mathrm{m^3/s}} = 9.27\,\mathrm{m}^{-1}$$

그리고

$$L_v = \frac{(4 \sim 1)}{2.3 \times 9.27\,\mathrm{m}^{-1}} = 0.05 \text{ to } 0.19\,\mathrm{m}$$

이와 같이 목재의 연기는 어느 정도 투명한 편이지만 여전히 가시도는 좋지 않다.

열의 영향

온도 또한 열의 대류 또는 복사 등의 이동을 통하여 위험을 야기할 수 있다. 온도에 의해서는 두 가지 영향이 일어날 수 있는데, 그 하나는 비교적 장기간에 걸쳐 발생하는 열응력이고, 다른 하나는 짧은 시간에 발생할 수 있는 화상이다. 만약 피부온도가 45℃에 이르면 우리는 고통을 느끼게 되며, 이보다 더 높은 온도에서는 깊은 피부조직까지 손상을 줄 수 있다. 3장의 그림 3-10은 복사열로 인하여 맨살에 화상을 입을 수 있는 시간을 나타내고 있다. 비교적 짧은 시간동안 최소 4 kW/m^2의 열유속으로 그러한 화상을 입을 수 있다 (이와는 대조적으로 1 kW/m^2 이하의 태양광에 장시간 노출은 상대적으로 경미한 화상을 입을 수 있다). 화상을 유발할 수 있는 임계 열유속과 관련된 순수 대류열유속은 주어진 연기 온도와 일치한다. 이는 대류열전달에 관한 식 (3-2)로부터 추정할 수 있다. 정지하고 있는 사람에 대한 개략적 열전달계수를 $h = 10\ W/m^2\text{-}℃$로 하면,

$$\dot{q}'' = h(T_{\text{smoke}} - T_{\text{skin}})$$

$$T_{\text{smoke}} = \frac{\dot{q}''}{h} + T_{\text{skin}}$$

대입하여 풀면,

$$= \left(\frac{4\,\text{kW/m}^2}{10\,\text{W/m}^2\text{-℃} \times 10^{-3}\text{kW/W}}\right) + 45℃$$

$$= 445\ ℃$$

유사하게, 움직이지 않는 사람에 대한 고통 유발 임계 온도는 대략 200℃이다. 실제로, 시험에서 사람들이 대략 이 정도의 고온에 노출되었다. 땀의 발산으로 온도에 대한 내성이 증가하지만, 인체가 장시간 열을 받으면 발한에도 불구하고 열 스트레스를 일으킬 수 있다. 일반적으로 인체의 온도는 37℃로 인체의 중심 온도가 41℃에 이를 때 열 스트레스가 발생한다. 41℃에서 의식에 영향을 받을 수 있으며, 온도가 좀 더 높아지면 열 스트레스로 인하여 사망할 수도 있다. 일사병(hyperthermia)은 인체의 온도가 더 이상 조절될 수 없을 때 발생한다. 이는 대략 에너지 수지로 설명될 수 있다.

노트
열 스트레스는 인체의 온도가 더 이상 조절될 수 없을 때 발생한다.

[인체에 축적된 에너지의 양] = [신진대사 에너지 방출량]
+ [복사 및 전도열량]
− [발한에 의한 증발에너지 손실량]
− [호흡에너지 손실량]

만약 좌변이 0이 되지 않으면 비균형 상태가 되어, 인체의 온도가 올라가거나 내려감으로써 열 스트레스가 나타난다. 표 8-5는 사람이 움직이지 않는 상태에서 높은 온도에 노출되었을 때 인내의 한계를 나타낸 것이다. 상대습도 RH에 주목할 필요가 있다. 즉, 상대습도는 땀의 증발에 영향을 주기 때문에 인내 한계시간에도 영향을 미치게 된다.

표 8-5 열 스트레스 조건하에서의 인내 한계시간

노출온도, ℃	상대습도, %	한계시간
49	10	~10 일
49	50	~2 시간
49	100	~10 분
100	0-100	~10 분

Source : Ref. 2

Summary

연소생성물의 농도는 생성물의 수율에 의해 계산될 수 있다. 수율은 공급된 연료의 단위질량에 대한 연소생성물의 분율이다. 수율은 연료와 화재 조건의 영향을 받는다. 즉, 공기의 과잉 혹은 부족시의 화염, 훈소, 가열 등에 의해 좌우된다. 농도는 연기 중의 생성물에 대한 분율이다. 이러한 농도의 영향은 시간의 경과에 따라 유해 또는 위험이 있을 수 있다. 연소생성물의 농도와 시간의 곱인 도스(dose)는 유해성에 대한 직접적인 척도가 된다. 유해성의 수준을 정량화 하는데 있어 여러 형태의 기준이 이용되고 있다. 인체에 대한 연소 생성물의 일차적인 영향을 아래 표에 요약하였다.

생성물	효 과
열, 고온	열 스트레스, 화상
CO_2	호흡 증가
Soot, tars	가시도 불량
O_2, CO, HCN	혈액내 산소공급 부족
HCl, HF, HBr	감각기관 자극

연습문제

1. 부피 40 m^3의 방에서 훈소 화재가 발생하였다. 연기는 방안에 있으면서 평균 밀도가 0.9 kg/m^3이 되었다. 이러한 경우 훈소속도는 1 g/s 정도로 알려져 있으며, 훈소하는 연료 1 g 당 0.2 g의 일산화탄소가 발생된다.
   ① 실내의 연기 무게를 계산하여라.
   ② 1시간 후의 일산화탄소의 무게를 계산하여라.
   ③ 1시간 후 실내 일산화탄소의 질량분율을 구하여라.
   CO의 질량분율(Y)는 부피분율(X)과 거의 동일하다.
   ④ 실내에 쉬고 있는 사람의 COHb(%)를 계산하여라.
   (식 8-7과 표 8-3을 사용하라)

2. 40 m^3 방안에 연기의 질량 광밀도(D_m)은 0.33 m^2/g이다. 1 g/s의 훈소 화재에서 1시간 후의 가시도를 계산하여라. 연기는 실내에 균일하게 혼합되어 있다. 식 (8-9)와 그림 8-6을 사용하라.

3. 아세틸렌이 프로판보다 soot를 많이 발생시키는 이유를 설명하시오.

4. 화재 중 발생되는 독성가스들과 이 독성가스들의 인체에 미치는 영향을 설명하여라.

5. 화재 중 공급되는 공기량에 따라 생성되는 연소가스 종류의 변화를 설명하시오.

6. 다음 설명이 맞는지 틀린지를 판단하고 그 이유를 설명하여라.
   ① 수율은 농도와 동의어이다.
   ② 50 ppm 농도의 일산화탄소에 노출되면 사망할 수 있다.
   ③ 연기 속에서 가시도는 조명과 무관하기 때문에 출구 표시등을 켜지 않는다.
   ④ HCl 같은 산성가스는 화재 후 컴퓨터 설비에 손상을 줄 수 있다.

참고문헌

1. A. Tewarson, "Generation of Heat and Chemical Compounds in Fires", Chap. 3-4 in *SFPE Handbook of Fire Protection Engineering*, 2nd ed., edited by P. J. DiNenno (Quincy, MA: National Fire Protection Association, June 1995).
2. D. A. Purser, "Toxicity Assessment of Combustion Products", in Chap. 2, Sec. 8 in *SFPE Handbook of Fire Protection Engineering*, 2nd ed., edited by P. J. DiNenno (Quincy, MA: National Fire Protection Association, June 1995).
3. J. G. Quintiere, "Smoke Measurements: An Assessment of Correlations between Laboratory and Full-scale Experiments", *Fire and Materials* 6, No. 3 and 4 (1982): 145-160.

Principles of Fire Behavior

CHAPTER 9

구획실 화재

학습목표

1. 구획실 화재의 발달과정 설명
2. 구획실에서의 플래시오버, 최성기, 환기지배형 화재의 설명
3. 화재의 흐름, 중성대, 환기요소 설명
4. 환기속도 및 구획 내 연기 온도 계산

1 개요

구획실에서의 화재는 연기의 오염과 구획실 외부로의 화재 확산 가능성을 포함하고 있다. 소규모의 화재라도 연기를 아주 먼 거리까지 전파할 수 있으며 대규모의 화재 또한 구획에 의하여 영향을 받을 수 있다. 즉, 화재는 열의 피드백(열교환의 증가)에 의하여 강화되고 산소저하(화재에 공급되는 공기의 감소)에 의하여 감소한다. 이러한 화재에서 연기와 공기의 운동은 주로 온도상승에 의한 부력의 영향 때문이다. 일반적으로, 건물 내에 공급되는 가압상태의 공기는 이러한 상승기류를 형성시키는 2차적인 역할을 하게 된다. 이 장에서는 이러한 효과를 설명하고, 또한 연기 온도와 흐름속도를 산정하기 위하여 간단하지만 매우 유용한 공식을 소개하였다.

2 화재의 성장 단계

구획실의 초기화재는 구획실의 조건에 영향을 받지 않는다. 그러나 산소가 그 구획 내에서 감소하고, 공간에서의 온도가 상승함에 따라 구획실의 조건은 화재의 거동에 영향을 미치게 된다. 구획실 화재의 단계는 아래와 같이 설명할 수 있다. 훈소 화재는 제외되었으나, 뒤에서 논의될 것이다.

노트
플래시오버는 흔히 모든 연료가 동시에 연소하게 되는 최성기 화재의 원인이 된다.

1. 화재 성장(Developing Fire) : 점화 이후, 화재는 하나의 가연물에서 성장하거나 또는 다른 가연물을 착화시킬 수 있을 것이다. 화재 성장기 산소의 농도와 구획실의 온도는 보통의 공기와 별 차이가 없다. 이 단계에서 화재는 마치 개방된 공기 중에서 연소하는 것과 같다 (그림 9-1a 참조).
2. 플래시오버(Flashover) : 플래시오버는 밀폐된 실내 조건에서 화재가 급속하게 증가하는 단계로서 다음의 몇 가지 상황에 의하여 발생할 수 있다.
   a. 열유속의 증가에 따른 물질의 급속한 점화와 화염확산
   b. 과농도 연료 가스가 충분히 축적한 뒤 갑작스럽게 공기에 노출되는 경우. 일반적으로 백드래프트(Back-draft)라고 부름
   c. 연소속도의 증가에 따른 실 전체로의 급속한 화염확산

   상황 a와 c는 그림 9-1b에 나타내었다.

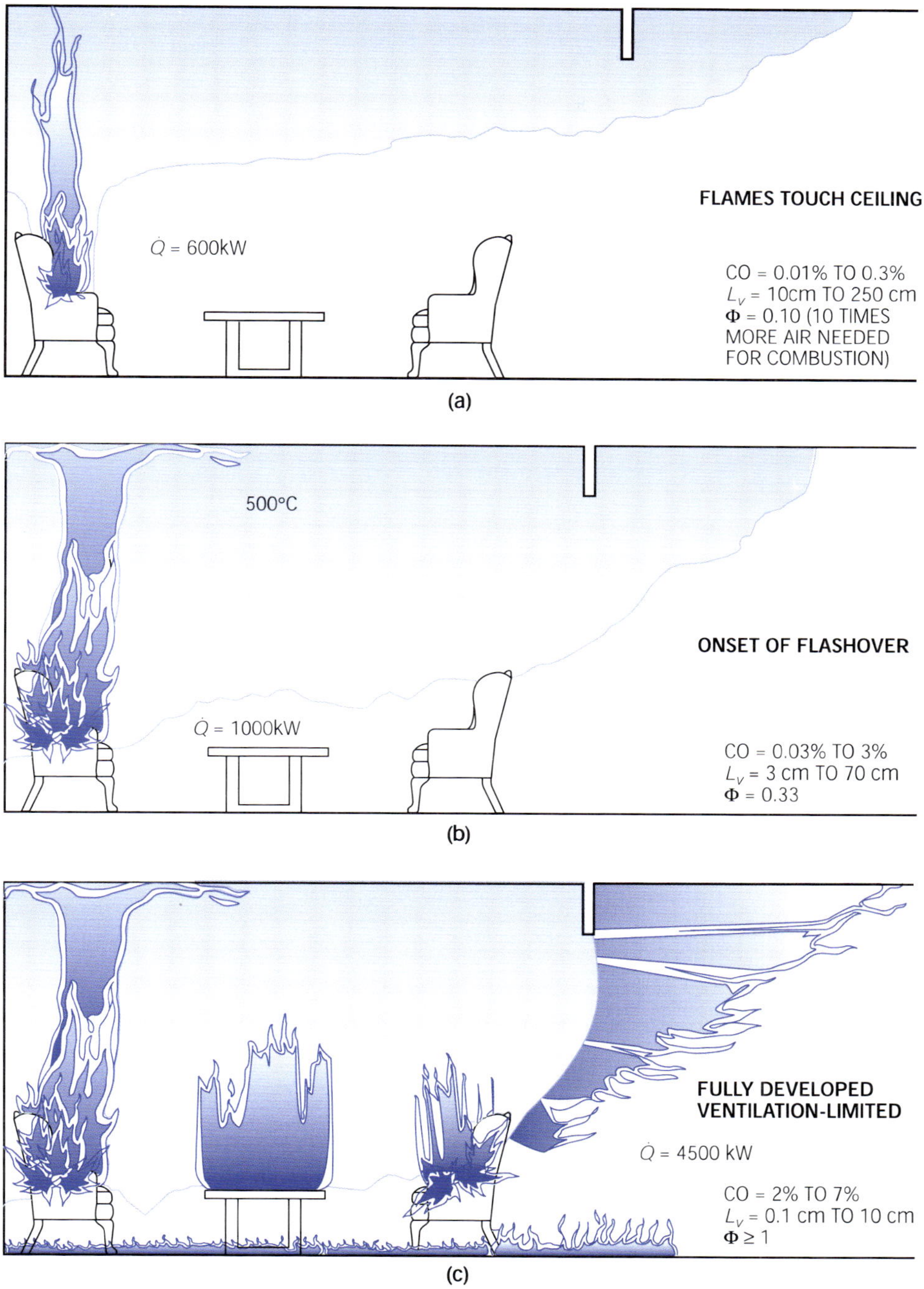

그림 9-1 3.2×6.4ft의 문이 있는 10×10×8ft의 실내에서 가구의 배치 및 화재현상

플래시오버는 보통 구획실의 모든 연료가 화재에 완전히 휩싸이는 상태를 만든다. 그렇지만, 모든 연료가스는 공기의 제한적 공급으로 실내에서 완전히 연소되지 않을 수 있다. 이와 같이 공기가 제한된 화재를 환기지배형 화재(ventilation-limited 또는 ventilation-controlled)라 하고, 반대로 연료지배형 화재 (fuel-limited)는 성장기 화재를 가리킨다. 앞에서 수율을 설명할 때 공기제한 상태에 대해서는 급기부족이라는 용어를 사용하였다. 구획실 화재에서는 이러한 새로운 용어가 통상적으로 사용된다.

환기지배형 조건이 발생할 때 CO, 연기, 에너지 등은 최대값을 갖는다. 또한, 연기층의 산소농도는 거의 0에 가까워진다. 플래시오버는 화재성장이 1차적으로 물질의 영향을 받게 되는 전환점이 되며, 2차적으로는 실내나 건물의 기하학적 상태에 의한 환기조건에 영향을 받는다.

3. 최성기(Fully Developed) : 이 단계는 창문과 문으로부터 화염이 분출될 정도로 실내에 화염이 가득 찬 상태를 말한다. 모든 연료는 가능한 최대로 연소되며 이 기간중에 건물의 구조적인 피해를 가져올 수 있고 또한, 실내의 열유속 조건은 150 kW/m^{2}에 도달할 수 있다. 이 단계에서는 공기의 공급 여건에 따라 환기지배형일 수도 있고 아닐 수도 있다. 대부분의 구획실과 건물은 이 단계에서 환기지배형이 된다. 바닥에 화염이 가득하고 모든 창문이 파괴된 Glass-tower 건물 내의 화재는 최성기에 도달하여도 환기지배형 화재는 아니다. 환기지배형 화재에서, 그 실의 에너지 방출속도 $\dot{Q}$는 가용한 공기 공급속도에 따라 결정된다 (그림 9-1c 참조).

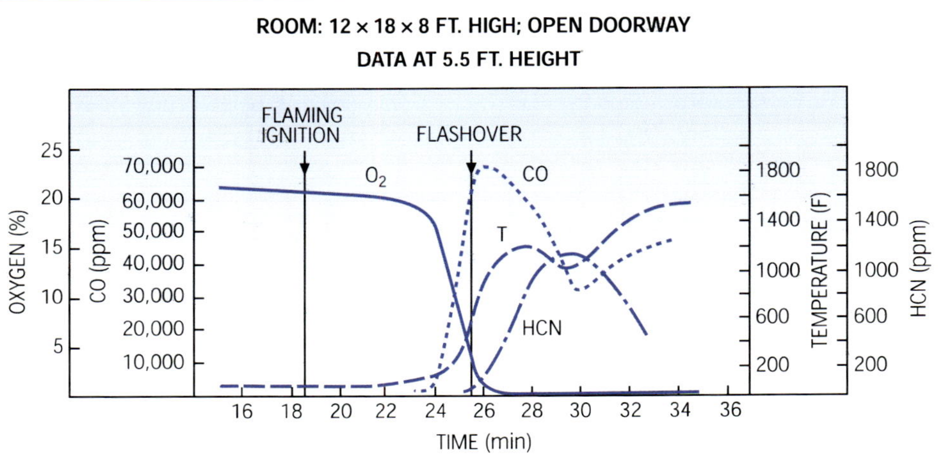

그림 9-2 의자의 훈소로 시작된 가구가 있는 실내 화재의 현상(Ref. 1)

성장기의 실내화재에서 연기에 포함된 여러 가지 성분의 예를 그림 9-2에서 보여주고 있다. 이 화재는 훈소로 시작하여 18.5분에 화염이 있는 화재로 바뀌었으며, 플래시오버는 25.5분에 감지되었다. 이 때 온도는 500°F (260℃)이지만, 불과 1분 사이에 약 1,000°F (538℃) 까지 도달하였다. 이는 관찰자에게 보여지는 플래시오버가 반드시 정확하게 500～600℃에서 감지된다는 것은 아니다. 그러므로 이 온도 기준은 약 30초간 어느 정도 가변성을 갖는다.

이와 같이 플래시오버의 개시에 대한 척도와 기준은 변한다는 사실을 감안해야 한다. 그러나 갑작스런 변화라는 사실에 대해서는 의심의 여지가 없다. O_2 농도가 0으로 내려가고, CO 농도는 최고 7%가 되며, 온도는 최종적으로 1,600°F (870℃)에 도달한다. 일반적으로 최성기의 구획실 화재 온도는 800～1,000℃까지 도달한다. 주의할 점은 폴리우레탄폼 의자의 HCN 농도가 플래시오버 직후에 그다지 증가하지 않는다는 사실이다. 또한 산소농도가 0으로 떨어지거나 거의 없어진다는 사실은 플래시오버 이후 유입되는 공기중의 산소를 거의 대부분 소비한다는 것이며, 이러한 화재를 환기지배형이라고 한다.

3 화재에 의한 유동

유동은 화재의 결과로서 발생하거나, 또는 일반적으로 어떤 열원의 부력에 의하여 발생한다. 부력은 압력 차에 따른 속도(Velocity)를 일으킨다. 7장에서의 개념을 확장하면 이 압력차 Δp (Δ는 p의 차이 즉, $p_2 - p_1$)는,

$$\Delta p = (\rho_a - \rho) g H \tag{9-1}$$

ρ_a : 공기(cold)밀도
ρ : 화재연기(hot)밀도
g : 중력가속도 (9.81 m/s^2)
H : 수직높이 (1과 2 사이)

7장에서는 단위부피당 상대적 위치에너지라 불렀다.

$$\frac{\text{Energy}}{\text{Volume}} \text{ in } \frac{\text{J}}{\text{m}^3} \quad \text{Pressure in } \frac{\text{Newton(N)}}{\text{m}^2}$$

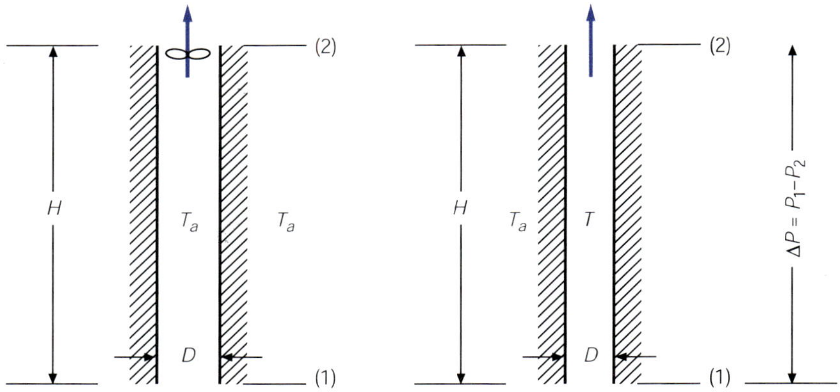

그림 9-3 덕트 내에서의 송풍과 부력에 의한 이상적인 유동

1 N은 1 kg-m²/s와 같고, 1 J은 1 kg-m³/s 또는 1 N-m이므로,

$$1\frac{\mathrm{N}}{\mathrm{m}^2} = 1\frac{\mathrm{kg\text{-}m^2/s}}{\mathrm{m}^2} = 1\frac{\mathrm{kg\text{-}m^3/s}}{\mathrm{m}^3} = 1\frac{\mathrm{J}}{\mathrm{m}^3}$$

이들의 명칭은 다르지만 동등한 측정 단위이다. 이들은 모두 Newton의 제2운동 법칙 즉, "힘 = 질량×가속도"와 관계된다. 따라서 속도 V는,

$$V = \sqrt{\frac{2(\rho_a - \rho)gH}{\rho}} \tag{9-2}$$

이는 식 (7-5)에 따른다. 식 (9-1)과 (9-2)로부터 화재에 관련된 유동을 설명하기 위한 대략적인 등식을 만들 수 있다. 이는 정량적인 식이 아니라 단지 설명을 위한 계산식이다. 따라서 = 단위를 쓰기보다는 대략적인 근사식임을 의미하는 ≈ 단위를 써야 한다.

화재로 인한 유동과 팬에 의한 유동을 비교하여 그 관계를 비교 설명하기로 한다. 팬 흐름은 공기조화 시스템에 의하여 발생한다. 그림 9-3의 두 가지 경우에서, 첫 번째는 직경 D의 덕트에서 높이 H에 대한 순수 팬에서의 유동이다. 두 번째는 외부 공기 T_a와 덕트 내 가스온도 T일 때의 순수 부력에 의한 유동이다. 팬은 다음 식에서와 같이 마찰효과와 동등한 압력차를 일으킬 것이다.

$$\Delta p_{\mathrm{fan}} = f\frac{H}{D}\frac{V^2}{2} \tag{9-3}$$

f : 마찰계수

부력을 이용한 덕트는 다음 식에서와 같은 압력의 차를 일으킬 것이다.

$$\Delta p_b = (\rho_a - \rho) g H$$

혹은

$$\Delta p_b = \rho_a (1 - T_a / T) g H \quad (9\text{-}4)$$

만약 팬에 의하여 $D = 0.3$ m의 덕트에 0.1 m/s로 공기가 공급된다고 가정하면,

$$\Delta p_{\mathrm{fan}} \sim 0.067 f H$$

일반적으로 $f \approx 0.001 \sim 0.07$이므로,

$$\Delta p_{\mathrm{fan}} \approx 0.0047H \sim 0.00067H \ (\mathrm{N/m^2})$$

비교하여 볼 때,

$$\Delta p_b \sim (1.2\,\mathrm{kg/m^3})(1-0.5)(9.8\,\mathrm{m/s^2})H$$

$$\Delta p_b \approx (1.20\ \mathrm{kg/m^3})(9.8\ \mathrm{m/s^2}) \times 0.5H$$
$$T_a \approx 300\ \mathrm{K}$$
$$T \approx 600\ \mathrm{K}$$로 가정

그러므로 $\Delta p_b \approx 5.88$ HN/m^{2}이다. 이 예에서, 팬에서 발생되는 압력의 증가는 대략 7 m/s의 공급속도일 때 부력에 의한 압력과 거의 같을 것이다.

화재 조건하에서, 부력에 의한 유동은 팬에 의한 덕트에서의 흐름보다 우세하다는 것은 명백하다. 또한 $H = 1(\mathrm{m})$, $\Delta p_b \sim 5\mathrm{N/m^2}$ 라면, 표준 대기압 10^5 N/m^{2}와 비교될 것이다. 화재로 인한 압력과 공기조화 시스템에 의한 압력은 건물 전체의 압력에 중대한 변화를 일으키지 않는다. 아주 작은 압력차가 이들 유동을 조정하고, 전체 건물압력은 10^5 N/m^2 에서 크게 달라지지 않는다.

4 구획실의 유동역학

단일 실과 건물에서의 연기 유동에 대하여 고찰하기로 한다.

연기 층과 환기 흐름

문 또는 창문이 개방된 실내화재는 천장에서 다른 층을 형성하며 축적되고, 연기층은 환기구 아래쪽으로 하강하여 환기구로부터 유출되기 시작할 것이다. 연기층은 온도 또는 화재의 $\dot{Q}$의 증가에 따라 하강을 계속할 것이다. 냉각 또는 $\dot{Q}$의 감소에 따라 연기층은 상승하게 된다. 최성기 실내화재에서는 바닥 위로부터 수 인치에 가깝게 연기층을 형성한다. 이러한 과정은 그림 9-4에 나타나 있다. 공기는 환기구의 중성대 아래에서 유입되고 연기는 중성대 위에서 유출된다. 실내에서 연기층은 중성대보다 낮으며 이 층 위의 높이에서는 유입으로 화재 지역으로 공기가 공급된다. 연기층 경계면에서의 혼합은 거의 일어나지 않는다. 실내 가스와 벽 표면의 실제 온도 데이터는 그림 9-5와 같다. 일반적으로, 연기층은 서로 뒤섞여 있으며 그 결과 화재플룸의 외부온도와 거의 같은 값이다. 하지만 낮은 층에 어떤 혼합과 가열에 의해 유입되는 공기 보다 높은 온도를 형성하기도 한다. 그림 9-5에서의 벽체 온도 변화에 유의할 필요가 있다. 이러한 흐름의 역학관계는, 2개 층이 잘 혼합된 구획화재를 대략적으로 예상하는데 이용된다. 어떠한 경우라도 이러한 두 층 개념은 화재시 연기의 거동을 관찰하기 위한 좋은 방법이 된다.

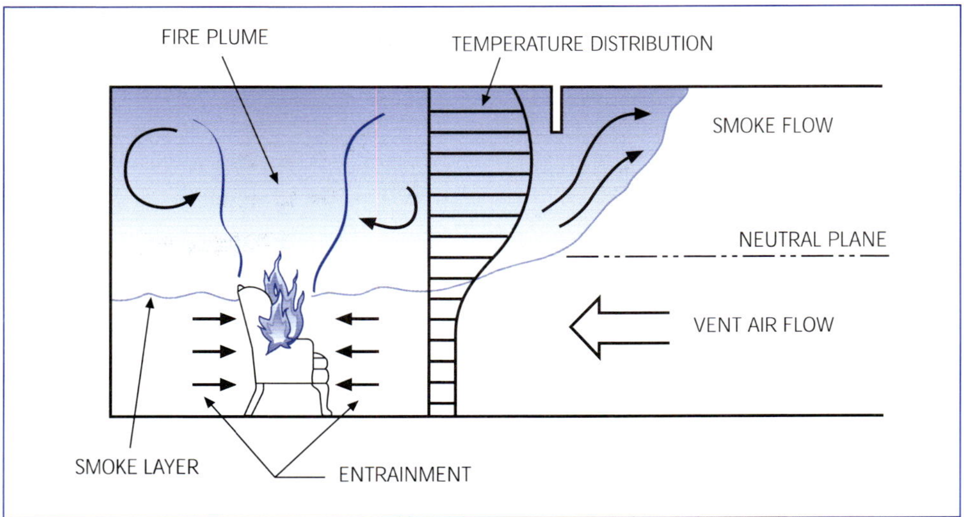

그림 9-4 실내에서 화재에 의한 유동 현상

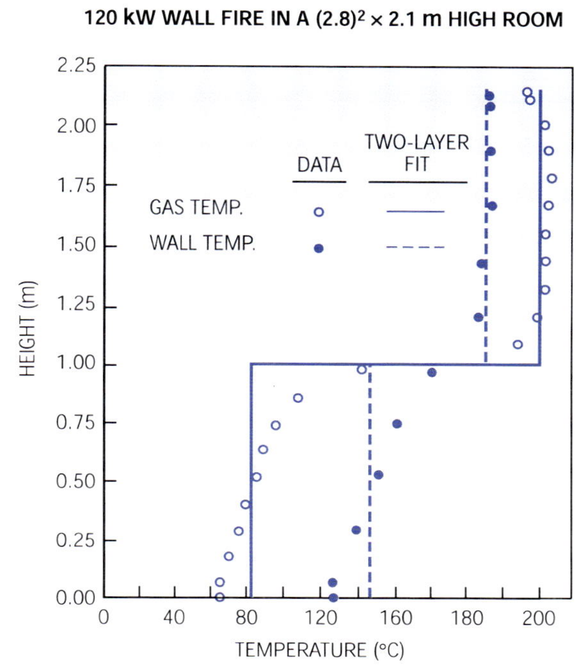

그림 9-5 정상 상태에서 벽면 환기가 있는 실내의 온도(Ref. 2)

이는 높은 온도에서 상대적으로 차가운 공기 위에 있을 때 더욱 안정되게 층을 이룬다. 따라서 이러한 뜨거운 가스와 차가운 가스 지역 사이에서는 혼합이 거의 이루어지지 않는다. 하지만 환기구, 냉각기 벽, 샤프트 등에서 혼합이 발생할 수 있다. 저온가스 지역은 연소생성물로 가열되고 오염될 수 있다.

연기 충진(Smoke Filling)

만약 어떤 구역이 밀폐되었거나 환기구를 통하여 연기가 방출되기 전 화재의 초기 단계라면, 역학 관계는 충진에 의한 것이다. 이러한 과정은 욕조에 물을 채우는 것과 반대의 개념이다. 연기 경계면은 용기를 가득 채우기 위하여 밑으로 이동한다. 용기에 틈이 있다고 하더라도 충분히 큰 규모의 화재라면, 연기는 가득 채워질 것이다. 모든 건물에는 틈이 있으며, 이는 완전히 밀폐될 수 없다. 단 원자로, 우주선 기타 특수 용기는 예외이다. 이러한 건물의 경우, 화재가 압력을 상승시키는 원인이 되고, 그로 인하여 구조적인 결함을 초래할 수 있다. 일반적인 건물의 경우, 약간의 압력 변화로 적당한

노트
만약 산소의 부족으로 연소가 중단되면, 냉각으로 인한 압력의 감소로 외부 공기가 실내로 유입된다. 이 공기는 화재를 재발시킬 수 있다.

유동을 일으킨다. 바닥과 천장에 누출이 있는 구획실에서의 충진은 그림 9-6에서와 같다. 충진되고 누출되는 동안, 약간의 정압에 의해 실외로 유동이 일어나게 된다. 만일 산소의 부족으로 불이 꺼지면, 냉각으로 인한 압력의 감소로 공기가 실내로 유입된다. 이 공기는 화재를 재발시킬 수 있으며 호흡(공기의 출입)이 시작된다. 소방대는 이러한 징후를 알면, 호흡하는 공간의 환기를 피해야 한다. 이러한 현상은 백드래프트를 일으킬 수 있다.

환기구가 있는 실은 초기 성장단계에서 연기가 충진된다. 유동과 압력에 대한 역학관계를 그림 9-7에 나타내었다. 연기층의 접촉면 H_L이 환기구의 아래 끝으로 내려가면, 환기구에서의 흐름은 양방향이 된다. 그 후, 실내로의 유속은 실외로의 유속과 거의 같아진다. 일정한 연기 온도에 대해서는 그림 9-7c가 우세하다. 중성대 높이는 구획실에 화염이 충만하는 정도에 따라 대략 $H_o/2 \sim H_o/3$으로 변할 수 있다. 그 때 연기층은 바닥에 거의 가깝게 내려올 수 있다.

건물에서의 연기이동

건물에서의 연기이동에 관한 역학은 충분히 연구되어 있지 않지만, 연기의 거동에 관한 정성적인 설명이 가능하다. 그림 9-8은 출구가 있는 복도로의 안정된 유체흐름을 나타낸 것이다. 경계면 높이가 출구의 개방면적 크기에 영향을 받는 연기층이 복도에 형성된다. 출구의 개방면적이 작을수록, 경계면은 낮아진다(그림 1-5 참조). 고온·저온층이 있는 복도 내에서 흐름의 형태는 그림 9-8(또는 그림 1-6)처럼 복잡하다.

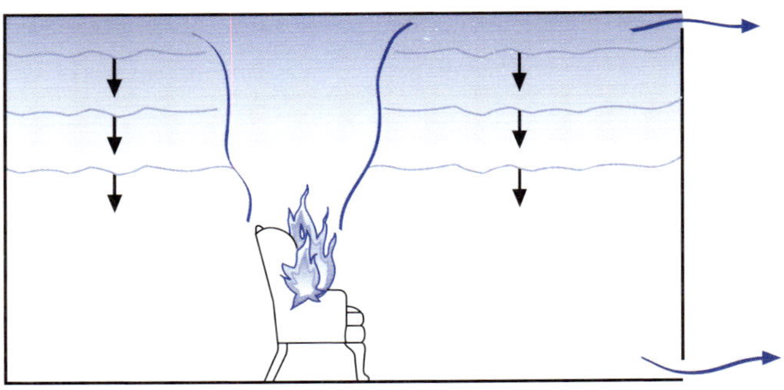

그림 9-6 누출이 있는 실의 연기 충진

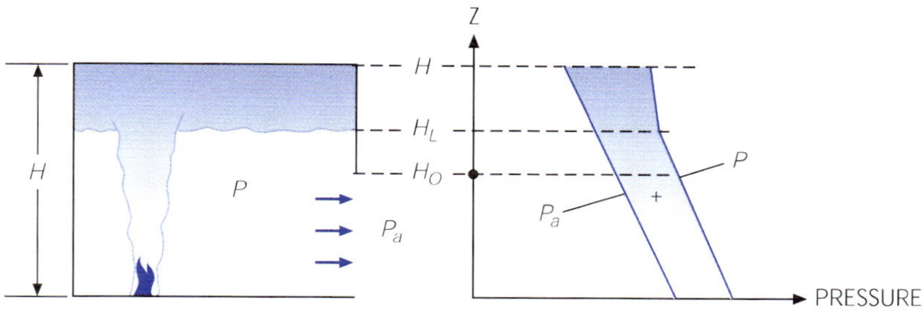

(a) 연층의 하강; 차가운 공기의 환기구로 방출

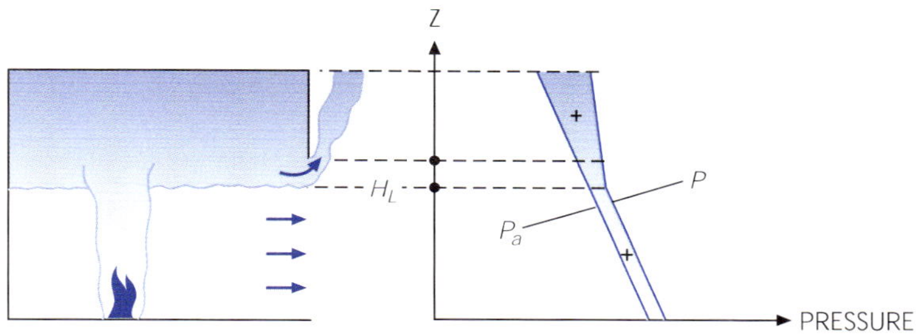

(b) 뜨거운 공기의 환기구로 방출

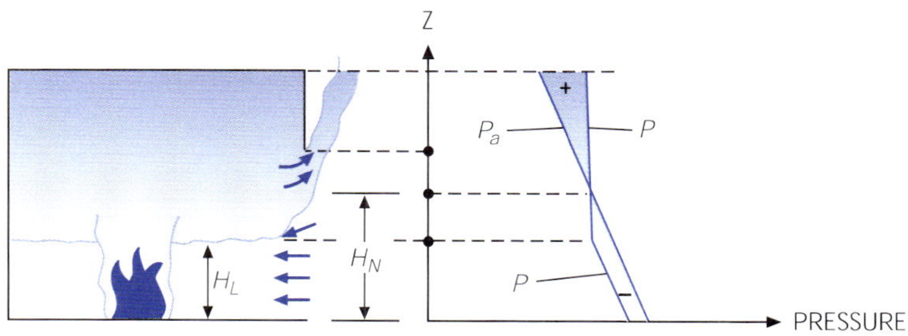

그림 9-7 환기구가 있는 실에서 유동과 압력의 역학관계

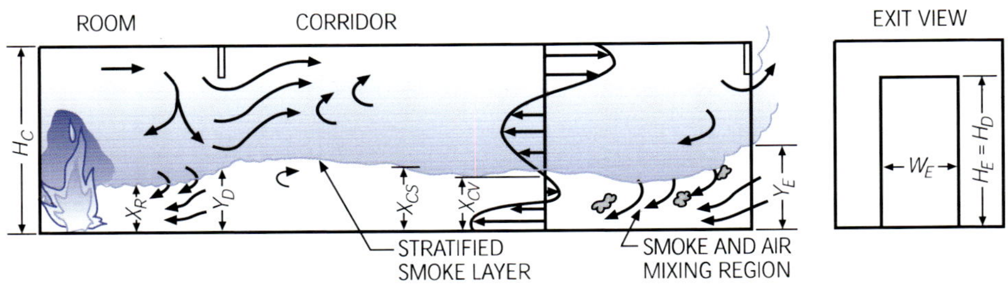

그림 9-8 화재에 의한 실내 및 복도의 유동 현상

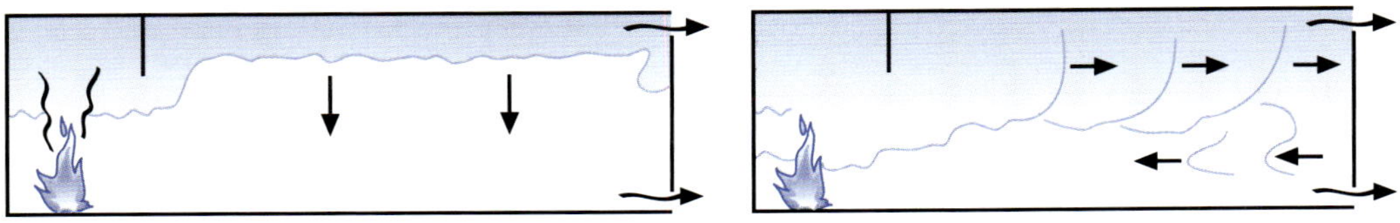

(a) 초기 느린 과정 (b) 주기적 충진 흐름

그림 9-9 밀폐된 복도의 연기에 연기가 채워지는 현상

만약 단일 구획실과 같이 복도에 환기구가 없다면 실내는 연기로 가득 차게 될 것이다. 만일 유동이 점진적이라면, 그 과정이 그림 9-9a와 그림 9-10의 a)-d)에서의 사진과 같이 나타날 것이다. 그림 9-10d에서, 연기는 층의 경계면이 바닥에 접근할수록 차가운 벽면으로 인해 하강하기 시작한다. 다른 가능한 흐름은 복도 쪽으로 연기가 갑자기 방출되거나 증가하기 때문이다. 연기의 초기 운동량, 즉 운동에너지는 자발적으로 되돌아오는 파면의 전파를 가져올 수 있다. 이러한 흐름은 연기를 측면으로 전파되게 하여 복도를 가득 채우게 될 것이다 (그림 9-9b 참조). 앞부분의 속도는 복도의 높이 H에서 식 (9-2)에서 주어진 것보다 다소 작다. 엘리베이터용 수직 샤프트에서의 기류 상승은, 벽에 의해 차단될 때까지 초기 화재플룸과 같은 형태가 될 것이다. 이 흐름은 그림 9-11과 같이 나타나고 있다. 차단 후에는 연기가 상승하는 샤프트는 복잡한 혼합 과정이 일어난다. 일단 샤프트가 뜨거운 연기로 가득 차게 되면 이는 굴뚝과 같은 형태가 된다. 샤프트 내에서의 지속적인 흐름은 샤프트의 환기구나 누출에 영향을 받는다.

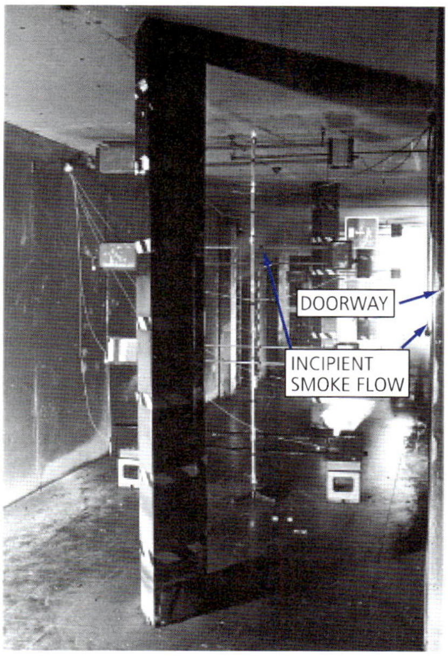

(a) 초기 연기의 복도 왼쪽 벽으로의 충돌 현상

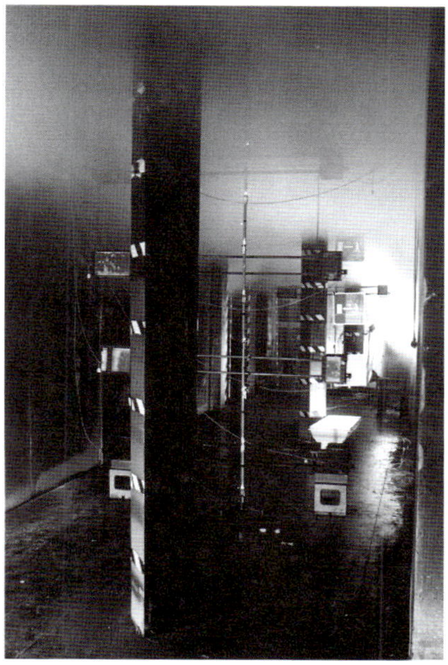

(b) 복도 천장을 따라 연기가 확산되는 모습

(c) 연기층이 중간 높이까지 하강한 모습

(d) 연기가 거의 바닥까지 내려온 모습

그림 9-10 **오른쪽 실내 화재에 의한 밀폐된 복도의 연기 충진**

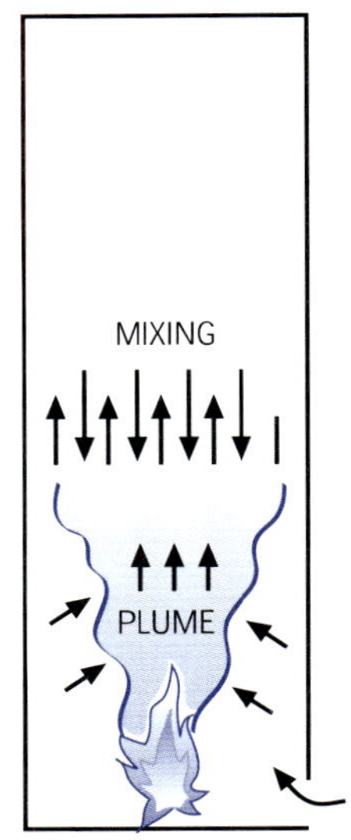

그림 9-11 샤프트의 초기 연기 충진 현상

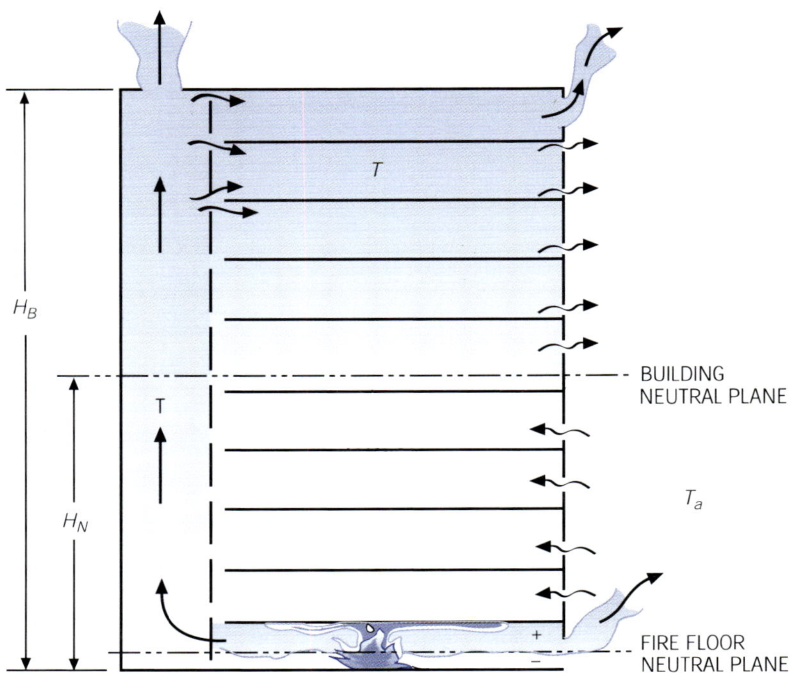

그림 9-12 건물 내 충진되는 연기의 간단한 역학적 현상

그림 9-12는 연기가 채워진 건물 내에서 연기가 흐르는 과정을 나타낸 것이다. 뜨거운 샤프트는 연기를 상층으로 이동시키고, 건물의 중성대 위에서 누출된다. 최상층과 화재층 환기구가 같은 단순한 경우의 화재층과 관련한 건물의 중성대 높이는,

$$\frac{H_N}{H_B} = \frac{1}{1 + T_a / T} \tag{9-5}$$

T_a : 주변공기의 절대온도
T : 연기의 평균 절대온도

대형건물에서 연기는 상당히 냉각될 것이므로, $T_a \approx T$이다. $H_N / H_B = 0.5$로 산출되는 것은 적절한 것이다. 화재층에는 자체의 중성대가 있다는 것과, 식 (9-5)에 이르는 사실을 무시해 왔다는 것에 주의하여야 한다. 또한 바람, 부력에 의한 건물 내의 자연적 흐름, 건물의 공기조화 시스템에 의한 흐름 등이 연기의 역학관계에 영향을 준다. 건물 내 통상적인 부력에 의하여 일어나는 이러한 자연적인 유동은 연돌효과라고 한다. 냉방중인 건물은 그림 9-12와 정 반대의 흐름을 나타낸다. 하절기 에어컨이 설치된 건물에서의 화재 초기에는 연기의 움직임이 아래로 향하게 되고 화재층 아래에서 연기의 누출현상이 일어난다.

5 단일 실에서의 화재분석

단일 실에서 정량적 화재 계산을 어떻게 행하는지 고려해보기로 한다. 우리는 하나의 환기구를 갖는 방에서 환기구를 통한 연기의 유속과 그 온도를 어떻게 계산하는지를 보기로 한다.

환기 흐름

우리는 그림 9-7c에서 연기와 공기의 온도 차이에 의한 압력차이로 환기구를 통하여 흐름이 발생되는 것을 보았다. 외부로 유출되는 연기의 양은 내부로 유입되는 공기의 양과 거의 동일하다. 정확한 비율은 온도차와 개방된 환기구의 크기에 의존한다.

환기구의 높이 H_o와 단면적 A_o에서 최대 공기 흐름속도 $\dot{m}_{a,\max}$는,

$$\dot{m}_{a,\max} = 0.5A_o\sqrt{H_o}\,(\text{kg/s}) \tag{9-6}$$

A_o : m^2

H_o : m

큰 환기구와 온도가 800℃ 이하인 낮은 흐름속도에서는, 그림 9-13에 주어진 실제 데이터에 의하여 설명되는 것과 같이, 식 (9-6)에서 이론적 최대값 일 때 데이터의 상부 측에 위치하게 된다. 대규모의 화재이거나 환기구가 작은 경우, 식 (9-6)은 공기공급 속도를 계산하는 좋은 근사법이다. 보통, $A_o\sqrt{H_o}$는 환기계수(Ventilation Factor)라고 부르는데 이는 흐름을 조절하는 중요한 요소이기 때문이다. A_o는 흐름의 면적, $\sqrt{H_o}$는 식 (9-2)에서 설명된 것처럼 속도를 나타낸다.

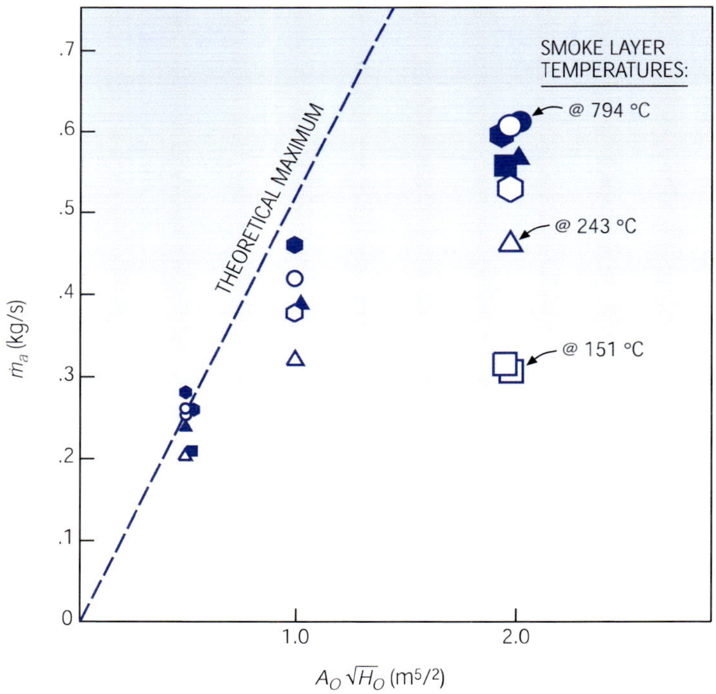

그림 9-13 실내 화재에서 환기구를 통한 전형적인 공기 흐름(Ref. 3)

6 연기 온도

화재크기 $\dot{Q}$ 값과 환기계수 $A_o\sqrt{H_o}$를 이용하여 플룸 영역에 의존하지 않고 연기층의 평균온도를 예측할 수 있다. 화재 $\dot{Q}$가 클수록, 환기구가 작을수록 연기의 온도가 높다는 사실을 알 수 있다. 연기의 온도상승을 예측하는 공식은, $\Delta T = T - T_a$에서

$$\Delta T(℃) = 6.85\left[\frac{\dot{Q}^2}{(hA)(A_o\sqrt{H_o})}\right]^{1/3} \tag{9-7}$$

A_o : m^2

H_o : m

A : 접촉면의 표면적 (m^2)

h : (다음 식에서 얻어진) 열손실계수

$$h = \left(\sqrt{\frac{k\rho c}{t}} \text{ or } \frac{k}{l}\right) \text{ in } \frac{\text{kW}}{\text{m}^2\text{-℃}} \text{의 최대값}$$

$k\rho c$: 내부 구조물의 열관성(thermal inertia)$\left(\frac{(\text{kW})}{(\text{m}^2\text{-℃})}\right)^2$-s

k : 온도전도율$\frac{(\text{kW})}{(\text{m-℃})}$

l : 내부구조의 두께 (m)

t : 시간(s). 표 9-1은 일반적인 구조물의 재료에 대한 $k\rho c$와 k의 대표적인 값을 나타낸 것이다.

식 (9-6)과 (9-7)은 $A_o\sqrt{H_o}$ 값의 합계로 여러 개의 환기구에 대해 이용될 수 있고, 여러 종류의 벽, 천장, 바닥 등의 요소에 대한 hA값의 합계로 다른 건축물에 대해 이용될 수 있다.

예를 들어, 하나의 환기구가 있는 실의 크기가 4×4×3 m, 환기구의 크기가 1×2 m라고 가정한다. 구조체는 기본적으로 표 9-1의 물성을 갖는 석고보드이며, 화재는 500 kW로 일정하다. 석고보드는 매우 두껍다고 가정한다. 위의 조건일 때, 100초 동안의 연기의 온도 상승을 계산하라.

$$A_o = 2\text{m}^2$$

$$A_o\sqrt{H_o} = 2\sqrt{2}\ \text{m}^{5/2}$$

표 9-1 대표적인 건축 재료의 물성

	$k\rho c$ ($kW^2 \cdot s / m^4 \cdot ℃^2$)	k ($kW / m \cdot ℃$)
단열판	0.09	4.1×10^{-5}
Wood	0.30	1.5×10^{-4}
Gypsum board	0.60	5×10^{-4}
Concrete	2.0	1×10^{-3}
Steel	150	5×10^{-2}

$$A = 2[4\times4+4\times3+3\times4]-2 = 78\,\mathrm{m}^2$$

$$h = \sqrt{\frac{k\rho c}{t}} = \sqrt{\frac{0.60}{100}} = 0.0775\frac{\mathrm{kW}}{\mathrm{m}^2\text{-}℃}$$

식 (9-7)에서,

$$\Delta T(℃) = 6.85\left[\frac{500^2}{(0.0775)(78)(2\sqrt{2})}\right]^{1/3}$$

$$= 6.85(26.6)$$

$$\Delta T = 167℃$$

$$T = 167℃ + 22℃ = 189℃$$

플래시오버

어떤 조건에서 온도가 500℃까지 상승하는가를 알아보자. 공기온도 500+25℃에서 흑체의 복사열 유속은 σT^4으로부터 23 kW/m^{2}가 산출된다. 이러한 가열조건에서는 다른 물질은 점화가 가능하므로, 이러한 점화 또는 화재성장은 플래시오버의 징후로 볼 수 있다. 그러므로 만약 $\Delta T = 500℃$를 플래시오버 가능 온도로 본다면, 플래시오버가 발생하기 위해서는 식 (9-7)로부터 다음 $\dot{Q}$ 만큼의 열량이 필요하다.

$$\dot{Q}_{FO} = \left[\frac{500}{6.85}\right]^{3/2}\left[(hA)(A_o\sqrt{H_o})\right]^{1/2}$$

또는,

$$\dot{Q}_{FO} = 624\left[(hA)(A_o\sqrt{H_o})\right]^{1/2} \tag{9-8}$$

앞의 예제에서, 약 100초 후에 플래시오버가 일어난다고 가정하여,

$$\dot{Q}_{FO} = 624[(0.0775)(78)(2\sqrt{2})]^{1/2}$$
$$= 2{,}580\ \text{kW}\ \text{or}\ 2.58\ \text{MW}$$

환기 지배형 화재

작은 환기구나 대규모 화재에 유효한 최대 공기흐름속도의 계산이 가능하므로, 위 예제에서,

$$\dot{m}_a = 0.5(2\sqrt{2}) = 1.41\ \text{kg/s}$$

보통 연료의 대부분은 공기 중(또는 공기 중의 산소)에서 대략 3 kJ/g을 발생시킨다. 산소가 모두 소진되는 경우 환기 지배형 화재가 되며, 실에서의 예상최대 에너지 방출속도는

$$\dot{Q}_{max} = \dot{m}_{a.max}(\text{kg/s}) \times 3000\ \text{kJ/kg} \qquad (9\text{-}9)$$

예제에 대하여,

$$\dot{Q}_{max} = 1.41 \times 3{,}000 = 4{,}243\ \text{kW}\ \text{혹은}\ 4.24\ \text{MW}$$

환기 지배형 화재에서의 에너지 방출은 초기 플래시오버 값보다 크다. 이러한 플래시오버와 환기 지배형 에너지와의 차이는 대부분의 구획화재에서 일반적인 사실이다.

최성기 화재의 크기

식 (9-9)는 실내에서의 에너지 방출속도를 계산하는 식이다. 연료의 최대 연소소도는 무엇에 영향을 받을 것인가. 일반적으로, 최성기화재는 800℃ 혹은 그 이상으로서, 복사열유속(σT^4, $T=1{,}073$ K)으로 환산하면 75 kW/m^{2}가 된다. 6장에서, 기화열의 범위가 1~5 kJ/g이라는 것을 알았다. 식 (6-1)에서, 평균 기화열 L을 2 kJ/g으로 가정하고, 위 예제에서 연료가 퍼진 바닥면적 $A = 12$ m^{2}라고 하면,

$$\dot{m} = \frac{(75\ \text{kW/m}^2)}{2\ \text{kJ/g}}(12\ \text{m}^2) = 450\ \text{g/s}$$

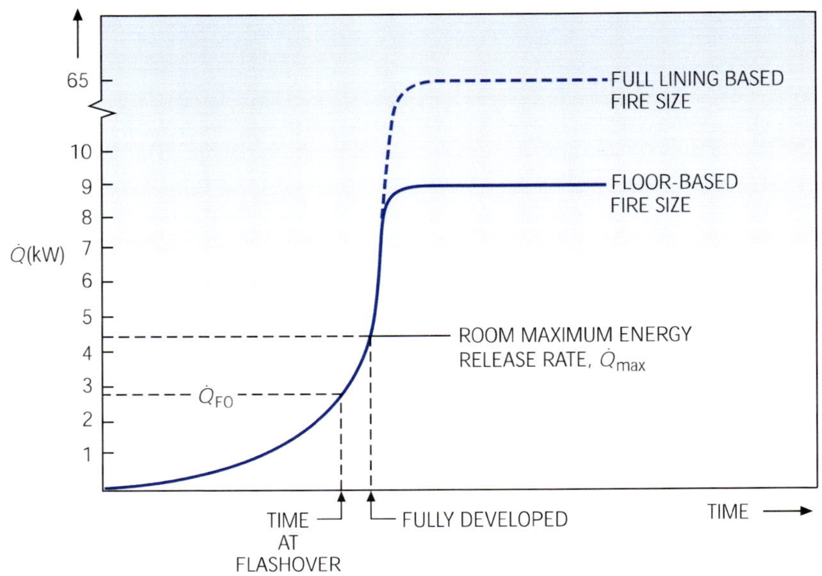

그림 9-14 화재 시나리오에서 화재 성장의 예

평균 연소열 ΔH_c를 20 kJ/g으로 취할 때, 이에 따른 화재의 크기(식 6-2) $\dot{Q}$는,

$$\dot{Q} = (450\,\mathrm{g/s})(20\,\mathrm{kJ/g}) = 9{,}000\,\mathrm{kW} \ \text{or} \ 9.0\,\mathrm{MW}$$

나머지 에너지 방출속도 $9-4.24=4.76$ MW는 잠재적으로 실외에서 연소될 것이며, 이는 플래시오버의 결과를 보여주는 것이다. 단지 바닥의 연료뿐만 아니라, 가연성 내장재 등과 같이 구획 내 연료 전체를 고려할 때, $A=78\mathrm{m}^2$, $\dot{m}=3{,}225\mathrm{g/s}$, $\dot{Q}=64.5\,\mathrm{MW}$이다. 얇은 재료라 할지라도 가연성 내장재의 위험은 명확히 나타난다. 그림 9-14는 실내에서 있을 수 있는 화재성장 거동을 보여주는 예이다. 최성기화재 단계는 연소 가능한 연료의 성질과 크기에 영향을 받는다.

7 밀폐지역에서의 훈소화재

그림 9-15는 8.8 m^2×2.4 높이의 밀폐된 실내에서 포장가구 의자(소파)의 훈소화재 시 연기의 유동을 나타낸 것이다. 훈소는 담배불에 의하여 개시되는 것으로 하였다.

그림 9-16은 연기층이 하강하는데 따른 CO농도의 증가에 관한 관계를 보여주고 있다. 연기는 67분 후 바닥에 도달한다. 일반적으로, 소파 등과 같은 훈소화재에서 CO의 수율은 실내장식용 폴리우레탄이나 면의 경우 0.1～0.2로 나타난다. 이 때 산소는 많이 남아 있고 (보통 > 16%) 온도의 증가는 작았다 (< 50℃).

그림 9-17은 높이 2.4 m의 각기 다른 면적을 갖는 실내에서 소파가 연소할 때의 결과를 이론적으로 보여주고 있다. CO 농도는 이미 계산된 바이며, 의식을 상실할 정도의 수준에 도달하는 시간 (CO%×time = 4.5%-min)은 t^*로 나타내었다. 의자에서의 훈소 위치는 바닥으로부터 0.4 m 높이에 있다. CO 농도는 1.2 m 높이에서 측정하였는데, 이는 일반적으로 사람이 앉아 있을 때의 높이이다. 연기층이 바닥 위 1.2 m 높이에 처음 도달하는 시간은 그림 9-17에서 t_o로 나타내었다. 주거용 실내 공간에서는 1시간 이내에 의식상실이 일어나지만 일반주택 정도의 크기인 경우에는 2시간 정도가 된다. 이러한 모양은 훈소화재 사고 데이터와 잘 일치하지만, 비슷한 시간에 훈소화재가 화염으로 전환되는 것으로 알려져 있다. 이러한 전환은 현실적으로 예측할 수 없는데 이 전환은 훈소지역에서 공기의 공급과 흐름의 속도에 큰 영향을 받는다. 화염 또는 지속적인 훈소 과정 모두 1시간에서 2시간 사이에 거주자에게 치명적일 수 있다. 훈소는 지속적으로 낮은 수준의 CO를 생성하지만, 환기지배형 화재에서는 CO의 농도를 2～7%까지 상승시킨다. 이러한 경우에는 2분 이내에 의식을 상실할 수 있다.

그림 9-15 밀폐된 실내에서 의자의 훈소화재에 의한 연기의 충진과정

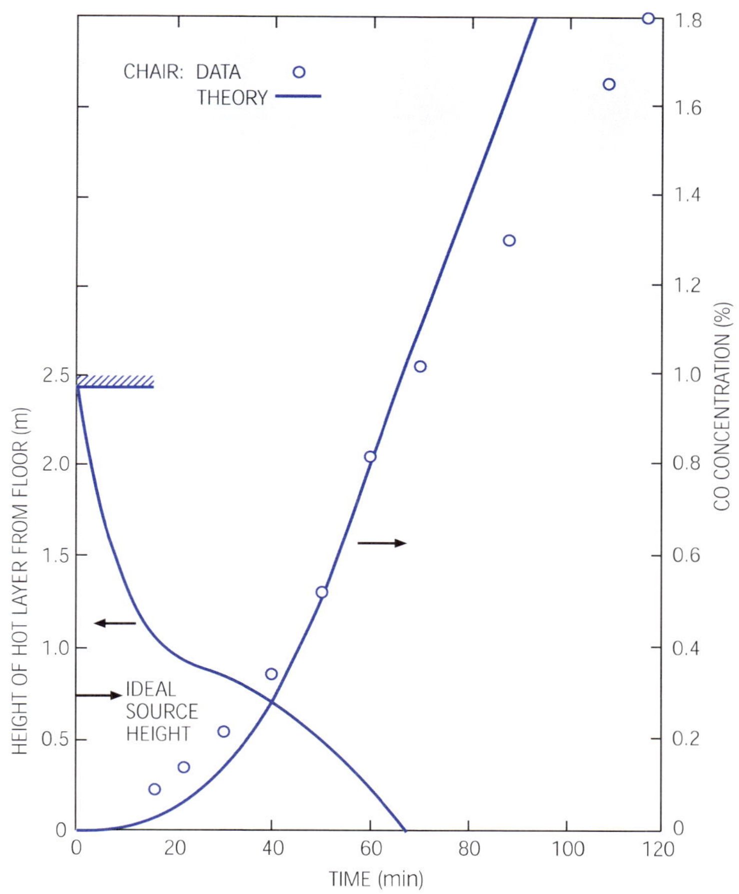

그림 9-16 밀폐된 실내에서 훈소 의자의 연기 하강과 CO의 농도(Ref. 4)

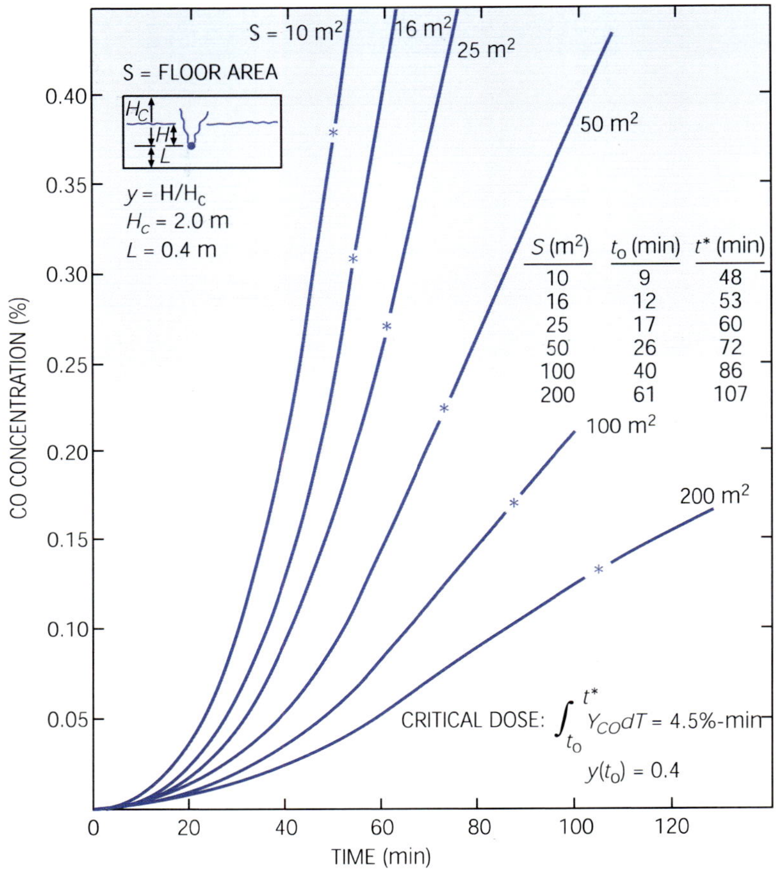

그림 9-17 크기가 다른 실내에서 의자의 훈소 시 CO 농도 변화(Ref. 4)

Summary

실내에서의 화재성장단계 : 첫째로 실내의 아무런 영향 없이 거의 자유 연소하는 상태. 다음에 플래시오버가 발생할 수 있으며 이어서 최성기화재 단계로 이어질 것이다. 이는 환기지배형 화재와 같다.
화재의 열에 의해 발생하는 부력으로 건물에서 연기가 주도적으로 전파된다. 이는 매우 작지만 뚜렷한 압력의 차이가 흐름을 유발한다. 일반적으로 연기는 상부의 뜨거운 곳에서 층을 형성한다.
환기가 가능한 실에서 연기층의 온도와 환기구를 통한 공기의 흐름속도는 간단한 식에 의해 예측할 수 있으며 이는 화재성장의 다양한 모습을 설명하는데 사용할 수 있다.
일산화탄소를 다량으로 발생시키는 훈소화재는 일반적인 주거 공간에서 대개 1~2시간 사이에 의식 상실을 일으킬 수 있다.

연습문제

1. 강의실에 플래시오버가 일어나기 위해 필요한 에너지 방출속도를 계산하여라. 문은 열려져 있다고 가정하라.
2. 강의실 문이 반쯤 열린 상태에서 연기층의 온도가 300℃가 되는데 필요한 화재의 크기(kW)를 계산하여라. 300℃의 연기층으로부터 최대 복사열유속은 얼마인가?
3. 실내 화재가 플래시 오버가 되어 800℃가 될 때 완전히 개방된 문을 통한 최대 공기유량을 계산하여라. 만약 모든 유리창이 깨진다면 추가적인 공기유량은 얼마나 될까?
   전체 공기량을 통해 유지될 수 있는 화재의 크기(kW)는 얼마이며 이 화재를 지속할 수 있는 연료의 양은 충분한가?
4. 세계 무역센터 건물의 높이가 350 m이고 겨울철 실내온도는 23℃ 실외온도는 0℃일 때 샤프트를 통한 상하의 압력 차이는 얼마나 될까? 샤프트의 유효 직경이 3 m이면 샤프트에서의 평균 유속은 얼마나 될까? 건물의 상부와 하부가 완전히 열려 있다고 가정하고 식 (9–3)과 (9–4)를 사용하라. $f=0.02$로 한다.
5. 강의실 의자가 훈소되고 있고 모든 문은 닫혀 있다. 그림 9–16의 정보를 이용하여 훈소 화재의 연층이 실내 바닥으로부터 1.2 m 될 때까지의 시간(t_o)를 구하여라. 또한 그 위치에서 CO에 의해 무기력해지는데 까지 걸리는 시간을 구하여라.
6. 화재의 성장단계를 설명하여라.
7. 플래시오버(Flashover)와 백드래프트(Backdraft)를 설명하여라.

참고문헌

1. G. Hartzell, "Combustion Products and Their Effects on Life Safety", sec. 3, chap. 1, in *Fire Protection Handbook*, 17th. ed, edited by A. E. Cote and J. L. Linville (Quincy, MA: National Fire Protection Association, 1991), 3.3 - 3.14.
2. J. G. Quintiere, K. Steckler, and D. Corley, "An Assessment of Fire Induced Flows in Compartments", *Fire Science and Technology* 4, no. 1 (1984): 1 - 14.
3. J. G. Quintiere and B. J. McCaffrey, *The Burning of Wood and Plastic Cribs in an Enclosure*: Vol. Ⅰ, NBSIR 80-2054 (Gaithersburg, MD: National Bureau of Standards, September 1980), 49.
4. J. G. Quintiere, M. Birky, F. Macdonald, and G. Smith, "An Analysis of Smoldering Fires in Closed Compartments and Their Hazard Due to Carbon Monoxide", *Fire and Materials* 6. no. 3 and 4 (1982): 99 - 110.

CHAPTER 10

화재 분석

학습목표

1. 화재안전설계와 화재조사에서의 분석적 적용
2. 화재 모델링의 유용성과 한계 설명

1 개요

앞장을 통하여 화재크기 및 성장[$Q(t)$]을 추정하거나, 화재로 인한 열 또는 연기에 의한 피해 영향을 평가하는 방법이 있다는 것을 알았다. 또한, 이러한 과정은 복잡하고 평가를 위하여 간단한 방법만을 고려하였던 것도 사실이다. 그럼에도 불구하고 바람직한 결과와 어느 정도의 정확성을 가지는 방정식을 이용하여 화재 시나리오에 접근할 수 있게 되었다. 대부분의 화재현상에는 완전하게 알 수 없는 주위여건 (예를 들면 문의 개폐정도, 물체간의 접근도 등) 때문에 불확실성이 존재한다. 이러한 모든 조건들을 안다고 해도, 계산이 완벽할 수는 없기 때문에 정확성 면에서 ±50% 정도로 가변적이지만 일반적으로는 이 값보다는 좋은 결과를 얻을 수 있다. 이와 같은 제한에도 불구하고 근사해석방법들이 여전히 유용하게 쓰이고 있다.

이 장에서는, 화재안전 설계와 화재조사 관점에서 검토하기로 한다. 화재안전설계 관점에서는 특정한 화재의 경우 적합하지 않지만, 화재조사 관점에서 화재에 대한 몇몇 증거나 가설을 제시하였다. 설계에서의 중요한 관점 가운데 하나는 관련된 화재 시나리오에 대한 세부사항과 그 발생확률이라 할 수 있다. 화재조사에서는 어떤 확실한 사건이나 발생시간 등을 분명히 평가하기 위하여 계산을 이용할 수 있다. 몇 가지 화재 사례와 분석 방법으로 흔히 이용되는 컴퓨터 화재모델에 관하여 살펴보기로 한다.

2 화재안전 설계

화재안전에 대한 설계는 주로 각 지역의 규정을 준수하는지 여부를 평가하는데 이용된다. 실제의 규격이나 기술 기준에 근거한 이러한 규정들은 요구사항을 상세하게 규정하고 있다. 건축가나 시공자, 건물 소유자 모두 규정을 준수하여야 한다. 더 높은 수준을 요구하는 것은 아니지만, 규정에서 명확히 적용할 수 없거나 설계자가 대체 방법을 요구하는 많은 상황이 발생할 수 있다. 그러한 상황에서 규정과 동등한 평가를 하려면 최소한 기술적인 검토가 요구되며, 더 나아가 분석 방법이 보다 적합할 것이다. 화재계산에 대하여 논의해온 공식들이 이러한 분석에 이용될 수 있다.

여러 가지 측면이 규정에 따라야 되므로, 설계시 다음과 같은 사항이 포함되어야 할 것이다.

1. 화재탐지 및 경보
2. 화재성장의 완화와 진압
3. 피난
4. 건물기능의 연속성
5. 구조적인 강도 유지
6. 대피와 구조

화재의 거동에 관한 논의에서 이러한 측면들이 모두 다루어지지 않았으므로, 다른 교재를 참고하여야 할 것이다.

화재안전 설계 측면에서 더욱 중요한 점은 화재성장 시간과 피난시간과의 상호작용일 것이다. 일반적으로 피난시간은 화재에 의한 피해시간보다 짧아야 한다. 모든 가능한 화재 시나리오와 발생 가능성에 대한 건물 내 거주자의 피난시간을 결정해야 한다. 연기가 사람들의 행동을 느리게 하기 때문에 화재가 진행됨에 따라 피난시간이 증가한다. 한편, 화재로부터 피해를 입는 시간은 화재의 크기에 반비례 관계를 갖는다. 즉 화재가 성장함에 따라 손상을 입히는 시간은 짧아진다. 스프링클러, 소방대의 진화활동, 방화벽 등은 모두 피해시간에 영향을 미친다. 이에 관한 정성적인 설명이 그림 10-1에 나타나 있다. 스프링클러로 화재를 극복하지 못하면 화재피해 곡선이 다시 아래 방향으로 바뀔 수 있다는 점에 유의하여야 할 것이다.

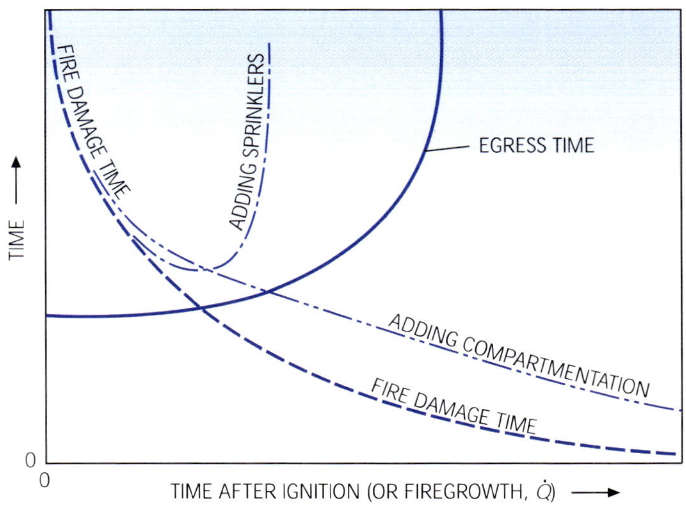

그림 10-1 **화재 성장 시나리오에 따른 피해시간과 대피시간**

화재사고로 인한 화재안전설계 분석의 두 가지 예를 실제로 수행하였는데 이는 설계 과정의 한 부분으로 수행한 것은 아니지만 이 예는 이러한 분석이 설계 단계에서 적용 가능하다는 것을 보여주기 위하여 소개한 것이다. 실제 화재사고의 분석은 건물이 건설되는 동안 적용될 수 있는 설계 전략을 보여주며, 건물이 완공 된 후에는 규정에 적합한지 여부를 보여주고 있다. 이러한 분석은 낮은 비용으로 안전을 개선하거나 규정에 상응하도록 할 수 있을 것이다.

3 성능 코드 (Performance Code)

오늘날, 법률적 코드와 상대적인 성능화재 안전코드(Performance fire safety codes)에 대한 논란이 많다. 이는 본래 법규상의 사양에 컴퓨터 분석을 이용하는 것을 의미한다. 이 과정은 발전단계로서 아직 정해진 방법은 없다. 화재계산에는 전문성이 요구되기 때문에, 화재 프로세스의 모든 과정에 대한 지식이 충분히 논의되고 이해되기까지는 이와 같은 성능 코드가 쉽게 실용화될 수 없을 것이다. 이러한 전문성이 실제 현상을 통해 이해되기 전까지는, 화재안전 설계는 계속해서 그 같은 쟁점을 다루게 될 것이다. 화재안전 규정이 컴퓨터 분석으로 변화하는 것은 기술적으로 가능하지만 실제로 적용되기는 힘들 것이다. 이러한 새로운 기술은 반드시 지식기반과 컴퓨터 계산의 차이를 줄이기 위해 필요한 연구를 병행하여 꾸준히 진행되어야 한다.

4 화재조사 사례 (Fire Investigation Example)

법률소송의 문제에서 화재조사 분야의 컴퓨터 사용과 화재분석이 요구되었다. 설계 적용에 있어 화재의 거동에 관한 충분한 지식이 없이는 어떤 단순한 접근도 어렵다. 비록 컴퓨터 모델이 유용하게 쓰일 수는 있다고 하지만, 이 책에서 얻은 지식은 시간 진행에 따라 제안되거나, 화재조사에 제안된 시나리오를 보완하는 데 있어 오래도록 지속되는 방법이 될 수 있을 것이다. 설계와는 달리 화재조사에 관한 이 과정은 해결되지 않은 채 공개되지 않는다. 특수한 화재가 있었으며 특수한 피해를 초래하였다. 이러한 사실들은 증거, 증언, 분석 등을 통하여 입증되어야 한다. 이러한 분석의 과정을 설명할 수 있는 구체적인 실 예를 살펴보기로 한다.

분석사례 1. 건물 내 샤프트 환기 효과

첫 번째 사례는 일본 건축연구소의 Takeyoshi Tanaka가 건물 내에서의 연기의 이동과 특성을 계산하기 위하여 고안한 그의 컴퓨터 코드를 이용하여 평가한 것이다.[1] 평가 결과는 그림 10-2에 수록되었다. 2개의 샤프트 배연 조건을 고려한 것으로서, 연기의 이동과 온도에 약간의 차이가 있다. 이 평가는 1980년 11월 21일 네바다주의 라스베가스에서 일어난 MGM빌딩 화재 이후 시작되었다. 그 당시의 컴퓨터로서는 65층 MGM 빌딩에 대한 계산이 용이하지 않아 단지 5개 층에 대해서만 수행되었으나, 그러한 추론이 결코 MGM빌딩 화재 분석 또는 그 결과로부터의 학습을 위해 사용되지는 않았다. 대부분의 사람(85명)들은 수직 샤프트를 타고 올라온 연기에 의하여 건물의 상층부에서 사망하였다. 그림 10-2에서는 중앙 샤프트 배연인 경우, 연기 온도는 큰 영향이 없으며 3층에서의 연기층 깊이에 영향을 미친다는 것을 보여주고 있다. 화재에 대한 계산이 더 발전하면 샤프트 배연의 유익성에 대한 보다 완전한 정보를 얻을 수 있을 것이다.

분석사례 2. 뉴욕 세계무역센터 건물의 연기 유동

또 다른 고층 빌딩 화재가 주목을 받았는데, 이는 1993년 4월 뉴욕의 World Trade Center의 폭발화재 사고이다. 그림 10-2에서 설명한 컴퓨터 코드는 그 후 새롭게 개선되었으며 (BRI Ⅱ), 일본의 여러 빌딩에서 이와 상응하는 대체 설계를 위하여 이용되었다. 요즈음은 컴퓨터의 용량이 매우 커져 110층 빌딩의 계산도 가능하게 되었다. Yamaguchi 등은[2] 세계무역센터 건물 화재 시나리오 분석을 위하여 새로운 코드를 이용하였다. 그림 10-3은 새로운 코드 분석을 인용한 것으로서, 25분간 20 MW의 주차장 화재 (그림 10-3에서 검게 표시된 부분)를 전산모사한 것으로 그 결과 13분(780초) 후의 연기 흐름을 보여주고 있다 (검정 화살표는 고층부 연기층의 흐름이고, 흰색 화살표는 저층부 연기층의 흐름임).

이 건물에서 연기에 의한 직접사망은 없었는데 아마도 화재 지속시간과 환기조건 때문이었던 것 같다. 이러한 계산은 이 화재사건의 연기 조건뿐만 아니라 다른 화재 시나리오의 위험을 평가할 수 있을 것이다. 건물을 보다 안전하게 하기 위한 설계 전략을 컴퓨터를 통하여 평가할 수 있다.

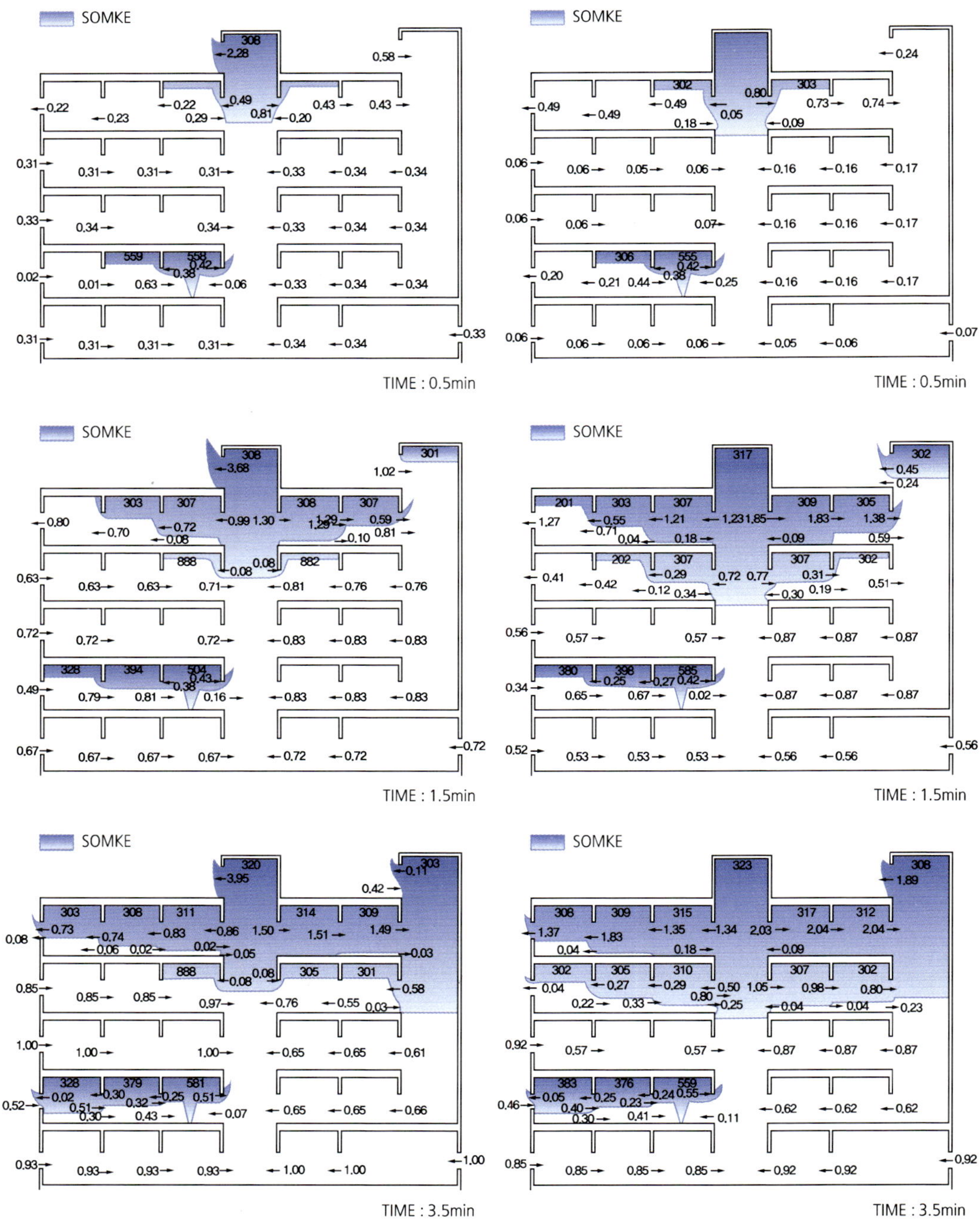

그림 10-2 5층 건물의 연기 유동 전산모사(Ref. 1)

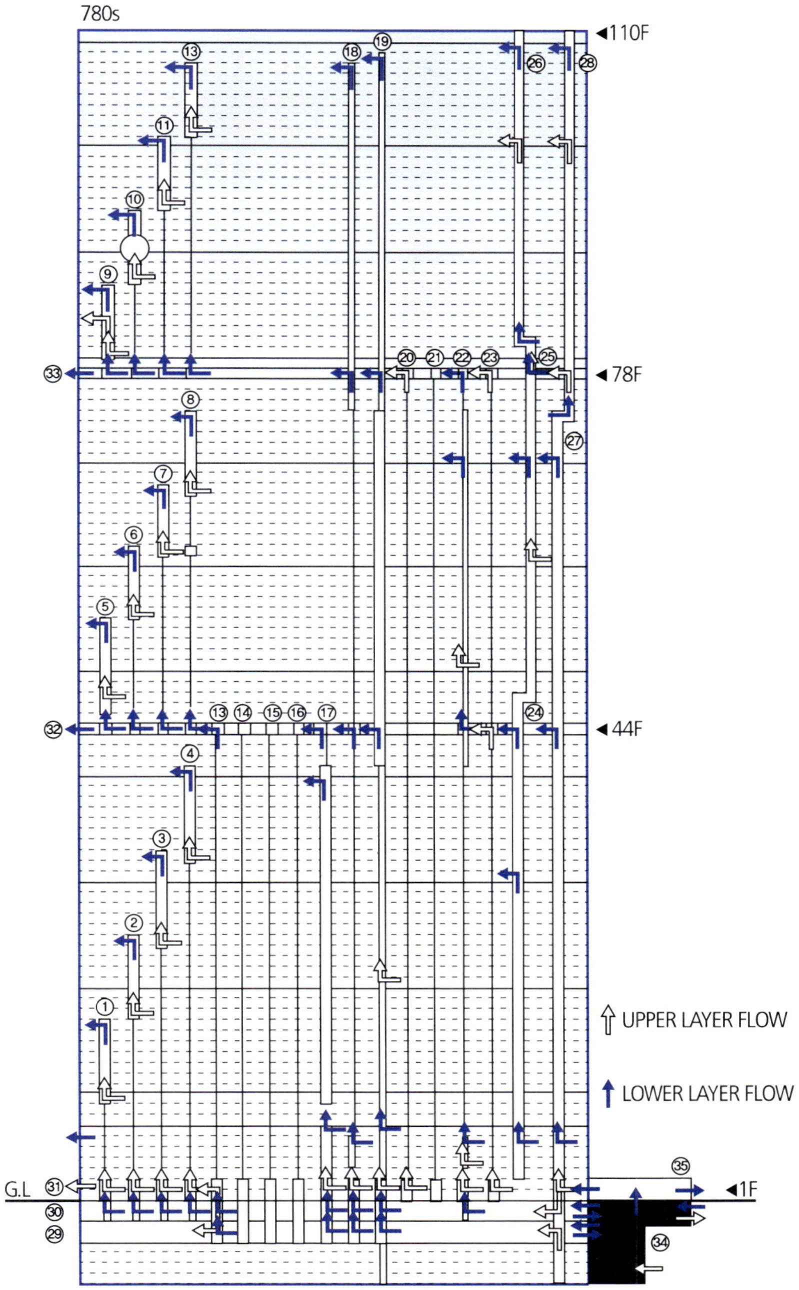

그림 10-3 뉴욕 세계 무역센터 건물의 연기 유동 분석(Ref. 2)

분석사례 3. 세탁물 바구니 화재사례

1993년 5월, John Martorano 살해사건에서, 그의 부인에게 방화죄를 추가하여 유죄판결이 내려졌다. 부인 Donna Martorano는 Jimmie Lee McWhirter와 모의하여 가족이 플로리다에 있는 동안 그녀의 집에 불을 지르도록 하였다. (다음의 두 기사가 그 배경을 자세히 설명한다.)

이 사건의 한 쟁점은 수도 동관이 파열하여 소화가 이루어진 세탁물 바구니 화재라는 점이다. 증거에 의하면 화재는 그 집의 세탁실 내 급탕용 히터와 로 사이에서 의도적으로 발생시킨 것으로 나타났다. 동관 윗부분의 엘보 연결부가 납 용접부분이 용해되면서 파열되었다. 용접용 납의 용융 온도는 대략 250~300℃ 범위이다. 그러한 온도에 도달하기 위해서는 그림 7-10에서와 같이 화염의 끝이 동관 윗부분에 닿아야 한다. 즉, 발화원이 엘보 연결부 높이에서 적어도 그 온도가 되어야 한다. 더욱이 물이 채워진 파이프에서 납이 용융되기 위해서는 납 접합부의 열전달을 최대화하기 위하여 화염으로 싸여야 한다. 그림 10-4는 화재 시나리오를 설명한 것이다. 보통의 세탁물 바구니 화재는 대략 표 6-4에서의 큰 쓰레기통 화재로 간주할 수 있으며, 이는 10 g/s의 연소속도로서, 계산에 의한 발생 연소열은 20 kJ/g이 된다(플라스틱 및 면 의류로 가정).

따라서,

$$\dot{Q} = (10\,\mathrm{g/s})(20\,\mathrm{kJ/g}) = 200\,\mathrm{kW}$$

식 (7-9)로부터 화염의 높이를 계산하면,

$$L_f = 0.23\dot{Q}^{2/5} - 1.02D$$
$$= 0.23(200\,\mathrm{kW})^{2/5} - 1.02(0.7\,\mathrm{m}) = 1.2\,\mathrm{m}$$

여기에서 화재(풀)의 직경은 0.7 m로 가정하였다. 이 화염높이 1.2 m가 세탁물 바구니 화재의 상부 한계가 될 것이다. 그러나 그림 10-4(a)에서와 같이 이 화염높이로는 천장의 파이프에 도달할 수 없음을 알 수 있다. 반면, 가솔린과 같은 연소 촉진제가 세탁물 바구니에 첨가되었다면 다음과 같이 계산된다(6장에서).

$$\dot{Q} = (55\,\mathrm{g/m^2s})[\frac{\pi}{4}(0.7\,\mathrm{m})^2](43.7\,\mathrm{kJ/g}):\ \text{가솔린인 경우}$$
$$= 925\,\mathrm{kW}$$

그리고, $L_f = 0.23(925)^{2/5} - 1.02(0.7)$
$= 2.82\,\mathrm{m}$

이 경우의 화염은 천장까지 도달할 수 있고 쉽게 동관 연결부를 둘러쌀 수 있을 것이다. 또한 그 온도는 납을 용해하기에 충분할 것이다 (그림 10.4(b) 참조).

이 예에서 분명한 것은 이 화재의 내용에 대한 어떤 가정이 있어야 한다는 것이다. 가정은 다를 수 있으나, 결론은 쉽게 변화하지 않을 것이다. 보통의 세탁물 바구니만으로는, 어떤 우연한 사고로 점화하였다 할지라도 납을 용융시킬 정도는 될 수 없을 것이다. 연소촉진제에 관한 직접적인 증거는 없지만, 분석에 의하여 촉진제가 존재하였음을 강력히 시사하고 있다.

앞의 예는 BATF(Bureau of Alcohol, Tobacco and Firearms)프로그램의 화재담당국 화재조사관 훈련 과정에서 제기되었다. 수사관 William J. Petraitis는 Allegheny County의 조사관 Thomas Hitchings와 함께 세탁물 바구니에 연소촉진제가 있는 경우와 없는 경우에 대하여 각각 테스트한 후 이 문제를 제기하였다. 그들은 내막을 밝힐 수 있는 확실한 증거를 찾고 있었다. 여기에서는 화염의 높이가 열쇠인 것이다. 이 예는 과학이 실제 사건의 사실 판단에 유용하다는 것을 증명해주고 있다.

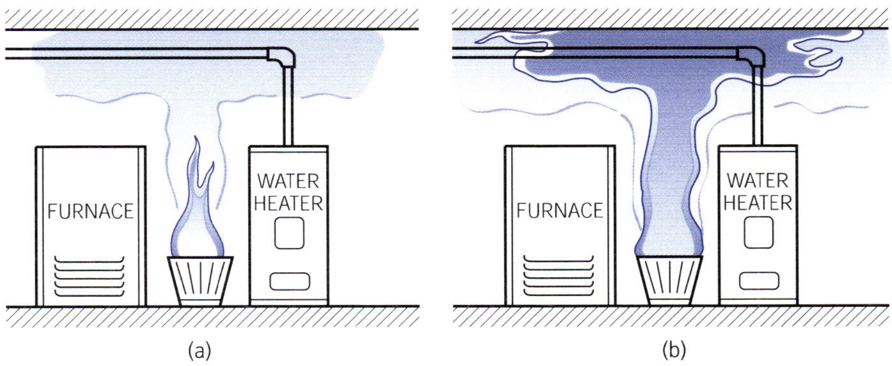

그림 10-4 세탁물 바구니 화재에 의한 배관 용접부 용융에 대한 해석도

방화, 사기사건 재판에 회부

By Pamela Aampson
TRIBUNE-REVIEW

Allegheny County에서 남편을 살해한 혐의를 받고 있는 한 부인이 Allegheny County 교도소에서, 보험금을 수령할 목적으로 자신의 집에 방화를 시도한 혐의에 대한 400,000 $의 보석금 공판을 대기하고 있다. Elizabeth의 Rothey Drive 518번지에 거주하는 Donna Martorano(42세)는 어제의 예심에서 방화, 사기 및 살인 음모혐의를 받고 재판을 받기 위해 구속되었다. 그녀는 4월 19일, 그녀의 집을 방화한 혐의와 허위강도 보고서를 작성하여 옷가지와 보석 등에 대한 보험금을 탄 혐의로 기소되었다. 그녀의 죄를 입증하는 증언은 Martorano의 13세 된 양딸 Lisa Martorano로부터 나왔다. 그녀는 5월 13일 그의 집 뒤에서 사망한 고 John Martorano씨의 딸이다. 그녀는 결코 침착함을 잃지 않고 양어머니의 눈을 피한 채 Donna Martorano가 가족들이 플로리다에 있는 Martorano의 아들을 만나러간 사이에 불을 지르려는 계획을 해왔다고 증언했다. 그 양딸은 가족이 플로리다에 가있는 동안 피고 (Donna Martorano)가 텍사스에 사는 Jimmie Lee McWhiter를 피츠버그에 오게 하고, 그가 집에 불을 지르도록 준비했다고 말했다. McWhiter는 Martorano의 사촌이다 즉 법정의 자료에 의하면 그 둘은 실제로도 매우 좋은 관계를 가지고 있었다고 한다. Lisa에 의하면 불을 내기 전에 몇 가지 옷, VTR, 컴퓨터, 텔레비전과 같은 귀중품 등을 싣고 그 자리를 떠났다고 한다. 그러나 모든 것이 계획대로 되지만은 않았다. 시 화재당국자의 말에 의하면 조사 결과 화재는 지하에서 발생하였고 그로 인해 물파이프가 녹았으며 그 파이프의 물 때문에 30분도 되지 않아 불이 꺼졌다고 한다. 그 양딸은 불이 난 당일 Donna Martorano가 지하층이 연기와 물로 가득 찼지만 집은 여전히 문제가 없다는 전화를 받은 후 그녀를 불렀다고 증언했다. 그녀의 양어머니는 화가 나서 전화를 끊었다고 한다. 분명히 Jimmie가 바보짓을 해 일을 망쳤다고 말했다. 즉 Jimmie는 그 집에 불을 지르기로 되었던 것이다. 펜실바니아로부터 돌아오는 여행길에 Donna Martorano가 가족들이 집에 없는 동안, 집에 도둑이 들었다고 신고하기로 결정하고 각 식구에게 옷, 보석들과 같은 것들이 없어졌다고 신고하라고 말했다고 그녀는 증언했다. 피고측 국가선임 변호사 Sumner Parker의 질문에 그녀와 그녀의 아버지가 그들이 불법적인 일을 하고 있음을 알면서도 자진해서 참여했음을 그녀는 인정했다. 비록 피고인의 얼굴이 심각해지기는 했으나 그 당시에는 그들이 살인죄로 기소되지는 않았다. 그녀는 지난달 연행되어 그녀 남편의 살인미수 죄로 고발되었다. 하지만 주초에 검찰관들이 고소를 철회했다. 시선 변호사 대리인 W. Christopher Conrad에 의하면 검찰관들이 후에 보충 할 수도 있을 것이라고 한다. 이와는 별도로 McWhiter와 공범용의자인 텍사스의 Marlin Dale Collins는 여전히 Martorano의 살해 용의자이다. 살인용의자들의 진술서에 쓰여진 유력한 살인 동기는 Martorano씨가 그의 딸을 데리고 떠나려고 하는 것을 알고 Donna Martorano가 살인을 계획했다는 것이다.

진술서에서 목격자들은 Donna Martorano가 자신의 계획 즉 보험금을 타는데 협조하지 않으면 죽이겠다고 하여 John Martorano씨는 생명의 위협을 느꼈다고 경찰에게 말했다. 진술서에 의하면 McWhiter는 경찰에게 그의 사촌이 그에게 청하여 Marlin Collins를 고용하여 폭행하게 하고 Collins에게 5,000 $를 주었다고 말했다.

살인교사한 부인 유죄

By Jan Ackerman

Post-Gazette Staff Writer

어제 밤 피고 측 대리인은 배심원단에게 지난 5월 13일 두 남자를 시켜 Jefferson에서 걸어가는 그녀의 남편을 살해하도록 한 Elizabeth 지구의 여자에게 사형이 아닌 교도소에서의 삶을 살게 해달라고 부탁했다.

오후 8시에 시작된 Martorano의 공판에서 판결이 사형 국면으로 진행되는 동안, "만약 Donna Martorano가 자신을 향하여 방아쇠를 당길 수 있는 용기가 있었다면, 당신들은 오늘 이 자리에 앉아있지 않았을 것이다." 라고 관선 변호사 보조인 Robert Foreman이 배심원단에게 말했다. 그는 청부살인이 사형의 근거가 되는 게 사실이지만, 가중행위가 없다면 1급 살인이 라고 해서 자동적으로 사형선고를 초래하지는 않을 것이라고 말했다. 어제 오후, 배심원단은 Martorano의 1급 살인죄, 살인교사 및 방화, 청부방화 음모, 보험사기, 보험사기 음모 등에 대한 공소 원인 근거를 부여하였다. 배심원단은 이를 위하여 3시간 15분 동안 신중히 검토하였다. 지역 변호사 대리인 W. Christopher Conrad씨는 Martorano가 3년간 그녀의 남편인 John Martorano를 살해하기 위하여 다른 사람을 고용하였기 때문에 사형을 받을 만 하다고 주장하였다.

(관선 변호사 보조인) Foreman은 배심원단에게 Martorano에게는 전과 기록이 없고, 좋은 어머니였으며, 가족을 부양하기 위하여 여러 가지 직종에서 일해온 점 등, 형을 완화시킬 수 있는 요인에 대하여 심의하여 줄 것을 요청하였다.

18세 된 그녀의 아들 Jason Gulyban은 증인선서를 하고 배심원들에게 자신은 어머니를 사랑하며 또한 그녀가 죽기를 원하지 않는다고 진술하였다.

그리고 Foreman은 Martorano를 대신하여 배심원단에게 고하는 감동적인 탄원서를 작성하였다.

"그녀는 결코 아이들의 결혼식에 참석할 수 없을 것이며, 손자들의 세례식을 열 수 없을 것입니다." Foreman은 계속하여 "그녀에게 내려진 벌은 이미 충분합니다. 여러분께서는 그녀를 죽일 필요는 없습니다." 라고 주장하였다.

재판장 Donna Jo McDaniel 은 이를 심의하기 위하여 오후 8시 45분에 남 여 각각 6명으로 구성된 배심원단을 법정 밖으로 나가도록 하였으나 20분만에 돌아와서, 너무 지쳐 그 날 밤 퇴정하겠다고 하였다. 배심원단은 도심의 호텔에서 묵은 뒤 다음날 아침 다시 심의를 시작하였다. 일급살인범이라는 판결에 Martorano 가족들은 기뻐했다. Martorano의 어머니, Rose와 14살의 Lisa는 Conrad(지역변호사 대리인)를 껴안았다. 그의 양어머니에 반대하는 증언을 한 Lisa는 "나는 그녀가 당연히 받아야할 것을 받아 기쁘다" 라고 말했다. Conrad는 Donna Martorano가 그의 남편이 관계 당국자에게 그의 집에서 있었던 방화 미수사건에 대해 보고하려고 하자 그녀가 사람들을 고용하여 그를 죽였다고 진술서에 입각하여 말했다.

지난 3월 Martorano 가족은 은행으로부터 Elizabeth구 Rothey가에 있는 저당 잡힌 그들의 집을 정리하고자 한다는 내용을 통보받았다. Conrad는 Donna Martorano가 통보를 받고 보험금을 거의 두 배로 올리고 Texas Fort Worth에 사는 55세의 그녀의 사촌 Jimmy lee McWhirter를 고용하는 행동을 취했다고 말했다. 그리고 Conrad는 그녀가 McWhirter를 고용해 부활절에 가족들이 플로리다에 간 동안 집을 불태우게 했다고 말했다. 집에 불이 났을 때 물파이프가 파열했고 거기서 쏟아진 물이 화재를 소화했다. McWhirter는 배심원단에게 자신이 그 집에 방화를 한 것은 사실이지만 그 집을 불태우려고 한 것은 아니라고 말했다. Conrad는 Martorano부인이 가전제품과 보석, 현금 등을 그 화재당시 도난당했다는 거짓 청구서를 제출했다고 말했다. Conrad는 Martorano부인이 그녀의 남편을 5월 13일에 청부살인을 하려고 준비했다는 것을 입증하기 위하여 다음과 같은 세 가지 증거를 제출했다. 첫째, 그녀의 남편을 죽였다고 말하는 두 사람 McWhirter와 Marland의 34살 Collins의 직접적인 증언, 둘째, 텍사스의 친척과 친구사이인 McWhirter와 Collins의 자백, 셋째, Martorano와 McWhirter 사이의 전화통화 등이다. Conrad는 Martorano의 가족들과 배심원들에게 McWhirter와 Collins에게 종신형과 사형을 면하게 해준다는 약속을 하고 거래를 한 것에 대해 사과했다.

Mc Whirter와 Collins 두 사람은 Martoran부인에 반대되는 증언을 한 대가로 3급 살인죄를 적용해달라고 요구했다.

분석사례 4. 뉴욕 브룩클린의 Waldbaum 화재 분석

1978년 8월 3일 뉴욕의 Brooklin에 있는 Waldbaum 수퍼마켓에서 화재가 발생하였다. 그림 10-5는 마켓의 대략적인 구조이다. 화재가 발생하였을 당시 그림에서와 같이 확장을 위한 공사가 진행중이었다. 마켓은 전형적인 수퍼마켓 건물로서, 북쪽 벽면 상부에 중간층이 있었다. 다락방은 바닥, 지붕, 트러스 등 모두가 목조였다. 트러스는 3×12 인치 목재 4~5개로 구성되어 있었다. 트러스 # 2,4,6의 한 쪽은 회반죽으로 하여 다락방의 방화벽 구실을 할 수 있도록 하였다. 그러나 트러스에는 통로 용도의 개방된 문이 있었다. 지붕 꼭대기는 빗물지붕을 추가하여 2중 지붕 구조로 개조되었다. 또한 새로운 구조물은 확장된 지붕과 맞추기 위한 물매를 필요로 하여, 그림 10-6에서와 같이 북쪽 단면을 따라 또 다른 이중 삼각 지붕을 형성하였다. 구조물과 벽을 따라 확장된 새로운 기둥의 추가로, 이 벽을 따라 박공부가 생기게 되었다.

공사는 07:00에 시작되었으며 마켓은 영업을 위하여 08:00에 문을 열었다. 화염은 맨 처음 08:30에 천장, 중간층 남자 화장실의 확장벽, 기계실의 경계면에서 발견되었다. 화재는 트러스 # 4와 6 사이의 다락방으로 확산되었으며, 09:15 경에 트러스 # 5가 무너져 소방관 12명이 화염 속으로 추락하였다. 이 중 6명은 사망하였다.

한 사람이 1978년 재판을 받고 방화죄로 유죄판결을 받았다. 그의 자백에 의하면 그와 다른 두 사람이 동이 틀 무렵 (대략 06:00)에 지붕에 구멍을 뚫어 신문지와 라이터 기름을 이용하여 불이 일어나도록 불을 피웠다. 나중에 이 자백은 의문시되어, 1994년에 다시 재판이 열리게 되었다. 거짓된 화재 시나리오가 현상을 완벽히 설명할 수는 없었다. 원래 화재 조사관은 화재원인에 동의할 수 없다고 하였고, 이후 그 원인이 전기에 의한 것일지도 모른다고 제안하였다. 그러나 화염이 처음 발견된 천장에는 전원이 없었으며, 화염이 처음 발생된 다락방에서 한 사람도 화재의 증거를 전혀 볼 수 없었다고 하였다. 검찰에서는 화재가 06:00에 시작되어 08:30까지도 발견되지 않았다는 것을 어떻게 설명할 것인지에 대해 조언을 구했다.

나는 BATF의 화재담당국 특수수사관인 William J. Petraitis로부터 화재 발생 후 16년이 지난 이 화재의 조사를 요청 받았다. 수사관 Petraitis는 확장된 지붕 구조를 발견하였으며 화재는 바로 그 공간에서 시작되었을 것이라고 하였다 (그림 10-6 참조). 우리는 화재가 그 장소에서 대략 06:00에 시작되었다는 가정 하에, 그것이 이미 알려진 사실과 일치하는지를 알아보기로 하였다. 화재 시나리오가 만들어지고, 그 추측을 입증하기 위하여 발생사건과 지속기간 등에 관한 시험을 하였다. 이러한 모든 분석 내용을 일일이 열거할 수는 없으나 그 결과는 다음과 같이 정리할 수 있다.

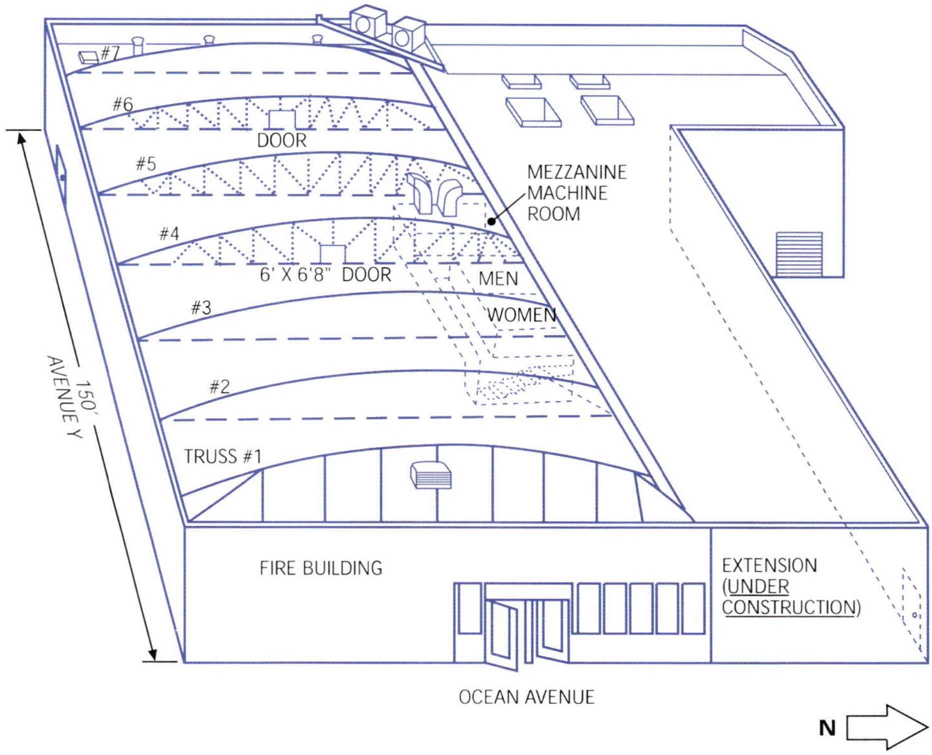

그림 10-5 뉴욕 브룩클린 Waldbaum 슈퍼마켓의 구조(1978년)

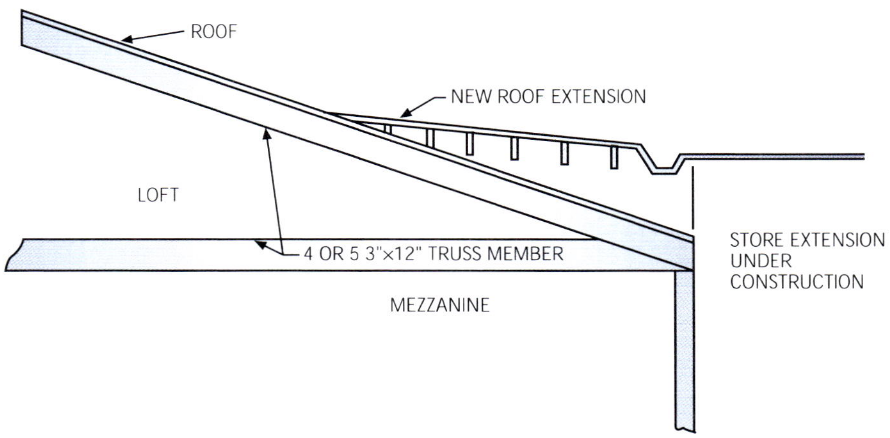

그림 10-6 확장된 지붕과 지지용 트러스(3×12인치가 5개씩 서로 섞여 짜인 구조)

이른 새벽 : 점화(약 06:00)

새벽 6시경, 건물의 확장공사 지역과 가까운 지붕 부근에서 방화로 추정되는 화재가 발생하였다(그림 10-7). 불은 새로이 확장한 지붕의 구멍에 채워 넣은 종이에 착화하여 액체 연소촉진제를 따라 확산되었다. 확장한 지붕이 기존 지붕 위에 설치되어 이 두 지붕 사이에 공간이 있었으며, 새로운 지붕은 서까래에 의해 지지되었다. 화재가 발생한 곳은 본래의 트러스 # 4,5 사이에 걸쳐진 목재 서까래 사이로서, 서까래 아래의 틈으로 공기가 들어와 연소가 계속되었는데 그 공간은 새로운 확장건물 부근의 임시 칸막이 벽으로 구획된 곳이다. 연소촉진제로 적셔진 종이는 아마 1개 이상의 서까래를 경로로 하여 $1m^2$당 대략 100～500 kW의 화재를 일으켰을 것이다 (그림 10-8 참조).

40～50 kW/m^2 정도로 예상되는 열유속에서 목재는 30초 내지 1분 내에 점화하여 약 500 kW가 되었을 것이다. 연소촉진제는 1～2분 내에 모두 소진되었을 것이다. 목재 화재는 대략 1,000 kW까지 진행되었겠지만, 연소생성물이 한정된 공간을 다 채워, 불이 더 이상 확대되지는 않았을 것이다.

훈소단계

목재가 점화한 후 산소의 소모로 인하여 1～2분 안에 화염이 꺼지게 되었을 것이다. 그러나, 특히 복사전열이 크게 작용하는 작은 서까래 공간 내에서는 계속해서 훈소 상태가 지속될 수도 있었다(그림 10-9 참조). OhlemillerP의 보고서에 의하면 목재 공동부 내에서 훈소가 지속되기 위해서는 충분한 복사열전달이 필요하다고 하였다. 또한, 훈소의 확산속도는 1～6 cm/h 정도라고 하였다. 이중 작은 값을 취하면 오래된 3/4인치 판자지붕에서 약 2시간 동안의 훈소가 지속될 수 있다. 아침 8:30이 되기 직전 다락방과 지붕 공동부 사이에 구멍이 생겼을 것이다. Ohlemiller[3)]에 의하면 공기의 속도가 25 cm/s로 증가할 때 목재에서의 훈소는 불꽃연소로 변한다고 하였다. 그러한 속도는 다락방에서 구멍을 통하여 공기가 자연스럽게 흘러 들어감에 따라 이루어질 수 있었을 것이다. 화염은 지붕의 공동부 공간에서 분출하게 되었을 것이다.

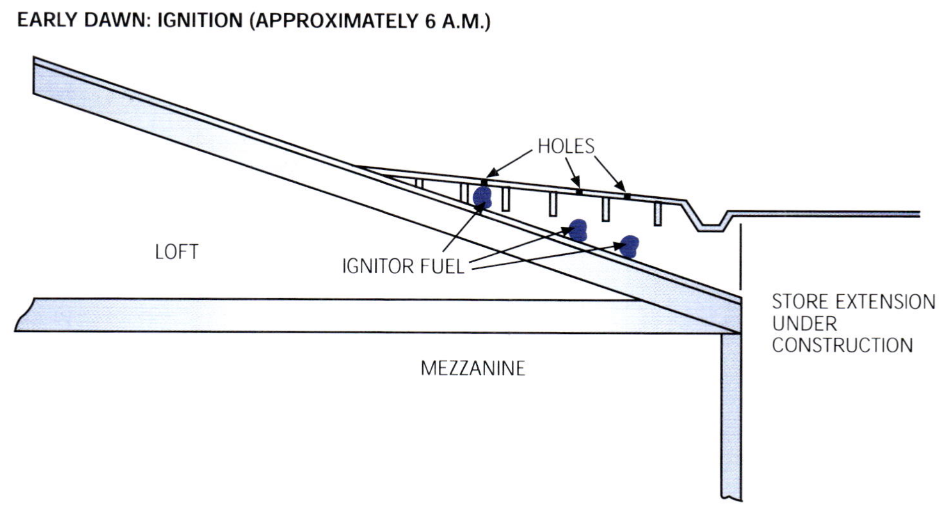

그림 10-7 연장된 지붕아래 가연성 액체를 적신 종이를 넣은 모습

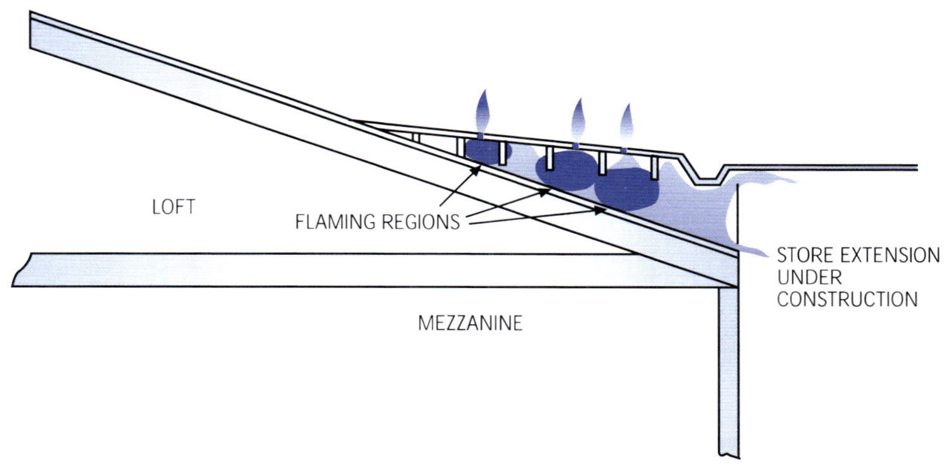

그림 10-8 약 6시 경으로 발화 추정

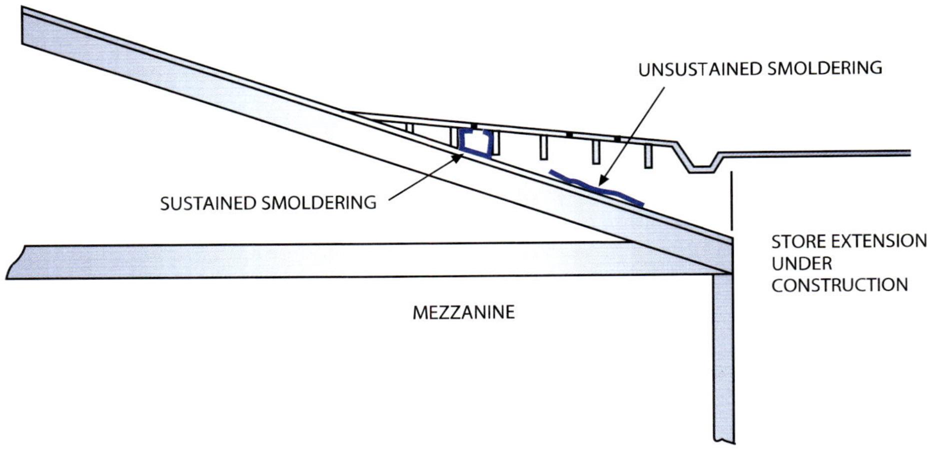

그림 10-9 약 6:05분 경부터 훈소로 추정

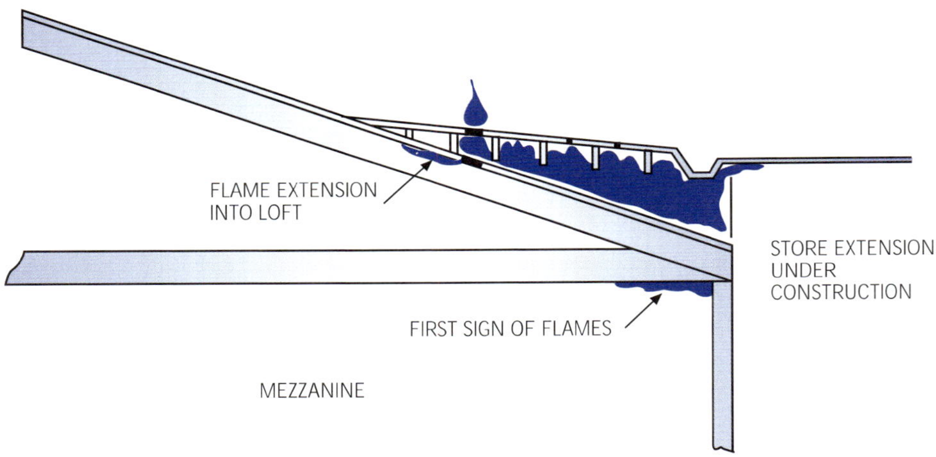

그림 10-10 8:30분 직후 천정 공간으로부터의 화염분출

화염의 발생 : 오전 8:30 직전

8시 30분 경, 중간층 트러스 #4 부근의 벽과 천장에서 화염이 발견되었다. 이는 구획 공간 안에서 플래시오버에 따른 에너지 방출속도의 급격한 상승으로 인하여 화염이 팽창되었기 때문으로 여겨진다 (그림 10-10 참조). 이에 따른 압력의 증가로 빈 공간을 통하여 화염이 전파되었다. 다락방 쪽으로의 구멍이 커짐에 따라, 증가된 공기유동속도는 서까래 공간에서 큰 화염으로 변화되며, 연소생성물의 흐름은 서까래를 통하여 트러스 #4,5의 끝 지점에 이르렀을 것이다. 최초의 화염은 트러스 #4 근처의 한 구멍에서 발견되었다. 다락방 쪽으로의 구멍이 커졌다고 해도, 다락방의 경사진 목재 천장의 아래에서 위쪽으로 둘러싸게 된다. 다락방의 사람들은 이 시간 전까지는 화재를 인지한지 못하였을 터인데, 이는 연기가 그 구멍이 커지기 전까지는 다락방으로 침투하지 않았을 것이기 때문이다. 실제로, 최초의 목격자도 화재경보가 있은 후 기계실로 내려갈 때에야 비로소 화염을 볼 수 있었다. 이 시나리오를 입증할 만한 증거가 그림 10-11의 사진이다. 작은 흰색의 증기 플룸이 지붕에서 올라온 것으로 보아 지붕에 구멍이 있다는 것을 알 수 있다.

그림 10-11 지붕이 붕괴되기 전 지붕 위에서 화재를 진압하는 소방관들(Ref. 5)

소화활동에 기여한 것으로 생각되는 이 구멍은 지붕의 큰 구멍들과는 달리 트러스 #4의 화재벽으로 보호된 면에서 회색 연기가 분출되고 있다. 화염이 트러스 # 4의 다른 쪽 위의 지붕으로부터 나오는 것을 볼 수 있다. 이 지역은 그림 10-7에서와 같이 막힌 서까래 공간 위의 첫 부분, 그리고 가장 높은 쪽 구멍의 바로 위인 것 같다. 이 지역에서 훈소가 유지되고 있었다. 흰색의 증기 플룸이 나타난 구멍은 화재가 최초에 발생하였을 것으로 보이는 큰 공간지역에서 발생한 것이다. 그 곳에서는 훈소가 유지되지 않았다.

Cock Loft에서의 화재 성장

화염의 확산은 구멍을 통하여 급속히 이동하여 다락방 목재천장 위 아래로 이동하였다. 이 화염은 구멍이 있는 위쪽과 다락방 꼭대기에서 트러스 # 4와 #5를 통하여 2～3분 후에 이동한 것으로 추정된다. 이 시간은 점화시간 30초, 단위면적 당 에너지 방출속도 150 kW/m^{2}을 적용한 화염확산모델[4]로부터 추정된 것이다. 이러한 계산이 5장의 정보 범위를 벗어난 것이기는 하지만, 그 원리에 따른 것이다. 이러한 빠른 확산 (그림 10-12)에는 의문점이 생겼다. 화염확산에 관한 계산의 신뢰도가 낮아서, 이와 형태가 유사한 소규모 다락방에서 실험을 하였다. 이 실험에서 약 1분 후에 플래시오버가 발생하였다.

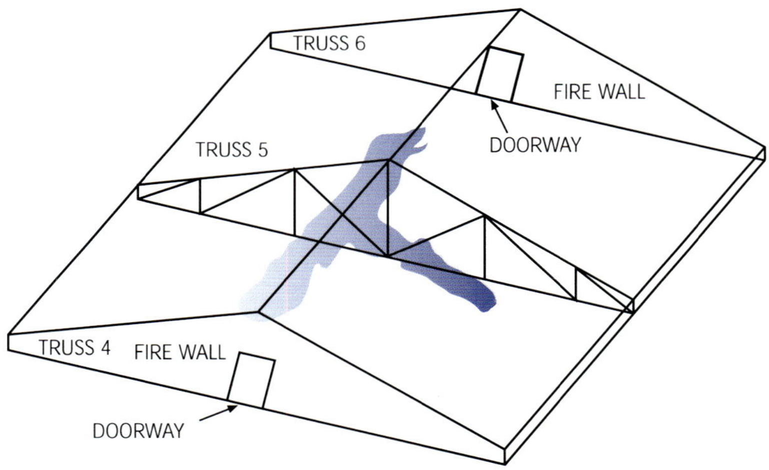

그림 10-12 약 8:35분경 다락방 층에서의 화재확산

저장용도로 쓰이는 다락방에서의 플래시오버는, 목재 화재가 트러스 # 4와 #6 사이의 다락방 부분에서 6~12 MW가 되었을 때 발생하였을 것으로 추정되었다. 화염확산 계산으로는 약 2분30초 후에 발생하는 것으로 나타났다. FRI(Full Room Involvement)는 약 5분 후가 될 것이다. 구멍에서의 화염의 징후로부터 다락방 부분의 FRI 까지는 대략 5~10분이 소요되었을 터인데, 이는 보조 지붕과 트러스 방화벽 부분으로 인하여 지붕 위의 소방관들이 바로 아래 다락방에서의 맹렬한 화재를 알지 못하였기 때문이다.

트러스 파손에 의한 지붕의 붕괴

지붕의 붕괴가 화재로 인한 트러스 부재의 파손에 의한 것이라면 이 트러스 부재의 연소시간을 추정할 수 있다. 화염 내 3인치 두께의 트러스 부재로 된 다락방도 실제 화재에 노출되었다. 일반적으로 목재에 적용되는 단위면적 당 질량연소속도 11 g/m^2s로 하면 소진시간은 5분이며, 그 후 지붕이 붕괴된다.

결론

이러한 복잡한 현상의 화재 시나리오는 일반적으로 화재연구에서 평가되지 않는다. 경험이 많은 화재 조사관들도 이와 같은 과정을 추론하지 못하였다. 지금은 과학적 분석과 이 화재의 조사 기록 등에 의하여 상대적으로 간단히 종결지을 수 있었다. 상세 부분에 대한 의문이 있겠지만, 이 시나리오는 알려진 것과 추정된 내용을 조합하고 있다. 그림 10-11 사진의 오른쪽 아래에서 작고 흰 연기 플룸을 볼 수 있는데, 이는 화염의 아래 끝 부분이 이를 말해주고 있다. 이는 확장지붕 내에서 훈소가 지속되지 않은 본래의 점화 구멍 가운데 하나로 보인다. 위에 구멍이 없다면, 화재는 불꽃연소에서 훈소로, 그리고 다시 불꽃연소가 되었을 것이다.

낮은 속도의 하향 화염확산은 화재를 위쪽 구멍 주위로 유지시켰으나, 상향 화염확산은 화재를 매우 빠른 속도로 다락방까지 전달시켰다. 이 시나리오는 수치계산의 근간이 되는 화재성상에 대한 포괄적인 지식과 가용한 데이터가 없이는 설명될 수 없다. 훈소에 관한 연구 및 데이터는 많지 않았으나, 이 분석을 위하여 꼭 필요한 것이었다. 이 화재에 대한 예비 자료는 뉴욕 Brooklin의 Kings County의 변호사 사무소에서 제공받은 것이다[5)].

분석사례 5. Texas, Waco 근처 Branch Davidian 화재

화재가 진행되는 동안 그곳에서 어떤 일이 발생하였는지에 대하여 화재조사관이 참고할 수 있는 시각 자료는 드물다. Texas주 Waco 근처 Branch Davidian 단지는 주변의 환경적 영향으로 많은 비디오나 사진 기록장치들이 사용되었다. 언론매체들은 단지에서 약 1~2마일 떨어진 곳에 비디오 촬영을 하고 있었고 정부기관은 스틸사진 촬영이 가능한 조사용 비행기와 정확한 시간이 기록되는 근적외선 비디오카메라로 현장을 기록하였다. 열에 민감한 이 카메라 덕분에 화재의 발단을 쉽게 기록할 수 있었다. 이러한 비디오 데이터, 이 책 속의 정보, 화재 성상 등을 바탕으로 이 화재의 특징을 쉽게 재구성할 수 있었다. 그 결과에 대한 요약이 이미 의회, 법원, 안보기관 등에서 증언에 포함되었다.

Mount Carmel Branch Davidian 화재에 관한 미국의회 증언

배 경

제 이름은 James Quintiere이며 College Park의 Maryland 대학교 소방공학과 교수입니다. 대학에 오기 전에는 NIST (National Institute of Standards and Technology)의 화재 연구 담당 부서 책임자였습니다. 저는 화재의 연구, 교육, 화재성장에 관한 과학 분야에 25년간 종사한 경험이 있으며, 현재는 과학자와 엔지니어를 위한 화재 연구와 유익한 활동을 도모하는 국제적 기구인 IAFSS (International Association for Fire Safety Science, 국제화재안전과학협회) 의장직을 맡고 있습니다.

1993년 4월 19일, Texas주 Waco의 Branch Davidian 단지 화재 직후, 저는 화재조사에 참여토록 요구받았습니다. 이 일의 수행을 위하여 저는 같은 대학(Maryland)의 소방공학과에 근무하는 Fred Mowrer 박사의 지원을 요청하였습니다. 우리들은 1993년 4월 22일에 Waco의 화재현장을 방문하였습니다. 그 당시 우리는 Paul Gray (Houston)가 지휘하는 팀에 합류하였으며, 그 팀에는 Thomas Hitchings (Pittsburgh), William Cass (LosAngeles), John Ricketts (San Francisco) 등도 포함되어 있었습니다. Paul Gray 지휘하의 그 팀은 화재의 원인과 발생에 초점을 맞추고자 하였습니다. 우리는 화재의 진전 과정을 분석하고 분석 결과를 통하여 해석과 결론을 내고자 하였습니다.

시각 자료

화재로 인해 단지는 완전히 소진되었으며, 따라서 화재의 진전 과정을 추정할 수 있는 어떠한 구조물도 남아있지 않았습니다. 이 화재는 아마도 역사상 가장 광범위하게 기록된 화재 가운데 하나일 것입니다. TV 방송이 계속하여 이 사건을 촬영 기록하였을 뿐만 아니라 정부의 조사용 비행기에서도 여전히 사진을 촬영하고 또한, 적외선 (FLIR, Forward Looking InfraRed) 비디오도 사용하였습니다. 이러한 시각적 기록들이 화재 분석을 위한 주요 데이터였습니다. 이러한 비디오와 사진 데이터들은 FBI로부터 제공받았습니다. 우리가 요구한 자료는 4월 25일 워싱턴의 FBI 본부로부터 제공되었습니다. 그 후 FBI의 비디오와 사진 실험실로부터 추가 자료를 제공받았고, 조사기간 동안 우리가 요구하는 대로 지원해 주었습니다. 데이터 가운데에는 CBS (Canadian Broadcast Corporation)와 Waco의 채널 10에서의 TV 방송자료, FLIR 비디오 녹화자료, 항공사진 등이 포함되어 있습니다. 이 자료들은 대략 오후 12시부터 12시 30분까지의 시간대별 자료입니다.

화재의 발단과 화재발생 지점을 아는데 필요한 주요 자료는 FLIR로부터 얻을 수 있었습니다. 적외선 비디오의 정확한 시간에 근거하여, 다른 비디오나 사진기록도 서로 연관 지을 수 있었고 최초 화재 발생지점, 성장속도, 화재의 진행에 있어 전이점에서의 에너지 방출속도 계산 등을 결정할 수 있었습니다. 또한, 점화원의 성질, 최루가스의 역할, 바람의 영향, 거주자의 생존시간 등에 대한 결론을 도출하였습니다. 저는 이들 결론과 결정된 과정을 요약하고자 합니다. 진술에 추가하여, 저는 재판을 위하여 준비한 보고서와 비디오가 제출되어 이 공청회의 기록으로 남기를 바랍니다. 필요하다면, 비디오 등에 대한 재검토를 할 생각입니다.

점 화

1993년 4월 19일, 단지 내에서 적어도 3개소 이상의 화재가 각각 발생하였습니다.

화재 1 첫 번째 화재는 오후 12:07:42에 오른쪽 타워 2층 앞쪽에서 시작되었습니다. 그곳은 침실이었을 것으로 추정됩니다. 가구들이 꽉 찬 침실이었을 것입니다. 저는 이 지역의 화재 잔해에서 7개의 침대 스프링과 매트리스 박스를 찾을 수 있었는데 아마 바로 그 방이나 옆방으로부터 나온 것일 것입니다. 화재가 발생한 정확한 시간은 적외선 카메라로부터 알 수 있었습니다. 적외선 카메라는 파장 범위 8～12μm에서의 빛의 강도와 열복사를 기록할 수 있습니다. 이는 일반 사람의 가시범위인 0.4～0.7μm와는 비교되지 않는 것입니다. 적외선 카메라는 자동 범위에서 운전되었는데 이 때 지상온도(약 81°F)에서 회색의 범위로 나타납니다. 가시범위 내에서의 대상물은 온도의 증가에 따라 더 많은 복사열을 발산하기 때문에 적외선 비디오에서는 더욱 흰색을 띄게 됩니다. 81°F의 중간범위 온도로 설정된 경우 회색에서 흰색으로의 변화는 온도가 120°F 또는 그 이상으로 증가하는 것을 의미합니다. 태양광 역시 흰색의 영상으로 나타납니다. 적외선은 연기를 통과할 수 있지만, 연기 온도가 높아질수록, 연기층이 두꺼워질수록 흰 연기로 나타날 것입니다. 적외선 카메라의 센서는 194°F가 한계로서, 그 이상에서는 영상을 분간할 수 없게 됩니다. 따라서, 160°F±30°에서는 컬러 대신 흰색으로 감지될 수 있습니다. 적외선기기(FLIR)는 화재 감지에 결정적인 역할을 할 수 있습니다.

그림 10-13은 2층의 침실 남쪽 코너 부근에서의 첫 번째 화재의 온도상승을 영상으로 보여주고 있습니다. 온도 상승의 처음 흔적은 그 방 전면에서 12:07:42에 볼 수 있었습니다. 이 사진의 영상은 9초 후에 나타났으며 이는 실내의 뜨거운 가스의 이동 때문입니다. 비슷한 방법으로 다른 화재의 시작점을 결정지었습니다. 이들 화재 모두가 건물의 주위에서 시작된 것 같습니다.

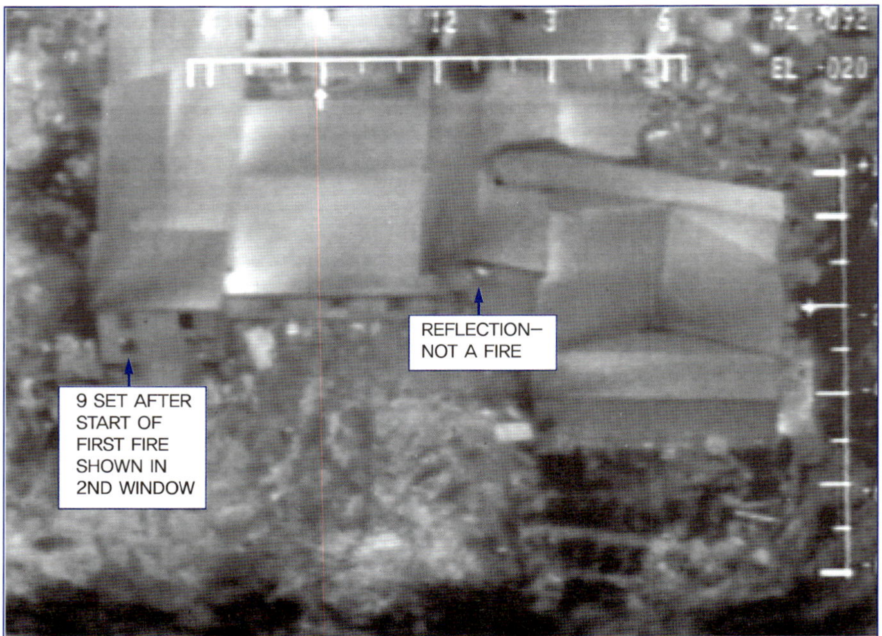

그림 10-13 2층 남쪽 침실에서 불을 본 9초 후의 적외선 영상 : 구석 창에 흰색의 열화상이 보인다.

화재 2 두 번째 화재는 첫 번째 화재 발생 약 1분 뒤인 오후 12:08::48에 1층의 식당에서 시작되었습니다. 이는 FLIR 비디오 화면에 식당의 뒤편으로부터 올라오는 더운 열기에 의해 짐작할 수 있습니다. 화재 잔재를 조사하는 과정에서 식당 안의 이 위치에서 소손된 의자 20개를 발견할 수 있었습니다.

화재 3 식당에서 화재가 시작되고 약 1분 후인 오후 12:09:45에 세 번째 화재가 건물의 오른쪽에 있는 교회 창문에서 발견되었습니다. 이 영상은 그림 10-14의 사진으로 볼 수 있습니다. 이 사진에서 두 번째 화재의 상황도 볼 수 있으며, 또한 첫 번째 침실 화재가 옆방 또는 윗방으로 확산되는 것을 볼 수 있습니다. 1분이 채 지나지 않은 오후 12:10:23에 관련이 있거나 별도인 화재(화재 4)가 교회 뒤 파편더미에서 발생된 것을 볼 수 있는데 이는 그림 10-15에 나타나 있습니다. 이 화재는 "화재 3"과 연관지을 수 있는데, 이 두 화재가 발견된 시간의 차이는 두 지점 사이에 쏟아 부은 액체연료의 화염확산 시간과 관련이 있습니다.

그림 10-16은 네 번째 화재가 시작될 무렵 공중에서 촬영한 것입니다. 앞에서의 사진과 비교해보면 연기가 그림 10-15의 적외선 영상에서 더욱 분명한 것을 볼 수 있습니다. 연기를 통해서도 볼 수 있는 적외선의 장점이 나타난 사진입니다.

그림 10-14 **3차 화재의 시작을 보여주는 1층 채플 창문의 고온부(흰색) 적외선 영상**

그림 10-15 교회 뒤 파편 더미에서 시작된 것으로 보이는 4번째 화재 적외선 영상

그림 10-16 화재현장의 연기 발생 사진

플래시오버

점화 후, 다음 단계는 플래시오버인데 이는 실내 화재에서 화염이 방에 충만하여 창을 통해 분출되는 최성기화재로의 전환점을 말합니다. 이는 대단히 빨라 수초 내에 일어납니다. 플래시오버는 실내가 충분히 가열된 후 일어나는 현상으로서, 그 실에서 사람이 생존할 수 있는가 혹은 생존할 수 없는가의 조건이 달라지는 것을 의미합니다. 이러한 현상은 비디오 기록을 통하여 직접 또는 간접적으로 볼 수 있습니다. 첫 번째 플래시오버 현상은 “화재 1”에서 직접 볼 수 있는데, 그림 10-17에서와 같이 창문의 화염 영상이 분리되어 나타나 있습니다.

플래시오버는 화재가 시작되고 2분 후인 12:09:42에 일어났습니다. NFPA 72E에 의하면 이 화재의 초기 화재성장속도는 “빠름(fast)”으로 간주됩니다. 플래시오버에서 에너지 방출속도는 약 2 MW인데 이는 적외선 카메라에 감지되는데 필요한 50 kW와 비교해 볼 수 있습니다. 감지할 수 있는 화재가 1 ft^2의 넓이로 가솔린이 엎질러진 경우인데 비하여 플래시오버는 10 ft^2의 가솔린 화재로 발전한 상황과 비교해 볼 수 있습니다.

큰 실에서의 화재인 “화재 2”와 “3”은 침실화재에서보다 훨씬 더 빠르게 성장하였습니다. 식당화재에서는 약 2.5분 내에 플래시오버가 발생하였고, 교회에서는 약 4분 내에 발생하였습니다. 그림 10-18은 교회에서의 플래시오버로 건물의 앞쪽 개구부에서 갑자기 나타난 검은 연기로 설명됩니다. 시간당 25 마일의 강한 바람을 동반한 이 연기는 교회에서 발생한 플래시오버로 인한 갑작스런 에너지 증가에 따른 과압에 의한 것입니다.

그림 10-17 12:09:42에 적외선 영상과 일반 영상과의 비교 화면 사진

그림 10-18 교회 예배실의 flashover에 따른 검은 연기의 분출(오른쪽 아래)

화재 원인

단지 내에서 거의 1분 간격으로 발생한 세 차례의 화재는 고의적 방화인 것으로 결론지었습니다. 비록 탱크의 파손이 연료 누출의 원인이 되기는 하였지만, 화재가 발생하기에는 점화원이 필요했을 것입니다. 단지 내에 전원이 꺼져있었으므로 전기 스파크에 의한 점화는 배제하였습니다. 분명한 것은 이 세 장소의 화재에는 각각의 위치에 각각의 점화원이 필요하였다는 것입니다. 또한 이 세 화재 가운데 어떠한 것도 서로 다른 화재의 원인이 되었다고 볼 수는 없는데, 이는 각 화재별 화재성장 속도가 빨라서 원거리 점화에 원인이 될 수 있을 만큼의 충분한 가열을 할 수 없기 때문입니다. 그리고 각각의 화재가 상호 연관성이 있다면 어떤 외부 열원이 화재를 발생시키는데 영향을 주는 것이 적외선 비디오에 분명하게 보여졌을 터인데 이 열원은 보이지 않았습니다. 일반적인 가구와 가연성 내장재에 의하여 화재 전파가 될 수는 있으나, 특히 식당과 교회에서 보통보다 「빠른」 화재의 확산속도로 미루어보아 어떤 형태의 연소촉진제를 사용하였을 가능성이 큽니다.

최루 가스

CS 최루가스의 확산을 위해 사용하는 Methylene Chloride는 공기 중에서 증기농도가 12%일 때 연소될 수 있습니다. 하지만, 액체상태에서는 쉽게 점화하지 않습니다. 액체를 점화시키고자 할 때에는 성냥불이 그냥 꺼지고 마는 것을 볼 수 있습니다. 단지 내에서 화재확산이 비교적 빠르기는 하였으나, 이 속도는 가연성 기체 혼합물에 의한, 이보다 훨씬 빠르게 확산되는 화재전파에는 미치지 못합니다. 가연성 증기의 화재전파 속도는 2 ft/s 이상이므로, Fire Ball의 형태로 보여지겠지만 이와 같은 초기 화재 성장에는 그러한 특성이 관찰되지 않았습니다.

최근, 저는 Methylene Chloride가 습윤제로서 단지 내의 목재나 종이와 같은 연료에 어떤 역할을 하는지를 알기 위하여 추가 실험을 하였습니다. Methylene Chloride는 통상온도에서 액체이기 때문에 가구 속으로 흡수될 수는 있었을 것입니다. 이 실험을 통하여 Methylene Chloride는 실내가구에서 화재확산에 대한 상승효과가 없다는 결론을 내릴 수 있었습니다. 또한 CS 자체의 인화점 자료(387°F, 197℃) 로 볼 때, 가구에 퇴적(deposition) 된다고 하여도 화재 전파에는 특별한 영향이 없다는 것을 알았습니다. 이 화재에서 최루가스는 화재 전파에 영향이 없었다는 결론을 내렸습니다.

바 람

바람은 외부화재 확산에 크게 작용하였습니다. 약 25 mph의 남풍은 단지 내에 화재가 완전히 확산되었을 때 화재 플룸을 수직으로부터 약 65°굽혀지게 하는 원인이 되었습니다. 그 당시 관찰된 약 240 ft 길이의 화염기둥을 통하여 3,600 MW의 에너지가 소모되었을 것으로 추정됩니다. 바람의 영향은 단지 내의 화재성장에는 심각한 영향을 미치지 않은 것 같은데, 이는 “화재 1”에서 보여주는 바와 같이 화염과 연기가 주기적으로 오른쪽 타워의 창문으로부터 발산되어 바람 속으로 들어가는 것으로 추정할 수 있습니다. 이러한 결과는 단지의 바람받이 쪽(Downwind)의 문이나 창문이 닫혀있었기 때문인 것 같습니다. 단지 전면부의 탱크 개구부에 의한 바람은 1층의 화염 성장에 약간의 영향을 미칠 수도 있으나 거주자가 대피하고 있는 지역에 공기를 공급해 주는 효과가 더 컸다고 할 수 있었습니다.

생존 문제

거주자들은 화재 발생 후 적어도 5분 이내에 대피할 수 있었고, 20분 이내에 더욱 안전한 위치로 피난할 수 있도록 충분한 경고가 되었던 것으로 추정됩니다. 이는 한 거주자가 화재 발생 후 12분 뒤에 2층에서 극적으로 뛰어내린 것으로 잘 말해주고 있습니다. 연기가 시야에 장애가 되기는 하였지만 출구가 대부분 거주자로부터 30 ft 이내에 있고, 탱크가 파손될 때 열려있었습니다.

연기 가운데 일산화탄소(CO)는 거주자에 대한 주된 유해요소입니다. 그러나 제가 입수한 1차 검시보고서에 따르면 31명의 희생자 중 단지 5명만이 CO가 치명적인 수준으로 기록되었습니다. 데이터에 의하면 나머지 26명의 희생자는 치명적 수준 이전에 숨을 멈췄습니다. 데이터가 정확하다면 26명의 희생자는 화재로 사망한 것이 아닙니다. 검시보고서의 지적으로는 적어도 27명의 희생자에게서 사망원인이 총상에 의한 것으로 나타나 있습니다.

맺는 말

Branch Davidian 단지 화재가 발생한 몇 주 동안은 우리 모두 드라마의 관객이었고 그것이 어떻게 끝날지 궁금해 했습니다. 최후의 결론으로는 무서운 사건이었습니다. 그로부터 2년이 지나는 동안 많은 화재 이론들이 제시되었습니다. 이번 발표와 우리의 보고서, 그리고 제출되기를 바라는 비디오가 이 화재사건을 설명하는데 도움이 되기를 바랍니다.

화재조사에서 과학의 응용은 매우 생산적일 수 있다. 이는 형사 및 민사사건에 필요한 정보로 사용될 뿐만 아니라 설계의 변경을 유도할 수도 있다. 이러한 변경은 판단이 아닌 기술적인 증거에 근거할 수 있는 것이다. 더욱이 화재조사를 지원하는 화재실험은 사건을 재구성하는 데 필요한 데이터나 증거를 만들어내는 데 매우 중요할 것이다.

5 컴퓨터 화재모델

컴퓨터 모델이란, 컴퓨터로 수행하고 표현하는 수학적 해석법이다. 그래서 사용자가 직접적으로 수학적인 해석을 개발하지 않아도 되며, 또한 편리하게 수학적인 해석을 할 수 있도록 해 주었다. 대부분의 경우에 있어서, 수학은 물리적인 문제에 대하여 근사적인 해를 제공해 주고 있다. 사용자는 본래의 모델 범위 밖의 문제 해결을 원할 수도 있다. 이러한 시도는 심각한 오류를 초래할 수 있다. 또한, 컴퓨터 모델의 개발자가 사용자에게 보이지 않는 가정이나 생략을 하였을지도 모른다. 컴퓨터 모델의 사용에는 문제에 대한 이해와 모델에 대한 지식이 필요하다. 이는 단지 편리한 도구이어야 할 뿐, 어떤 용도를 위하여 사용자가 쉽게 바꿀 수 있어서는 안 된다.

앞의 그림 10-2와 10-3에서 컴퓨터 모델의 출력 값에 대한 예를 보았다. 이는 존 모델이라는 화재모델의 결과인데, 이 모델은 그림 9-4에서와 같이 고온의 상부층(zone)이 저온의 하부층에 의해 구별되는 것과 동일한 화재와 연기의 연출에 근거한 것이다. 이들 두 zone이 건물 내 각 실을 연결하는 수학적 모델링 개념의 기초가 된다. 배기의 흐름은 이러한 연결을 완성한다. 이 방법은 건물이나 실내화재에 대하여 대략적인 결과를 나타낸다. 각각의 온도(또는 다른 특성치)는 시간의 경과에 따른 화재의 성장에 따라 각 Zone별로 계산된다. 최근의 모델에서는 화재가 정해진다. 예상할 수는 없지만 모델의 값에 다소 한계가 있는 입력(Input) 값을 선정하여야 한다. 그러나 화재에 대해 잘 이해함으로써 존 모델 방법은 좋은 결과를 얻을 수 있을 것이다(그림 10-2, 10-3 참조). 화재를 얼마만큼 완전하게 모델화 할 것인가를 이해함에 따라 입력 값의 선정에 따른 제한을 제거할 수 있을 것이다.

화재모델의 또 다른 형태를 필드 모델이라고 하는데, 이는 궁극적으로 각각의 시간에 각각의 지점에 대한 온도 또는 다른 변수들을 예측하여 산출하는 것이다. 이 모델을 해석하기 위하여 수천의 수학적 단계를 실행하여야 하기 때문에 용량이 크고 속도가 빠른 컴퓨터가 필요하다. 이러한 필드 모델은 일반적으로 CFD (Computational Fluid Dynamics) 모델이라 부른다. 일반적으로 물리학과 화학의 기초적 방정식을 이용하지만, 난류상태나 연소를 설명하기 위하여 특수한 모델을 사용하기도 한다. 필드 모델에서도 역시 화재를 규정하여야 하지만, 컴퓨터의 발전에 따라 정확한 방정식으로 보다 직접적인 해를 구할 수 있게 되었다. 이러한 결과 값의 한 예가 그림 10-19로서, 계산이 매우 현실적임을 알 수 있다. 이 그림에서는 실제 화재 플룸의 색상에 따른 어느 순간의 온도 등고선을 나타내고 있으며, 그 결과가 매우 인상적이다.

화재를 예측하고자 하는 사람은 우선 화재와 관련된 과정을 이해하는 데에서 출발하여야 하고 또한 수학적 수단을 이해하여야 한다. 그 다음 컴퓨터 모델을 사용함으로써 진정한 가치를 얻을 수 있을 것이다.

그림 10-19 전산유체역학 모델링에 의한 화재 플룸의 모양(Ref. 7)

Summary

본 장에서는 화재안전설계와 화재조사의 응용을 위한 고려사항을 검토하였다. 이 두 분야에서, 화재성장을 설명하는 용어 $\dot{Q}(t)$(kW)는 위험과 손상을 표현하는 데 필요하다. 화재안전은 법규에 의하여 다루어지며, 동등한 원리가 공학적인 분석에 도입될 수 있다. 여러 원리와 앞에서 정량적으로 설명된 과정들이 설계 및 조사업무 등에 이용될 수 있다. 1993.4.19, Texas주 Waco의 Branch Davidian 화재를 포함한 몇 가지 화재조사 관련 실 예를 제시하였다.

컴퓨터 모델이 화재분석에 편리하고 유용한 도구가 될 수 있으나 화재와 관련 현상에 대한 이해가 요구된다.

연습문제

1. 화재분석에 사용되는 컴퓨터 프로그램을 조사하고, 어떻게 사용되는지를 설명하여라.
2. 성능위주의 소방 설계에 대하여 설명하여라.
3. 화재 모델링의 장점과 단점을 설명하여라.
4. Field 모델과 Zone 모델의 차이를 설명하시오.
5. 과학적 화재 사고 분석이 화재 조사에 어떻게 사용될 수 있는지 설명하시오.
6. 국내 화재조사 사례를 한 가지만 설명하시오

참고문헌

1. T. Tanaka, *A Model of Multiroom Fire Spread*, NBSIR 83-2718 (Gaithersburg, MD: National Bureau of Standards, August, 1983).
2. J. Yamaguchi, T. Fujita, T. Tanaka, and T. Wakamatsu, "A Study on Predicting Smoke Transport in a High-Rise Building"(in Japanese) in *Proceedings of the Annual Meeting* (Japanese association for fire Science and Engineering(JAFSE, May, 1995), Japan.
3. T. J. Ohlemiller, "Smoldering Propagation on Solid Wood", in *Fire Safety Science, Proceedings of the Third International Symposium*, edited by G. Cox and B. Langford (London: Elsevier Applied Science, 1991), pp. 565-574
4. J. G. Quintiere, "Estimating Fire Growth on Compartment Interior Finish Materials", Honors Lecture, SFPE Engineering Seminars, Society of Fire Protection Engineers, Spring Meeting, San Francisco, May, 1994.
5. B. J. Hughes, private communications of statements and records, Office of the District Attorney, Kings County, Brooklin, NY. 1994.
6. J. G. Quintiere, Statement on Matter of the Branch Davidians near Waco, Texas before the Subcommittee on Crime of the Committee on the Judiciary and the Subcommittee on National Security, International Affairs and Criminal Justice of the Committee on Governmental Reform and Oversight, House of Representatives, First Session, 104th Congress, July 26,1995.
7. K. B. MaGrattan, private communications, National Institute of Standards and Technology, Gaithersburg, MD, 1995.

부 록

1. 수 식(각 장별)

3 Heat Transfer

$$\dot{q} = \frac{kA(T_2 - T_1)}{l} \tag{3-1}$$

$$\dot{q}'' = h(T_2 - T_1) \tag{3-2}$$

$$\dot{q}'' = \sigma T^4 \tag{3-3}$$

$$\epsilon = 1 - \exp(-\kappa l) \tag{3-4}$$

$$\dot{q}'' = \epsilon \sigma T_2{}^4 F_{12} \tag{3-5}$$

$$\dot{q}'' = \frac{X_r \dot{Q}}{4\pi c^2} \tag{3-6}$$

4 Ignition

$$T = T_\infty + \frac{\dot{q}'' t}{\rho c l} \tag{4-1}$$

$$t_{ig} = \rho c l \frac{T_{ig} - T_\infty}{\dot{q}''} \tag{4-2}$$

$$t_{ig} = C(k\rho c)\left[\frac{(T_{ig} - T_\infty)}{\dot{q}''}\right]^2 \tag{4-3}$$

5 Burning Rate

$$\rho VAc(T_{\text{ig}} - T_s) = \dot{q} \tag{5-1}$$

$$V = \frac{\dot{q}}{\rho cA(T_{\text{ig}} - T_s)} \tag{5-2}$$

$$\dot{q} = \dot{q}''\,\delta_f\, w \tag{5-3}$$

$$V = \frac{\dot{q}''\,\delta_f}{\rho cl\,(T_{\text{ig}} - T_s)} \tag{5-4}$$

$$V = \delta_f\,/t_{\text{ig}} \tag{5-5}$$

$$V = \frac{\Phi}{k\rho c\,(T_{\text{ig}} - T_s)^2} \tag{5-6}$$

$$V = \frac{\dot{q}''}{\rho_b\, c\,(T_{\text{ig}} - T_s)} \tag{5-7}$$

$$V = C/\rho_b \tag{5-8}$$

$$V = (1 + V_\infty)\, C/\rho_b \tag{5-9}$$

6 Ignition

$$\dot{m}'' = \dot{q}''\,/\,L \tag{6-1}$$

$$\dot{Q} = \dot{m}''\, A\Delta H_c \tag{6-2}$$

$$\dot{Q} = \alpha t^2 \tag{6-3}$$

7 Fire Plumes

$$f = 1.5/\sqrt{D} \tag{7-1}$$

유입된 공기질량속도$\approx \rho_a D L_f V_e$ (7-2)

$$\dot{m}_f = \rho_f V_e \frac{\pi D^2}{4} \tag{7-3}$$

$$\frac{L_f}{D} \approx \frac{(\rho_f)s}{\rho_a} \tag{7-4}$$

$$V = \sqrt{\frac{2(T - T_a)gz}{T_a}} \tag{7-5}$$

$$Q^* = \frac{\dot{Q}}{\rho_a c_{pa} T_a \sqrt{gD} D^2} \tag{7-6}$$

$$Q^* = \frac{\dot{Q}(\text{kW})}{1101 [D(\text{m})]^{5/2}} \tag{7-7}$$

$$Q^{*2/5} = \frac{(\dot{Q}/\rho_a c_{pa} T_a \sqrt{g})^{2/5}}{D} \tag{7-8}$$

$$L_f = 0.23\dot{Q}^{2/5} - 1.02 D \tag{7-9}$$

$$\dot{Q} = \dot{m} c_p (T - T_a) (\text{kW}) \tag{7-10}$$

$$\dot{Q} = \dot{m}_f \Delta H_c (1 - X_r) (\text{kW}) \tag{7-11}$$

$$\dot{m} = ns\dot{m}_f \tag{7-12}$$

$$T - T_a = \frac{\Delta H_c (1 - X_r)}{c_p n s} \tag{7-13}$$

$$T - T_a = \frac{3000 (1 - X_r)}{n} \tag{7-14}$$

$$\frac{T - T_a}{T_a} \sim \text{function} \frac{z}{(\dot{Q}/\rho_c c_{pa} T_a \sqrt{g})^{2/5}} \tag{7-15}$$

$$T - T_a = \frac{\dot{m}_f \Delta H_c (1 - X_r)}{\dot{m} c_p} \tag{7-16}$$

8 Combustion Products

$$\Phi = \left(\frac{\text{mass of fuel (gas)}}{\text{mass of air}} \right) \times s \tag{8-1}$$

$$y_{CO} = \frac{m_{CO}}{m} \tag{8-2}$$

$$\dot{m}_{\mathrm{CO}} = y_{\mathrm{CO}} \dot{m}'' A \tag{8-3}$$

$$s \approx \frac{\Delta H_{c,\mathrm{ideal}}}{3\,\mathrm{kJ/g_{air}}} \tag{8-4}$$

$$Y_{\mathrm{species}} = \frac{\dot{m}_{\mathrm{species}}}{\dot{m}_{\mathrm{smoke}}} = \frac{Y_{\mathrm{species}} \dot{m}}{\dot{m}_{\mathrm{smoke}}} \tag{8-5}$$

$$X_{\mathrm{species}} = \frac{29\, Y_{\mathrm{species}}}{M_{\mathrm{species}}} = \frac{Y_{\mathrm{species}}}{M_{\mathrm{species}}/29} \tag{8-6}$$

$$\mathrm{COHb}(\%) \approx 0.33 RMV \cdot X_{\mathrm{CO}}(\%) \cdot t(\mathrm{min}) \tag{8-7}$$

$$I = I_o \exp(-\kappa_s l) \tag{8-8}$$

$$\kappa_s = \frac{\dot{m} D_m}{\dot{V}} \tag{8-9a}$$

$$\kappa_s = \frac{m D_m}{V} \tag{8-9b}$$

9 Compartment Fires

$$\Delta p = (\rho_a - \rho) g H \tag{9-1}$$

$$V = \sqrt{\frac{2(\rho_a - \rho) g H}{\rho}} \tag{9-2}$$

$$\Delta p_{fan} = f \frac{H}{D} \frac{V^2}{2} \tag{9-3}$$

$$\Delta p_b = \rho_a (1 - T_a / T) g H \tag{9-4}$$

$$\frac{H_n}{H_b} = \frac{1}{1 + T_a / T} \tag{9-5}$$

$$\dot{m}_{a,\max} = 0.5 A_o \sqrt{H_o}\ (\mathrm{kg/s}) \tag{9-6}$$

$$\Delta T(℃) = 6.85 \left[\frac{\dot{Q}^2}{(hA)(A_o \sqrt{H_o})} \right]^{1/3} \tag{9-7}$$

$$\dot{Q}_{\mathrm{FO}} = 624\, [(hA)(A_o \sqrt{H_o})]^{1/3} \tag{9-8}$$

$$\dot{Q}_{\max} = \dot{m}_{a.\max}(\mathrm{kg/s}) \times 3000\ \mathrm{kJ/kg} \tag{9-9}$$

2. 용어해설(각 장별)

1 The Evolution of Fire Science

- fire : an uncontrolled chemical reaction producing light and energy sufficient to damage the skin
  화재 : 피부에 손상을 입히기에 충분한 에너지와 빛을 생성하는 제어되지 않은 화학반응

- combustion : fire, or controlled fire
  연소 : 화재, 또는 제어되는 불

- conflagration or mass fire : a fire over a large tract of land where the flames are generally much shorter than the horizontal extent of the fire
  대형화재 : 통상 화염이 화재의 수평확산보다 아주 짧은 넓은 지역에서의 화재

- flashover : a sudden event in a room fire that can occur at a smoke temperature of 500 to 600℃ in which flames suddenly fill a room
  플래시오버 : 실 전체가 화염에 휩싸이는 급격한 화재 성장 현상으로 연기의 온도가 500～600℃일 때 일어날 수 있음

- thermodynamics : the study of energy and states of matter
  열역학 : 에너지와 물질의 상태에 관한 학문

- heat transfer : the transport of energy from a high-to-low-temperature object
  열전달 : 높은 온도에서 낮은 온도 물체로의 에너지 이동

- fluid mechanics : the study of fluid motion
  유체역학 : 유체의 유동에 관한 학문

- International Systems of Units or Standard International(SI) Units : the system of units for measurement adopted by the science community
  SI단위 : 과학 단체에서 채택한 국제적 측정 단위체계

- flux : pertains to mass or heat flow rates per unit area
  속(束) : 질량 또는 단위면적 당의 열 흐름속도와 관련된 용어

2 Combustion in Natural Fires

- fire triangle : a concept describing fire as consisting of three ingredients: fuel, oxygen, and energy
  화재 삼각형 : 연료, 산소, 에너지(점화원) 등, 세 가지 요소로서 화재를 설명하는 개념

- diffusion flame : a flame in which the fuel and oxygen are transported(diffused) from opposite sides of the reaction zone(flame)
  확산화염 : 연료와 산소가 서로 반응대의 반대쪽에서부터 이동하는 화염

- diffusion : process of species transport from a high to low concentration
  확산 : 높은 농도에서 낮은 농도로 화학종이 이동하는 과정

- species : another name for distinct chemical compounds and other molecular structures in a mixture, usually gases
  종(種) : 혼합물에서의 화학적 조성과 다른 분자구조에 대한 다른 명칭으로서 통상 기체임

- pyrolysis : a process of breaking up a substance into other molecules as a result of heating; also known as thermal decomposition
  열분해 : 가열에 의해 물질이 다른 분자로 분해되는 과정.

- laminar : refers to orderly, unfluctuating fluid motion
  층류 : 규칙적인 것에 대한 설명, 파동이 없는 유체의 운동

- turbulent : refers to randomly fluctuating fluid motion around a mean flow
  난류 : 평균 속도를 중심으로 불규칙적으로 요동하는 유체운동에 대한 설명

- buoyancy : an effective force on fluid due to density or temperature differences in a gravitational field
  부력 : 중력장에서 밀도와 온도 차이로 인하여 유체에 작용하는 힘

- jet flame : flame due to a high velocity fuel supply
  분출화염 : 연료가 빠르게 공급될 때 발생하는 화염

- thermocouple : device made of two dissimilar metal wires to measure temperature
  열전대 : 각기 다른 두 가지의 금속선으로 만든 것으로서 온도의 측정에 사용

- radicals : short-lived unstable molecules such as OH
  기(基) : OH와 같이 순간적으로 존재하는 불안정한 분자. 홀수 전자쌍을 갖음.

- soot : carbonaceous particles produced in flames
  수트(그을음) : 화염에서 생성되는 탄소입자

- cracking : pyrolysis; breaking gaseous molecules into other molecules
  열분해 : 가스 분자가 파괴되어 다른 분자로 분해되는 과정 (pyrolysis)

- synthesis : recombination of molecules
  합성 : 분자의 재결합

- incomplete products of combustion : species developed from incomplete combustion, for example, CO, H_2
  불완전 연소 생성물 : CO, H_2 등과 같이 불완전 연소로부터 나타난 다른 분자

- smoldering : a slow combustion process between oxygen and a solid fuel
  훈소 : 산소와 고체연료간의 느린 연소과정

- charring : the production of a solid carbonaceous residue on heating or burning a solid
  탄화 : 고체의 가열 또는 연소 시 고체 탄소 잔존물의 생성

- spontaneous combustion : a process by which combustion occurs after a self- incubation period between a fuel and oxidizer
  자연발화 : 연료와 산화제 사이에 잠복기를 거쳐 발생하는 연소 과정

- thermal runaway : an accelerating chemical reaction due to heat transfer
  열 폭주 : 열전달에 의한 급속한 화학반응

- premixed flame : a flame in which fuel and air are mixed first before combustion
  예혼합화염 : 연소가 일어나기 전에 연료와 공기가 미리 혼합된 화염

- shock wave : abrupt change in temperature and pressure due to a flow instability caused by speeds in excess of the speed of sound
  충격파 : 음속의 초과로 인하여 발생하는 흐름의 불안정에 의한 온도와 압력의 급격한 변화

- detonation : a premixed flame preceded by a shock wave
  폭굉 : 충격파에 의하여 선행된 예혼합화염

- upper and lower flammable limits : concentrations of fuel in air in which a premixed flame can propagate
  연소상한 및 하한 : 예혼합화염을 전파할 수 있는 공기 중에서 연료의 농도 한계

- flashpoint(liquid) : temperature of a liquid fuel needed to cause ignition with a heat source; corresponds to the lower flammable limit of the evaporating vapor
  인화점 : 열원에 의하여 점화를 일으킬 수 있는 액체연료 온도로서, 증발하는 증기의 연소 하한계와 일치함

- autoignition temperature : the lowest temperature at which a mixture of fuel and oxidizer can propagate a flame with no other heating
  자동발화온도 : 연료와 산소 혼합물이 별도의 가열에 의하지 않고 화염을 전파할 수 있는 가장 낮은 온도

3 Heat Transfer

- energy : a state of matter representative of its ability to do work or transfer heat
  에너지 : 일이나 열을 전달할 수 있는 능력을 표현하는 물질의 상태

- work : the movement of mass over a distance
  일 : 질량의 거리 이동

- thermal energy : energy directly related to the temperature of an object
  열에너지 : 물체의 온도와 직접 관련된 에너지

- Rankine(R) : absolute Fahrenheit temperature scale, 460 + °F
  랭킨온도 : 화씨 절대온도 (460 + °F)

- Kelvine(K) : absolute Celsius temperature scale, 273 + ℃
  켈빈온도 : 섭씨 절대온도 (273 + ℃)

- heat : energy transfer due to temperature difference
  열 : 온도차에 의한 에너지 이동

- conduction : heat transfer due to molecular energy transfer followings Fourier's law
  전도 : 분자 에너지 이동에 의한 열전달로서, Fourier의 법칙에 따름

- radiation : heat transfer due to electromagnetic energy transfer such as light
  복사 : 빛과 같이 전자기 에너지 이동에 의한 열전달

- convection : conduction heat transfer from a moving fluid(gas or liquid) to a solid surface
  대류 : 유동 유체(가스 또는 액체)에 의해 고체 표면으로 일어나는 열전도

- thermal conductivity : the property of matter that represents the ability to transfer heat by conduction
  열전도성 : 전도에 의한 열전달 능력을 나타내는 물질의 특성

- thermal resistance : the inverse of conductivity times area per unit length, or the temperature difference required per rate of heat conducted
  열저항 : 전도성에 단위 길이 당 면적을 곱한 값의 역수, 또는 열전도율 당 요구온도 차

- heat flux : heat flow rate per unit area of flow path
  열유속(熱流束) : 흐름의 경로에 있어서 단위면적 당 열 유동속도

- convective heat transfer coefficient : a quality that represents the ability of heat to be transformed from a moving fluid to a solid surface
  대류열전도계수 : 유동 유체로부터 고체 표면으로 전달되는 열의 능력을 표현하는 특성

- frequency : cycles per unit time (measure d in hertz, cycles per second)
  주파수 : 단위시간 당 사이클 (측정단위 : Hz, cycle/ s)

- wavelength : the distance traveled in one cycle, or the speed of light divided by frequency
  파장 : 1 사이클이 이동하는 거리, 또는 빛의 속도를 주파수로 나눈 값

- blackbody : a radiator emitting the a maximum possible radiation
  흑체 : 최대 복사가 가능한 물체

- emissivity : that property (0 to 1) that gives the fraction of energy emitted relative to a perfect radiator
  방사율 : 흑체에 방사된 에너지 분율로 주어진 특성 (0～1)

- absorption coefficient : the property that pertains to the amount of radiation absorbed per unit length
  흡수계수 : 단위 길이 당 흡수된 복사량과 관련된 특성

- configuration factor : fraction of radiation received by a target compare to the total emitted by the source
  형상계수 : 열원으로부터 방사된 전체 양과 비교하여 받아들여진 복사량의 비율

- flashover : an event that can occur at a smoke temperature of 500 to 600℃ in which flames suddenly fill a room
  플래시오버 : 화염이 순식간에 실을 채우는 현상으로서, 연기의 온도가 500～600℃일 때 일어날 수 있음

4 Ignition

- piloted ignition : ignition of a flammable fuel-air mixture by a hot spot, spark, or small flame(pilot)
  인화(유도발화) : 고온면, 불꽃, 작은 화염 등에 의한 가연성연료와 공기 혼합물의 점화

- autoignition : initiation of fire by chemical process inherent in the material; specific fuel concentration and temperature is usually needed
  자동발화 : 물질에서 고유의 화학작용에 의한 화재가 개시되는 것을 말하며, 연료에 따라 특정한 농도와 온도가 요구됨

- chemical kinetics : refers to the rate of the chemical reaction
  화학 동력학 : 화학반응속도에 대한 설명

- evaporation : the process of gas molecules escaping from the surface of a liquid
  증발 : 액체의 표면으로부터 가스 분자가 빠져 나오는 과정

- humidity : the property of a water-air mixture that measures the amount of water present relative to the equilibrium concentration
  습도 : 평형 농도에서 존재하는 물의 양을 측정하는 물-공기 혼합물의 특성

- flash point : the temperature of a liquid fuel, theoretically corresponding to the lower flammable limit of its evaporated vapor, and the point of piloted ignition
  인화점 : 증발된 증기의 연소 하한계와 이론적으로 일치하는 액체연료의 온도, 또는 인화 가능한 액체 연료온도

- boiling point : the temperature at which the vapor pressure equals atmospheric pressure at the surface of liquid
  비등점 : 액체 표면의 증기압이 대기압과 같아지는 액체 온도

- Ignition temperature(solid) : the surface temperature needed to cause ignition in solids
  발화온도 : 고체가 점화하는데 필요한 표면온도

- specific heat : property that measures the ability of matter to store energy
  비열 : 에너지를 저장하기 위한 물질의 능력을 측정하는 특성

- critical heat flux : a threshold level below which ignition (or in another context, flame spread) is not possible
  임계 열유속 : 그 이하에서는 발화(화염확산)가 일어날 수 없는 열유속. 인화가 일어날 수 있는 최소 열유속.

5 Burning Rate

- flame spread : the process of advancing the fire front in air, along surfaces, or through porous solids
  화염확산 : 공기 중에서 표면을 따라서, 또는 다공성 고체를 통하여 화재면이 이동하는 과정

- fire spread : the process of advancing a combustion front ; smoldering or flaming
  화재확산 : 연소면이 이동하는 과정으로서, 훈소 또는 화염연소에 의함

- wind–aided : refers to air flow in the same direction as the fire spread
  순풍 : 화재확산과 같은 방향으로 이동하는 공기의 흐름

- opposed–flow : refers to flow in the direction opposite to the fire spread
  역풍 : 화재확산과 반대의 방향으로 이동하는 공기의 흐름

- pyrolysis : the process of breaking up a substance into other molecules as a result of heating; also known as thermal decomposition
  열분해 : 열에 의하여 물질이 다른 분자로 분해하는 과정 (thermal decomposition)

- burning rate : the consumption of fuel mass per unit time
  연소속도(소진율) : 단위시간 당 연료 소모량

- natural flow : refers to air flow induced by buoyancy
  자연기류 : 부력에 의한 공기흐름

- forced flow : refers to air flow produced by wind or a fan
  강제기류 : 바람 또는 팬에 의한 공기흐름

- ASTM E 1321 : a standard providing a test to property determine data for ignition and spread
  ASTM E 1321 : 점화와 확산 관련한 물성의 결정 데이터에 대한 시험방법 규격(스탠다드)

- viscous : refers to fluid friction
  점도 : 유체의 마찰과 관련

- surface tension : a force within the surface of a liquid
  표면장력 : 액체의 표면에 작용하는 힘

- ASTM E 84 : a standard providing a test(Steiner tunnel test) developed by Underwriters Laboratories to examine wind-aided flame spread under ceiling mounted materials
  ASTM E 84 : 천장 재료의 순풍화염확산을 설명하기 위하여 UL에서 개발한 Steiner 터널시험 방법 규격

- ASTM E 162 : a standard providing a radiant fuel test to measure the flammability of materials under downward spread
  ASTM E 162 : 하향 확산시 재료의 인화성을 측정하는 연료의 복사시험 방법 규격

- ASTM E 648 : a standard providing a flame test for floor-oriented materials
  ASTM E 648 : 바닥재에 대한 화염시험 방법 규격(스탠다드)

6 Ignition

- burning rate, $\dot{m}$: the mass of fuel consumed in the fire per unit time
  연소속도 : 화재시 단위시간 당 소모되는 연료의 양

- mass loss rate : the mass of fuel vaporized but not necessarily burned per unit time
  질량감소속도 : 단위시간 당 연소에 필요한 연료의 기화량 (연소 이외의 기화량 포함)

- heat of gasification, L : energy required to produce fuel vapor from a solid or liquid
  기화열 : 고체 또는 액체로부터 연료증기를 생성하는 데 필요한 에너지

- reradiation : the radiation re emit ted from a heated surface
  재복사 : 가열된 표면으로부터 재 방사하는 복사

- thermoplastic : a polymer that tends to soften and melt when heated
  열가소성 : 가열하였을 때 부드럽거나 용해하는 성질이 있는 중합체

- thermosetting : a polymer with bonds between its chains that tends to char when heated
  열경화성 : 가열하였을 때 탄화하는 성질이 있는 체인을 결합한 중합체

- vaporization temperature : the surface temperature required to vaporize a fuel while burning; or in general, the temperature at which a liquid can coexist with its vapor
  기화온도 : 연소하는 동안 연료가 기화하는데 필요한 표면온도. 혹은 연료 액체가 그 증기와 공존하는 온도

- energy release rate, $\dot{Q}$: the energy produced by the fire per unit time, that is, fire power
  에너지방출속도 : 화재시 단위시간 당 생성되는 에너지. 즉, 화재의 위력

- heat of combustion : the energy release by the fire per unit mass of fuel burned
  연소열 : 화재시 연료의 단위질량 당 방출에너지

- oxygen bomb : a device for measuring the maximum energy released in combustion for a given mass of fuel
  산소열량계 : 연소시 연료의 최대방출에너지를 측정하는 장치

- oxygen consumption calorimeter : device to measure energy release rate
  산소소비 칼로리미터 : 에너지 방출속도를 측정하는 장치

- burnout : point at which flames cease
  연소정지온도(소진온도) : 화염이 중지되는 온도

7 Fire Plumes

- fire plume : the flame and gases emanating from a burning object
  화재 플룸 : 연소하는 물체에서 발산되는 화염과 가스

- buoyancy : an effective force on fluid due to density or temperature differences in a gravitational field
  부력 : 중력장에서 발생하는 밀도 또는 온도의 차이로 인하여 유체가 받게 되는 힘

- entrainment : the process of air or gases being drawn into a fire, plume, or jet
  비밀동반 : 플룸, 분출화염 등에서 공기 또는 가스가 화염 속으로 빨려드는 과정

- flame height : the vertical measure of the combustion region
  화염높이 : 연소부분의 수직 길이

- eddies : rotating regions of a fluid
  소용돌이 : 유체의 회전권역

- vortex : a ring of eddies
  와류 : 소용돌이 고리

- pool fires : fires involving horizontal fuel surfaces, usually symmetrical
  풀화재 : 연료 표면이 수평인 화재로서 일반적으로 좌우 대칭임

- line fires : elongated fires on a horizontal fuel surface
  선형화재 : 수평 연료 표면에 면하여 길게 늘어난 화염

- stoichiometric : refers to the proportional amount of air needed to burn the fuel
  화학양론 : 연료가 연소하기 위하여 필요한 공기의 비례량

- fuel lean : description of fuel burning in an excess supply of air
  연료희박 : 공기가 과잉공급 될 때 연료가 타는 형상

- stoichiometric air to fuel mass ratio, s : the ratio of air to fuel by mass needed to burn all the fuel to completion
  화학양론적 공기와 연료량 비 : 모든 연료가 완전연소 하는 데 필요한 만큼의 연료에 대한 공기의 비

- dimensionless : having no units of measure (terms combine to produce no units)
  무차원 : 단위가 없는 값

- characteristic combustion length, $\left(\frac{\dot{Q}}{\rho_c c_p T_a \sqrt{g}}\right)^{2/5}$: a length scale representative of the fire size
  상당화염길이 : 화재의 크기를 길이의 비로 나타낸 것

- adiabatic flame temperature : the maximum possible temperature in the reacting zone with no heat lost
  단열화염온도 : 열손실이 없는 반응대에서의 예상 최고온도

8 Combustion Products

- products : chemical compounds produced by fire
  연소생성물 : 화재시 생성되는 화합물

- yield : the mass of product produced per unit mass of fuel supplied
  yield : 공급된 연료의 단위질량 당 생성되는 연소생성물의 양

- species : another name for distinct chemical compounds and other molecular structures in a mixture, usually gases
  화학종 : 혼합물에서의 다른 분자구조로서, 화합물과 구분한 다른 이름. 통상 가스상 임

- concentration : the percentage of material per unit mass (or volume) of its mixture
  농도 : 혼합물에서 물질의 단위질량(또는 체적) 당 혼합 비율

- completeness : pertaining to an combustion process going to its most stable state, an ideal reaction
  완결성 : 가장 안정된 상태로 가기 위한 연소 과정으로서, 이상 반응을 말함

- chemical equation : an equation showing the fuel plus oxygen-producing products
  화학방정식 : 연료와 산소생성물을 나타내는 방정식

- overventilated : more than stoichiometric air is available
  급기과잉 : 화학양론적 비보다 공기가 많은 상태

- underventilated : less than stoichiometric air is available
  급기부족 : 화학양론적 비보다 공기가 적은 상태

- equivalence ratio, Φ : the ratio of fuel to air times the stoichiometric ratio, s, or (fuel/air) available divided by (fuel/air) stoichiometric
  당량비 : 가용 연료량을 가용 공기량으로 나눈 값에 화학양론비를 곱한 값

- incomplete combustion : the chemical reaction stops before using up all of the species that can react with O_2
  불완전연소 : 산소와 반응할 수 있는 모든 종(種이) 사용되기 전에 정지하는 화학반응

- ventilation limited : underventilated
  환기 지배형 : 급기가 부족한 상태

- free–burning : burning in open-air
  자유연소 : 공기 공급이 충분한 연소

- smoke : gases, no longer chemically reacting, that emanate from the fire
  연기 : 화재시 방출되는, 화학적으로 더 이상 반응하지 않는 가스

- mass concentration, Y : ratio of species mass to mixture mass; also referred to as mass fraction
  질량농도, Y : 혼합물 질량에 대한 종의 질량비. 즉, 질량분율

- volume fraction, X : species concentration based on volume
  체적분율, X : 체적 기준 종의 농도

- parts per million, ppm : concentration based on 106 parts of the mixture
  ppm : 100만 분율

- vitiation : refers to the reduction of oxygen concentration on air
  오염 : 공기에서의 산소농도 감소 현상

- narcosis : effect of inducing sleep
  혼수상태 : 수면을 일으키는 효과

- oxyhemoglobin : oxygen-bearing hemoglobin
  옥시헤모글로빈 : 산소를 함유한 헤모글로빈

- hemoglobin : compound in blood that transports oxygen or carbon monoxide
  헤모글로빈 : 혈액 가운데에서 산소 또는 일산화탄소를 운반하는 화합물

- carboxyhemoglobin : carbon-monoxide-bearing hemoglobin
  카복시헤모글로빈 : 일산화탄소를 함유한 헤모글로빈

- respiration minute volume, RMV : inhalation rate
  RMV : 분 당 호흡량 (흡입속도)

- dose : the accumulation of product concentration over time
  dose : 생성물의 시간적 축적 농도

- irritant gases : acid gases and other hydrocarbon byproducts that can cause pain to the eyes or nasal tract on inhalation
  자극성 가스 : 산성 가스 또는 기타 탄화수소계 부산물로서 호흡시 코 계통이나 눈에 고통을 줄 수 있음

- smoke visibility, L_v : ability to perceive objects through smoke over a specific distance
  연기 가시거리 : 연기 속에서 물체를 인식할 수 있는 일정 거리

- mass optical density, D_m : optical property related to the yield of particulates in smoke
  질량 광 밀도 : 연기 미립자의 yield와 관련된 광학특성

- hyperthermia : heat stress
  일사병 : 일사병

9 Compartment Fires

- developing fire : the early stage of growth (in a compartment fire) before flashover and full involvement
  화재 성장 : 구획실 화재에서 플래시오버와 전실화재 이전의 화재 확산단계

- flashover : a rapid change in a developing room fire to full room involvement
  플래시오버 : 실내화재 확산단계에서 전실화재로 빠르게 변화하는 것

- backdraft : the sudden eruption of fire in a compartment due to the introduction of fresh air
  백 드래프트 : 신선한 공기의 유입으로 구획실에서 갑자기 화염이 분출하는 것

- ventilated–limited or ventilation–controlled : state of a compartment fire where the air supply is limited; smoke gases will have nearly zero oxygen left; underventilated
  환기 지배형 화재 : 공기의 공급이 제한적일 때의 구획실 화재 단계로서, 연기에 산소가 거의 없는 경우에 발생

- fuel–limited : state of a compartment fire where the air supply is sufficient to maintain combustion
  연료 지배형 화재 : 공기의 공급이 연소의 지속에 충분할 때의 구획실 화재단계

- fully developed : state of a compartment fire during which the flames fill the room involving all the combustibles
  최성기 : 모든 가연물이 연소하여 화염이 실내를 가득 채우는 단계의 구획실 화재

- Newton's second law of motion : relates force on a body to its mass and resulting acceleration
  뉴턴의 제2운동법칙 : 질량과 가속도의 결과가 인체에 관련되는 힘
  ※ 운동의 제2법칙 (가속도의 법칙)
  · 물체의 가속도는 가한 힘의 방향으로 생기고,
  · 가속도의 크기는 힘의 크기에 비례하며 질량에 반비례한다.

- neutral plane : the height above which smoke will or can flow out of a compartment
  중성대 : 연기가 구획실로부터 유출되거나 유출할 수있는 높이. 즉, 외부 공기가 유입되는 지점과 화재실 내부 연기가 유출되는 지점의 경계지점

- stack effect : buoyancy of the air in a tall building due to normal air-conditioning and heating system
  연돌효과 : 수직의 공기조화 계통에 의하여 발생하는 고층건물에서의 공기 부력

- ventilation factor : the parameter controlling smoke flow rate through a door or window, $A_o\sqrt{H_o}$
  환기 인자 : 출입문 또는 창문을 통한 연기유동속도 제어 변수

- thermal inertia : a thermal property responsible for the rate of temperature rise
  열 관성 : 온도상승 속도와 영향을 주는 열특성

10 Fire Analysis

- equivalency : the statement in regulations allowing for alternatives by design
  등가 : 설계에 따른 변수를 수용할 수 있는 규정상의 조건

- performance fire safety codes : regulations providing for engineering analysis
  성능중심 화재안전 코드 : 공학적 분석을 제공하는 규정

- zone model : a type of computer fire model that approximates the fire conditions in a room as two uniform layers with a source
  존 모델 : 두 개의 균일한 층에서 실내화재 조건을 개략적으로 평가하는 컴퓨터 화재모델의 일종

- field model : a type of computer fire model that attempt to predict conditions at every point; also known as computational fluid dynamic models
  필드모델 : 모든 지점에서 화재 조건을 예측하는 컴퓨터 화재모델의 일종으로서, 전산 유체역학 모델(CFD)이라고도 함

3. 용어해설(알파벳순)

- absorption coefficient : the property that pertains to the amount of radiation absorbed per unit length
  흡수계수 : 단위길이당 흡수된 복사량과 관련된 특성

- adiabatic flame temperature : the maximum possible temperature in the reacting zone with no heat lost
  단열화염온도 : 열손실이 없는 반응대에서의 예상 최고온도

- ASTM E 84 : a standard providing a test(Steiner tunnel test) developed by Underwriters Laboratories to examine wind-aided flame spread under ceiling mounted materials
  ASTM E 84 : 천장 재료의 순풍화염확산을 설명하기 위하여 UL에서 개발한 Steiner 터널 시험 방법 규격

- ASTM E 162 : a standard providing a radiant fuel test to measure the flammability of materials under downward spread
  ASTM E 162 : 하향확산시 재료의 인화성을 측정하는 연료의 복사시험 방법 규격

- ASTM E 648 : a standard providing a flame test for floor-oriented materials
  ASTM E 648 : 바닥재에 대한 화염시험 방법 규격(스탠다드)

- ASTM E 1321 : a standard providing a test to property determine data for ignition and spread
  ASTM E 1321 : 점화와 확산 관련한 물성의 결정 데이터에 대한 시험방법 규격(스탠다드)

- autoignition temperature : the lowest temperature at which a mixture of fuel and oxidizer can propagate a flame with no other heating
  자동발화온도 : 연료와 산소 혼합물이 별도의 가열에 의하지 않고 화염을 전파할 수 있는 가장 낮은 온도

- autoignition : initiation of fire by chemical process inherent in the material; specific fuel concentration and temperature is usually needed
  자동발화 : 물질에서 고유의 화학작용에 의한 화재가 개시되는 것을 말하며, 연료에 따라 특정한 농도와 온도가 요구됨

- backdraft : the sudden eruption of fire in a compartment due to the introduction of fresh air
  백드래프트 : 신선한 공기의 유입으로 구획실에서 갑자기 화염이 분출하는 것

- blackbody : a radiator emitting the a maximum possible radiation
  흑체 : 최대 복사가 가능한 물체

- boiling point : the temperature at which the vapor pressure equals atmospheric pressure at the surface of liquid
  비등점 : 액체 표면의 증기압이 대기압과 같아지는 액체 온도

- buoyancy : an effective force on fluid due to density or temperature differences in a gravitational field
  부력 : 중력장에서 발생하는 밀도 또는 온도의 차이로 인하여 유체가 받게되는 힘

- burning rate : the consumption of fuel mass per unit time
  연소속도(소진율) : 단위시간 당 연료 소모량

- burning rate, $\dot{Q}$: the mass of fuel consumed in the fire per unit time
  연소속도 : 화재시 단위시간 당 소모되는 연료의 양

- burnout : point at which flames cease
  연소정지온도(소진온도) : 화염이 중지되는 온도

- carboxyhemoglobin : carbon-monoxide-bearing hemoglobin
  카복시헤모글로빈 : 일산화탄소를 함유한 헤모글로빈

- characteristic combustion length, $\left(\dfrac{\dot{Q}}{\rho_c c_p T_a \sqrt{g}}\right)^{2/5}$: a length scale representative of the fire size
  상당화염길이 : 화재의 크기를 길이의 비로 나타낸 것

- charring : the production of a solid carbonaceous residue on heating or burning a solid
  탄화 : 고체의 가열 또는 연소 시 고체 탄소 잔존물의 생성

- chemical equation : an equation showing the fuel plus oxygen-producing products
  화학방정식 : 연료와 산소생성물을 나타내는 방정식

- chemical kinetics : refers to the rate of the chemical reaction
  화학 동력학 : 화학반응속도에 대한 설명

- combustion : fire, or controlled fire
  연소 : 화재, 또는 제어되는 불

- completeness : pertaining to an combustion process going to its most stable state, an ideal reaction
  완전연소 : 가장 안정된 상태로 가기 위한 연소 과정으로서, 이상 반응을 말함

- concentration : the percentage of material per unit mass (or volume) of its mixture
  농도 : 혼합물에서 물질의 단위질량(또는 체적) 당 혼합 비율

- conduction : heat transfer due to molecular energy transfer followings Fourier's law
  전도 : 분자 에너지 이동에 의한 열전달로서, Fourier의 법칙에 따름

- configuration factor : fraction of radiation received by a target compare to the total emitted by the source
  형상계수 : 열원으로부터 방사된 전체 양과 비교하여 받아들여진 복사량의 비율

- conflagration or mass fire : a fire over a large tract of land where the flames are generally much shorter than the horizontal extent of the fire
  대형화재 : 통상 화염이 화재의 수평 면적보다 아주 짧은 넓은 면적의 화재

- convection : conduction heat transfer from a moving fluid(gas or liquid) to a solid surface
  대류 : 유동 유체(가스 또는 액체)에 의해 고체 표면으로 일어나는 열전도

- convective heat transfer coefficient : a quality that represents the ability of heat to be transformed from a moving fluid to a solid surface
  대류열전도계수 : 유동 유체로부터 고체 표면으로 전달되는 열의 능력을 표현하는 특성

- cracking : pyrolysis; breaking gaseous molecules into other molecules
  열분해 : 가스 분자가 파괴되어 다른 분자로 분해되는 과정 (pyrolysis)

- critical heat flux : a threshold level below which ignition (or in another context, flame spread) is not possible
  임계열유속 : 그 이하에서는 점화(화염확산)가 일어날 수 없는 온도. 즉, 인화점에 막 도달하는 온도

- detonation : a premixed flame preceded by a shock wave
  폭굉 : 충격파에 의하여 선행된 예혼합화염

- developing fire : the early stage of growth (in a compartment fire) before flashover and full involvement
  화재발전단계 : 구획실 화재에서 플래시오버와 전실화재 이전의 화재 확산단계

- diffusion : process of species transport from a high to low concentration
  확산 : 높은 농도에서 낮은 농도로 화학종이 이동하는 과정

- **diffusion flame** : a flame in which the fuel and oxygen are transported(diffused) from opposite sides of the reaction zone(flame)
  확산화염 : 연료와 산소가 서로 반대쪽으로부터 반응대로 확산하는 화염

- **dimensionless** : having no units of measure (terms combine to produce no units)
  무차원 : 단위가 없는 값

- **dose** : the accumulation of product concentration over time
  dose : 생성물의 시간적 축적 농도

- **eddies** : rotating regions of a fluid
  소용돌이 : 연료가 순환하는 지역

- **emissivity** : that property (0 to 1) that gives the fraction of energy emitted relative to a perfect radiator
  방사율 : 흑체에 방사된 에너지 분율로 주어진 특성 (0～1)

- **energy** : a state of matter representative of its ability to do work or transfer heat
  에너지 : 일이나 열을 전달할 수 있는 능력을 표현하는 물질의 상태

- **energy release rate**, $\dot{Q}$: the energy produced by the fire per unit time, that is, fire power
  에너지방출속도 : 화재시 단위시간 당 생성되는 에너지. 즉, 화재의 위력

- **entrainment** : the process of air or gases being drawn into a fire, plume, or jet
  유입 : 플룸, 분출화염 등에서 공기 또는 가스가 화염 속으로 빨려드는 과정

- **equivalency** : the statement in regulations allow ing for alternatives by design
  등가 : 설계에 따른 변수를 수용할 수 있는 규정상의 조건

- **equivalence ratio**, Φ : the ratio of fuel to air times the stoichiometric ratio, s, or (fuel/air) available divided by (fuel/air) stoichiometric
  당량비 : 가용 연료량을 가용 공기량으로 나눈 값에 화학양론비를 곱한 값

- **evaporation** : the process of gas molecules escaping from the surface of a liquid
  증발 : 액체의 표면으로부터 가스 분자가 빠져 나오는 과정

- **field model** : a type of computer fire model that attempt to predict conditions at every point; also known as computational fluid dynamic models
  필드모델 : 모든 지점에서 화재 조건을 예측하는 컴퓨터 화재모델의 일종으로서, 전산 유체역학 모델(CFD)이라고도 함

- fire : an uncontrolled chemical reaction producing light and energy sufficient to damage the skin
  화재 : 피부에 손상을 입히기에 충분한 에너지와 빛을 생성하는 제어되지 않은 화학반응

- fire plume : the flame and gases emanating from a burning object
  화재 플룸 : 연소하는 물체에서 발산되는 화염과 가스

- fire spread : the process of advancing a combustion front ; smoldering or flaming
  화재확산 : 연소면이 이동하는 과정으로서, 훈소 또는 화염연소에 의함

- fire triangle : a concept describing fire as consisting of three ingredients: fuel, oxygen, and energy
  화재 삼각형 : 연료, 산소, 에너지(점화원) 등, 세 가지 요소로서 화재를 설명하는 개념

- flame height : the vertical measure of the combustion region
  화염높이 : 연소지역의 수직 길이

- flame spread : the process of advancing the fire front in air, along surfaces, or through porous solids
  화염확산 : 공기 중에서 표면을 따라서, 또는 다공성 고체를 통하여 화재면이 이동하는 과정

- flashover : a sudden event in a room fire that can occur at a smoke temperature of 500 to 600℃ in which flames suddenly fill a room
  플래시오버 : 실 전체가 화염에 휩싸이는 급격한 화재 성장 현상으로 연기의 온도가 500~600℃일 때 일어날 수 있음

- flashpoint(liquid) : temperature of a liquid fuel needed to cause ignition with a heat source; corresponds to the lower flammable limit of the evaporating vapor
  인화점 : 열원에 의하여 점화를 일으킬 수 있는 액체연료 온도로서, 증발하는 증기의 연소하한계와 일치함 인화 가능한 액체연료 온도.

- fluid mechanics : the study of fluid motion
  유체역학 : 유체의 운동에 관한 학문

- flux : pertains to mass or heat flow rates per unit area
  속(束) : 질량 또는 단위면적 당의 열 흐름속도와 관련된 용어

- forced flow : refers to air flow produced by wind or a fan
  강제기류 : 바람 또는 팬에 의한 공기흐름

- free-burning : burning in open-air
  자유연소 : 공기 공급이 충분한 연소

- frequency : cycles per unit time(measure d in hertz, cycles per second)
  주파수 : 단위시간 당 사이클 (측정단위 : Hz, cycle/ s)

- fuel lean : description of fuel burning in an excess supply of air
  연료 희박 : 공기가 과잉공급 될 때 연료가 타는 형상

- fuel–limited : state of a compartment fire where the air supply is sufficient to maintain combustion
  연료 지배형 화재 : 공기의 공급이 연소의 지속에 충분할 때의 구획실 화재단계

- fully developed : state of a compartment fire during which the flames fill the room involving all the combustibles
  최성기 : 모든 가연물이 연소하여 화염이 실내를 가득 채우는 단계의 구획실 화재

- heat : energy transfer due to temperature difference
  열 : 온도차에 의한 에너지 이동

- heat flux : heat flow rate per unit area of flow path
  열유속(熱流束) : 흐름의 경로에 있어서 단위면적 당 열 유동속도

- heat of combustion : the energy release by the fire per unit mass of fuel burned
  연소열 : 화재시 연료의 단위질량 당 방출에너지

- heat of gasification, L : energy required to produce fuel vapor from a solid or liquid
  기화열 : 고체 또는 액체로부터 연료증기를 생성하는 데 필요한 에너지

- heat transfer : the transport of energy from a high-to-low-temperature object
  열전달 : 높은 온도에서 낮은 온도 물체로의 에너지 이동

- hemoglobin : compound in blood that transports oxygen or carbon monoxide
  헤모글로빈 : 혈액 가운데에서 산소 또는 일산화탄소를 운반하는 화합물

- humidity : the property of a water-air mixture that measures the amount of water present relative to the equilibrium concentration
  습도 : 평형 농도에서 존재하는 물의 양을 측정하는 물-공기 혼합물의 특성

- hyperthermia : heat stress
  일사병 : 일사병

- Ignition temperature(solid) : the surface temperature needed to cause ignition in solids
  발화온도 : 고체가 점화하는데 필요한 표면온도

- incomplete combustion : the chemical reaction stops before using up all of the species that can react with O_2
  불완전연소 : 산소와 반응할 수 있는 모든 종(種이) 사용되기 전에 정지하는 화학반응

- incomplete products of combustion : species developed from incomplete combustion, for example, CO, H_2
  불완전 연소 생성물 : CO, H_2 등과 같이 불완전 연소로부터 나타난 다른 분자

- International Systems of Units or Standard International(SI) Units : the system of units for measurement adopted by the science community
  SI단위 : 과학분야에서 채택한 국제 단위계

- irritant gases : acid gases and other hydrocarbon byproducts that can cause pain to the eyes or nasal tract on inhalation
  자극성 가스 : 산성 가스 또는 기타 탄화수소계 부산물로서 호흡시 코 계통이나 눈에 고통을 줄 수 있음

- jet flame : flame due to a high velocity fuel supply
  분출화염 : 연료가 빠르게 공급될 때 발생하는 화염

- Kelvine(K) : absolute Celsius temperature scale, 273 + ℃
  켈빈온도 : 섭씨 절대온도 (273 + ℃)

- laminar : refers to orderly, unfluctuating fluid motion
  층류 : 규칙적인 것에 대한 설명, 파동이 없는 유체의 운동

- line fires : elongated fires on a horizontal fuel surface
  선형화재 : 수평 연료 표면에 면하여 길게 늘어난 화염

- mass concentration, Y : ratio of species mass to mixture mass; also referred to as mass fraction
  질량농도 : 혼합물 질량에 대한 종의 질량비. 즉, 질량분율

- mass loss rate : the mass of fuel vaporized but not necessarily burned per unit time
  질량감소속도 : 단위시간 당 연소에 필요한 연료의 기화량 (연소 이외의 기화량 포함)

- mass optical density, D_m : optical property related to the yield of particulates in smoke
  질량 광 밀도 : 연기 미립자의 yield와 관련된 광학특성

- narcosis : effect of inducing sleep
  마취상태 : 수면을 일으키는 영향

- natural flow : refers to air flow induced by buoyancy
  자연기류 : 부력에 의한 공기흐름

- neutral plane : the height above which smoke will or can flow out of a compartment
  중성대 : 연기가 구획실로부터 흘러나오거나 흘러나올 수 있는 높이. 즉, 외부 공기가 유입되는 지점과 화재실 내부 연기가 유출되는 지점의 경계지점

- Newton's second law of motion : relates force on a body to its mass and resulting acceleration
  뉴턴의 제2운동법칙 : 질량과 가속도의 결과가 인체에 관련되는 힘
  ※ 운동의 제2법칙 (가속도의 법칙)
  · 물체의 가속도는 가한 힘의 방향으로 생기고,
  · 가속도의 크기는 힘의 크기에 비례하며 질량에 반비례한다.

- opposed-flow : refers to flow in the direction opposite to the fire spread
  역풍 : 화재확산과 반대 방향으로 이동하는 공기의 흐름

- overventilated : more than stoichiometric air is available
  급기과잉 : 화학양론적 비보다 공기가 많은 상태

- oxygen bomb : a device for measuring the maximum energy released in combustion for a given mass of fuel
  산소열량계 : 연소시 연료의 최대방출에너지를 측정하는 장치

- oxygen consumption calorimeter : device to measure energy release rate
  산소소비 칼로리미터 : 에너지 방출속도를 측정하는 장치

- oxyhemoglobin : oxygen-bearing hemoglobin
  옥시헤모글로빈 : 산소를 함유한 헤모글로빈

- parts per million, ppm : concentration based on 106 parts of the mixture
  ppm : 100만 분율

- performance fire safety codes : regulations providing for engineering analysis
  성능기준 화재안전 코드 : 공학적 분석을 제공하는 규정

- piloted ignition : ignition of a flammable fuel-air mixture by a hot spot, spark, or small flame(pilot)
  인화(유도발화) : 뜨거운 부위, 불꽃, 작은 화염 등에 의한 가연성연료와 공기 혼합물의 점화

- pool fires : fires involving horizontal fuel surfaces, usually symmetrical
  풀 화재 : 연료 표면이 수평인 화재로서 일반적으로 좌우 대칭임

- premixed flame : a flame in which fuel and air are mixed first before combustion
  예혼합화염 : 연소가 일어나기 전에 연료와 공기가 미리 혼합된 화염

- products : chemical compound s produced by fire
  연소생성물 : 화재시 생성되는 화합물

- pyrolysis : the process of breaking up a substance into other molecules as a result of heating; also known as thermal decomposition
  열분해 : 열에 의하여 물질이 다른 분자로 분해하는 과정 (thermal decomposition)

- radiation : heat transfer due to electromagnetic energy transfer such as light
  복사 : 빛과 같이 전자기 에너지 이동에 의한 열전달

- radicals : short-live d unstable molecules such as OH
  기(基) : OH와 같이 순간적으로 존재하는 불안정한 분자. 홀수전자쌍을 갖음

- Rankine(R) : absolute Fahrenheit temperature scale, 460 + °F
  랭킨온도 : 화씨 절대온도 (460 + °F)

- reradiation : the radiation reemitted from a heated surface
  재복사 : 가열된 표면으로부터 재 방사하는 복사

- respiration minute volume, RMV : inhalation rate
  RMV : 분 당 호흡량 (흡입속도)

- shock wave : abrupt change in temperature and pressure due to a flow instability caused by speeds in excess of the speed of sound
  충격파 : 음속의 초과로 인하여 발생하는 흐름의 불안정에 의한 온도와 압력의 급격한 변화

- smoldering : a slow combustion process between oxygen and a solid fuel
  훈소 : 산소와 고체연료간의 느린 연소과정

- smoke : gases, no longer chemically reacting, that emanate from the fire
  연기 : 화재시 방출되는, 화학적으로 더 이상 반응하지 않는 가스

- smoke visibility, L_v : ability to perceive objects through smoke over a specific distance, L_v
  연기 가시거리 : 연기 속에서 물체를 인식할 수 있는 일정 거리

- soot : carbonaceous particles produced in flames
  수트(그을음) : 화염에서 생성되는 탄소입자

- species : another name for distinct chemical compounds and other molecular structures in a mixture, usually gases
  종(種) : 화합물과 혼합물에서의 다른 분자구조를 달리 부르는 이름으로서 통상 가스임

- species : another name for distinct chemical compounds and other molecular structures in a mixture, usually gases
  종 : 혼합물에서의 화학적 조성과 다른 분자구조에 대한 다른 명칭으로서 통상 기체임

- specific heat : property that measures the ability of matter to store energy
  비열 : 에너지를 저장하기 위한 물질의 능력을 측정하는 특성

- spontaneous combustion : a process by which combustion occurs after a self-incubation period between a fuel and oxidizer
  자연발화 연소 : 연료와 산화제 사이에 잠복기를 거쳐 발생하는 연소 과정

- stack effect : buoyancy of the air in a tall building due to normal air-conditioning and heating system
  연돌효과 : 수직의 공기조화 계통에 의하여 발생하는 고층건물에서의 공기 부력

- stoichiometric : refers to the proportional amount of air needed to burn the fuel
  화학양론 : 연료가 연소하기 위하여 필요한 공기의 비례량

- stoichiometric air to fuel mass ratio, s : the ratio of air to fuel by mass needed to burn all the fuel to completion
  화학양론적 공기와 연료량 비 : 모든 연료가 완전연소 하는 데 필요한 만큼의 연료에 대한 공기의 비

- surface tension : a force within the surface of a liquid
  표면장력 : 액체의 표면에 작용하는 힘

- synthesis : recombination of molecules
  합성 : 분자의 재결합

- thermal conductivity : the property of matter that represents the ability to transfer heat by conduction
  열전도성 : 전도에 의한 열전달 능력을 나타내는 물질의 특성

- thermal energy : energy directly related to the temperature of an object
  열에너지 : 물체의 온도와 직접 관련된 에너지

- thermal inertia : a thermal property responsible for the rate of temperature rise
  열 관성 : 온도상승 속도와 영향을 주는 열특성

- thermal resistance : the inverse of conductivity times area per unit length, or the temperature difference required per rate of heat conducted
  열 저항 : 전도성에 단위 길이 당 면적을 곱한 값의 역수, 또는 열전도율 당 요구온도 차

- thermal runaway : an accelerating chemical reaction due to heat transfer
  열 폭주 : 열전달에 의한 급속한 화학반응

- thermocouple : device made of two dissimilar metal wires to measure temperature
  열전대 : 각기 다른 두 가지의 금속선으로 만든 것으로서 온도의 측정에 사용

- thermodynamics : the study of energy and states of matter
  열역학 : 에너지와 물질의 상태에 관한 학문

- thermoplastic : a polymer that tends to soften and melt when heated
  열가소성 : 가열하였을 때 부드럽거나 용해하는 성질이 있는 중합체

- thermosetting : a polymer with bonds between its chain s that tends to char when heated
  열경화성 : 가열하였을 때 탄화하는 성질이 있는 체인을 결합한 중합체

- turbulent : refers to randomly fluctuating fluid motion around a mean flow
  난류 : 평균 속도를 중심으로 불규칙적으로 요동하는 유체운동에 대한 설명

- underventilated : less than stoichiometric air is available
  급기부족 : 화학양론적 비보다 공기가 적은 상태

- upper and lower flammable limits : concentrations of fuel in air in which a premixed flame can propagate
  연소상한 및 하한 : 예혼합화염을 전파할 수 있는 공기 중에서 연료의 농도 한계

- vaporization temperature : the surface temperature required to vaporize a fuel while burning ; or in general, the temperature at which a liquid can coexist with its vapor
  기화온도 : 연소하는 동안 연료가 기화하는데 필요한 표면온도. 혹은 연료 액체가 그 증기와 공존하는 온도

- ventilation factor : the parameter controlling smoke flow rate through a door or window, $A_o\sqrt{H_o}$
  환기계수 : 출입문 또는 창문을 통한 연기유동속도 제어 변수

- ventilation limited : underventilated
  환기 지배형 : 급기가 부족한 상태

- ventilated–limited or ventilation–controlled : state of a compartment fire where the air supply is limited; smoke gases will have nearly zero oxygen left; underventilated
  환기 지배형 화재 : 공기의 공급이 제한적일 때의 구획실 화재 단계로서, 연기에 산소가 거의 없는 경우에 발생

- viscous : refers to fluid friction
  점도 : 유체의 마찰과 관련

- vitiation : refers to the reduction of oxygen concentration on air
  오염 : 공기에서의 산소농도 감소 현상

- volume fraction, X : species concentration based on volume
  체적분율 : 체적 기준 종의 농도

- vortex : a ring of eddies
  와류 : 소용돌이 고리

- wavelength : the distance traveled in one cycle, or the speed of light divided by frequency
  파장 : 1 사이클이 이동하는 거리, 또는 빛의 속도를 주파수로 나눈 값

- wind–aided : refers to air flow in the same direction as the fire spread
  순풍 : 화재확산과 같은 방향으로 이동하는 공기의 흐름

- work : the movement of mass over a distance
  일 : 질량의 거리 이동

- yield : the mass of product produced per unit mass of fuel supplied
  수율 : 공급된 연료의 단위질량 당 생성되는 연소생성물의 양

- zone model : a type of computer fire model that approximates the fire conditions in a room as two uniform layers with a source
  존모델 : 두 개의 균일한 층에서 실내화재 조건을 개략적으로 평가하는 컴퓨터 화재모델의 일종

4. 약어 설명

AIT	autoignition temperature
ASTM	American Society of Testing and Materials
BATF	Bureau of Alcohol, Tobacco, and Firearms
BTU	British thermal unit
CDT	Central Daylight time
CFD	computational fluid dynamics
FLETC	Federal Law Enforcement Training Center
FLIR	forward-looking infrared
GDP	gross domestic product
LFL	lower flammable limit
NBS	National Bureau of Standards
NFPA	National Fire Protection Association
NIST	National Institute for Standards and Technology
PMMA	Polymethyl methacrylate
PRC	Product Research Committee
PS	polystylene
PU	polyurethane
PVC	polyvinyl chloride
RH	relative humidity
RMV	respiration minute volume
S I	International Systems of Units
UFL	upper flammable limit

찾아보기

· 오규형 (전)호서대학교 소방방재학과 교수
· 김운형 경민대학교 소방안전관리과 교수
· 김유식 한국국제대학교 소방방재학과 교수
· 이성은 호서대학교 안전소방학부 교수

Principles of Fire Behavior
화재공학원론 정가 22,000원

인 쇄 2015년 9월 1일 초판 1쇄
발 행 2023년 3월 10일 초판 4쇄
저 자 James G. Quintiere
역 자 오규형 · 김운형 · 김유식 · 이성은
발행인 정우용
발행처 도서출판 동화기술
경기도 파주시 광인사길 201(문발동, 파주출판도시)
Tel (031)955-4211~6 donghwapub@nate.com
Fax (031)955-4217 www.donghwapub.co.kr
(등록) 1977년 12월 19일/9-16호

Translation Copyright © 2015 by Dong Hwa Technology Publishing Co.
ISBN 978-89-425-9132-9

불법복사는 지적재산을 훔치는 범죄행위입니다.
저작권자와 출판사의 허락 없이 내용의 일부를 발췌하거나 복사하는 것을 금합니다.